Rauner/Jorda

Big Business und Big Bang

Big Business und Big Bang

Berufs- und Studienführer Physik

von
Max Rauner
und
Stefan Jorda

illustriert von
Roland Wengenmayr

mit einer Einleitung von
Ranga Yogeshwar

WILEY-VCH

Autoren

Max Rauner, Stefan Jorda
Redaktion „Physik Journal“
Postfach 10 11 61
69469 Weinheim
E-Mail: redaktion@physik-journal.de

Dr. Max Rauner ist Redakteur des Physik Journals und schreibt nebenbei unter anderem für die ZEIT. Er studierte Physik in Konstanz, Heidelberg und Boulder, Colorado, und promovierte in Hannover.

Dr. Stefan Jorda ist Chefredakteur des Physik Journals. Sein Physikstudium führte ihn nach Darmstadt, Rio de Janeiro und Regensburg, wo er in theoretischer Festkörperphysik promovierte.

Website zum Buch:
www.physiker-im-beruf.de

Die Deutsche Bibliothek – CIP-Einheitsaufnahme
Ein Titelsatz für diese Publikation ist bei Der Deutschen Bibliothek erhältlich.

Printed in the Federal Republic of Germany
Gedruckt auf säurefreiem Papier

Druck	betz-druck GmbH, Darmstadt
Bindung	Großbuchbinderei J. Schäffer GmbH + Co. KG, Grünstadt
Satz	Marita Beyer
Titelbild	Roland Wengenmayr

ISBN 3-527-40326-4

Vorwort

Physiker – sind das nicht die Typen mit den Holzfällerhemden und den Vollbärten? Oder die smarten Überflieger und Alleskönner, die auf Partys immer vom Urknall faseln? Klischees gibt es wahrlich genug. Dass Physiker nicht ständig im Labor stehen oder gerade eine geniale Theorie ausbrüten, hat sich kaum herumgesprochen.

Aber was genau machen Physiker eigentlich nach dem Studium? Diese Frage war der Ausgangspunkt für dieses Buch. Und die Antwort fanden wir in Banken und Versicherungen, in Anwaltskanzleien und Softwarefirmen, in der Automobilbranche und der Halbleiterindustrie, bei Optikfirmen und Unternehmensberatungen, und natürlich in den Forschungsinstituten. Denn überall dort arbeiten Physikerinnen und Physiker. Von Big Business bis Big Bang gibt es kaum ein Gebiet, in dem sie nicht vertreten sind.

Wir haben Physikerinnen und Physiker an ihrem Arbeitsplatz besucht und uns mit ihnen über den Berufsalltag unterhalten. Im ersten Teil des Buches schildern wir ihre Geschichten – keine Vorzeigekarrieren, sondern „normale" Biographien von jungen Absolventen, die vor wenigen Jahren die Uni verlassen haben und sich an das Studium und den Sprung ins kalte Wasser der Berufswelt noch gut erinnern. Außerdem haben wir Interviews mit Personalverantwortlichen geführt, die einen Eindruck von den Anforderungen der verschiedenen Branchen geben. Der zweite Teil des Buches enthält Tipps und Fakten zu Studium und Beruf. Im dritten Teil sind Adressen und Forschungsschwerpunkte von Universitäten und Fachhochschulen sowie zahlreichen öffentlichen Forschungseinrichtungen zusammengestellt.

Physik ist kein einfaches Studium, und wer sich dafür entscheidet, sollte es vor allem aus Spaß und Interesse tun. Aber für die meisten gibt es ein Leben nach der Uni, und wer über den Tellerrand nicht hinausschaut, wird sich mit diesem „Phasenübergang" womöglich schwer tun. In der „Legende vom Strudel in der Badewanne" schreibt Ranga Yogeshwar über Physik und das „wahre Leben" – damit nach dem Studium nichts schief geht.

Unser Dank gilt der Deutschen Physikalischen Gesellschaft, insbesondere Herrn Prof. Dr. Klaus Wandelt, für die wertvolle Unterstützung und konstruktive Kritik. Marita Beyer, die dieses Buch gestaltet hat, und die Lektorin Vera Palmer haben entscheidend zur Realisierung dieses Projekts beigetragen. Schließlich danken wir allen Physikern und Nichtphysikern, die uns für Interviews zur Verfügung standen.

Weinheim, im Februar 2002 Max Rauner und Stefan Jorda

Inhaltsverzeichnis

Die Legende vom Strudel in der Badewanne

Physics tempted me with its romantic „particle accelerators“ and „thermodynamics“, strange crazy words which swelled with exotic mystery and sex appeal ...
(John Joseph O'Brien)

It was no secret joke that brought the smile and the sparkle in his eye, it was physics. The joy of physics! The joy was contagious. We are fortunate who caught that infection ...
(Albert R. Hibbs über Richard Feynman)

Vor einigen Jahren hatte ich die Idee zu einer scheinbar einfachen Zuschauerfrage im Rahmen unserer Fernsehsendung „Kopfball“, die da lautete: „Wie herum dreht sich der abfließende Wasserwirbel in der Badewanne?“ Die Antwort war aus meiner Sicht sehr eindeutig, so dachte ich jedenfalls, und die Zuschauer hatten eine Woche Zeit, um uns die Lösung auf einer Postkarte zuzusenden.

Ranga Yogeshwar leitet die Programmgruppe Wissenschaft-Fernsehen beim WDR. Für seine Beiträge und Sendungen, darunter Quarks&Co, Kopfball und Globus, wurde der Physiker mit zahlreichen Preisen geehrt.

Falls Sie, verehrte/r Leserin oder Leser, sich intensiver mit Physik befasst haben, dürfte Ihnen diese Frage bekannt vorkommen, und ich gehe jede Wette ein, dass vielen von Ihnen in dem Zusammenhang das Wort Coriolis-Kraft einfällt.

Da die Erde ein rotierendes Bezugssystem darstellt, wirkt die Coriolis-Kraft auch auf das abfließende Wasser der Badewanne. Auf der Nordhalbkugel – so die Theorie – dreht der Strudel entgegengesetzt zum Uhrzeigersinn, auf der Südhalbkugel strudelt die Badewanne andersherum. Schließlich sorgt eben jene Coriolis-Kraft auch dafür, dass auf der Nordhalbkugel die Winde alle Hochdruckgebiete im Uhrzeigersinn umwehen und alle Tiefdruckgebiete gegen den Uhrzeigersinn.

Die richtige Antwort unserer „Kopfballfrage“ sollte also lauten: „Der Badewannenstrudel dreht entgegen dem Uhrzeigersinn!“ Die Frage war ein Erfolg, denn die Resonanz des Publikums war groß. In den folgenden Tagen erreichten uns über tausend Einsendungen, die von Mitarbeitern der Redaktion vorsortiert wurden. Kinder, alte Menschen, Physiker und Nichtphysiker schrieben uns ihre Antworten, doch das Ergebnis war verblüffend. Bei der Hälfte der Zuschauer drehte sich der Strudel im Uhrzeigersinn, bei der anderen genau entgegengesetzt. Bei einigen schien sich der Drehsinn sogar nach Belieben umzukehren. „Bist du dir bei der Antwort sicher?“ fragte mich meine Kollegin. Natürlich war ich mir sicher, der Stoff wird in jedem Physik-Vordiplom abgefragt, und in vielen Lehrbüchern und Kursen wurde der Badewannenstrudel als Illustration der Coriolis-Kraft genannt. Ich schlug ein Physikbuch auf und zeigte ihr die entsprechende Stelle, doch sie blieb skeptisch: „Ich habe es ausprobiert – es stimmt nicht!“

Kurze Zeit später standen wir in unserer Teeküche und ließen das Waschbecken voll laufen. Während das Becken sich füllte, erzählte ich von den Hoch- und Tiefdruckgebieten und davon, dass das Phänomen nicht am Äquator auftaucht. Nein – es könne keinen Zweifel daran geben – die Antwort war eindeutig. Dann zog ich den Stopfen heraus, und gemeinsam beobachteten wir, wie sich der Strudel bildete. „Genau wie es die Theorie vorhersagt!“ Der Strudel rotierte entgegen dem Uhrzeigersinn, und in mir machte sich das Gefühl einer Sicherheit breit – auf Physik ist schließlich Verlass!

Doch kaum war das Wasser abgeflossen, füllte meine ungläubige Kollegin – sie war Nichtphysikerin – das Becken erneut und wiederholte den Versuch. Dieses Mal drehte der Strudel im Uhrzeigersinn. „Siehst du – es stimmt nicht!“ An diesem Nachmittag wiederholten wir das Experiment etliche Male, und nachdem sehr viel Wasser durch den Abfluss gegangen war, gab es keinen Zweifel mehr: Der Drehsinn des Strudels schien beliebig zu sein, und ich fühlte mich von Herrn Coriolis und der Erdrotation verraten. Erst nach einigen Telefonaten und Berechnungen wurde mir klar, dass die Coriolis-Kraft beim Badewannenstrudel so gut wie keine Rolle spielt, denn andere Störungsphänomene besitzen einen weit größeren Einfluss auf den Drehsinn!

Am darauffolgenden Sonntag leistete ich Abbitte und eröffnete dem Fernsehpublikum meine überraschende Erkenntnis: „Er dreht sich doch – aber eben nicht so, wie ich dachte!“

Diese Geschichte illustrierte mir eine Schwäche der Physik. Wie kaum eine andere Disziplin besitzt sie zwar die Gabe, aus den vielfältigsten Naturerscheinungen die tieferliegenden Gesetze herauszulesen, doch das „richtige Leben“ begnügt sich nicht mit idealisierten Annahmen und einfachen Formeln.

Die berechenbare Welt der Physik hat manchmal nichts mit der realen Welt zu tun!

Ausbruch aus dem Elfenbeinturm

Gerade im Fach Physik scheint das Verlassen heimischer Labore schwerer zu fallen als in anderen Disziplinen. Die in diesem Buch des Öfteren zitierte Europäische Hochschulabsolventenstudie zeichnet ein ernüchterndes Bild: Bei der Beschäftigungssuche spielen Lehrende der Hochschule so gut wie keine Rolle, und auch die sonstigen Vermittlungshilfen seitens der Hochschule sind keine Alternative. Bei der Jobsuche ist also jeder für sich selbst verantwortlich! Im Klartext bedeutet dies: Bewerbungen auf ausgeschriebene Stellen und viel Eigeninitiative sind gefragt. Umso wichtiger ist es, genau zu wissen, was die „andere Seite" von einem erwartet.

Oft erlebe ich Absolventen aus der Physik, die mir mit glänzenden Augen von ihrer Arbeit erzählen, aber häufig genug begegne ich auch verschlossenen Menschen, die in ihren letzten Universitätsjahren den Blick für die Realität gänzlich verloren zu haben scheinen. Da offenbaren sich hermetische „Institutskulturen", deren Eigenleben geprägt ist von losgelösten professoralen Autoritäten und einer gefährlichen Realitätsferne. Dem „Herrn Professor" ist wohl entgangen, dass zukünftige Arbeitgeber in der Regel nichts über die Details von Streuexperimenten an Teilchenbeschleunigern oder numerischen Lösungsansätzen multidimensionaler Feldgleichungen hören wollen ... Die Studie belegt es: Die fachliche Spezialisierung steht nicht im Mittelpunkt, denn häufig werden auch Absolventen anderer Fächer für die gleiche Aufgabe eingestellt. Weit wichtiger sind Rekrutierungskriterien wie „Persönlichkeit", Examensnoten oder Fremdsprachenkenntnisse.

In dem Zusammenhang ermuntere ich jeden dazu, seine akademische Nabelschnur möglichst früh zu durchtrennen und aus dem Elfenbeinturm auszubrechen. Der zeitige Kontakt mit der „anderen Welt" verhindert, dass man ziellos weiterstudiert. Zu viele Studenten vergeuden an der Universität kostbare Zeit in provisorischen und unterbezahlten Arbeitsverhältnissen, statt sich nach besseren Alternativen umzusehen. Das Motiv zu vieler Promotionen ist immer noch die Angst, das gewohnte Umfeld der Hochschule verlassen zu müssen.

Wo ist Einstein geblieben?

The unease set in when I went to the Welcome-to-New-Majors-in-Physics barbecue. I came hoping to meet some new people, see some new faces, get to know others who shared my enthusiasm for science. What I found were very pale thin guys wearing glasses. They lacked grace. They lacked charisma. They lacked breasts ... In physics, it wasn't that there weren't attractive girls. It's that there weren't any at all ...

(John Joseph O'Brien)

Jede Disziplin hat ihre Idole und Stars, und manche werden sogar zum Archetyp ihres Fachs. Mozart etwa erfüllt heute noch das Bild des genialen Komponisten, und Picasso gilt als „der Maler". In der Physik zählt Einstein zu den zeitlosen Leitbildern. Er ist „der Physiker", und so manche Physiker wollen so sein wie er: unkonventionell, fundamental, populär und gnadenlos genial. Ich bin mir ziemlich sicher, dass selbst Einsteins Kleiderordnung während seiner letzten Phase in Princeton einen spürbaren Einfluss auf die nachfolgende Physikerwelt hinterlassen hat. Physiker sind meist schlecht gekleidet, leicht zerzaust und dokumentieren damit, dass sie scheinbar über diesen Dingen des Alltags stehen: Die multidimensionalen Raum-Zeit-Systeme der Relativitätstheorie sind sehr weit weg von gebügelten Hemden und duftenden Shampoos. Das Genie liebt das Chaos! Und Physiker wollen genial sein!

Die Klischees der Zunft sind vielfältig und reichen von den brillanten Jungenstreichen des ewig lachenden Richard Feynman, den traurigen Augen des poetischen Atombombenbauers Robert Oppenheimer bis hin zur These, dass Physiker besonders musikalisch seien: Jawohl, es gibt sie, die Bilder von Einstein mit seiner Violine, doch zum Glück fehlen die entsprechenden Tonaufnahmen! Die Wirklichkeit präsentiert sich ganz anders: Entdeckungen sind das seltene Ergebnis einer kaum vorstellbaren Routine in trostlosen Labors mit künstlichem Neonlicht und unentwegt laufenden Kompressoren. Hinter jeder einfachen Physikformel verbergen sich Jahre der Askese und Entbehrungen, in denen das Abfahren unzähliger Messreihen an das Abbeten klösterlicher Rosenkränze erinnert. In den meisten Fällen reicht die neue Einsicht gerade mal für einen bescheidenen Vortrag im Rahmen einer namenlosen Fachkonferenz, der mit den Worten schließt: „Further research is needed." – Im Klartext: Wir wissen nicht mehr als vorher!

Revolutionäre Entdeckungen sind eine Ausnahme, und ihre personifizierten Auszeichnungen sind häufig ein Anachronismus. Im Zeitalter des Teamwork, wo über 500 fleißige Teilchenphysiker ein einziges Experiment betreiben, gibt es keinen Raum mehr für heroische Einzelgänger – und doch – niemand will etwas davon hören: Die Gesellschaft sieht im preisgekrönten Entdecker den Beweis für die Kraft des Individuums. Und die Physiker schweigen, da sie sonst ihr Image der Genialität verlören. Wir lieben die Einsteins, Feynmans oder Hawkings und nicht die seelenlosen Forscherameisen, und so nährt sich beharrlich das falsche Bild des romantischen Physikers.

Willkommen im Leben – die Welt jenseits des Urknalls

Spätestens mit dem Verlassen der Universität bekommen viele den „Phasenübergang" ins richtige Leben zu spüren. In der Welt „dort draußen" kennen die meisten Menschen weder Newtons Gravitationsgesetz noch können sie nachvollziehen, warum sich ein erwachsener Mensch mit großer Lust zum Beispiel mit den chaotischen Mustern tropfender Wasserhähne befasst oder seine kostbare Zeit damit verbringt, über die Entstehung der Materie zu Beginn des Universums nachzudenken. Der berufliche Alltag ist erschreckend praktisch und realitätsnah. Wo in den Tempeln der Forschung noch von fundamentalen Gesetzen die Rede war, geht es jetzt um pragmatische Lösungen beim Bau eines Bremssystems, um das Erstarren von Kunststoffen oder um die Optimierung von Produktionsprozessen in einer Schuhfabrik. Vorbei ist die wunderbare Suche nach der Weltformel, und ab jetzt schwinden auch die letzten Chancen auf einen Nobelpreis! Die beruflichen Anforderungen an den Physiker setzen vornehmlich auf seine Lernfähigkeit, seine Kompetenz, ein Problem genau zu analysieren und es sogar manchmal zu lösen.

Wir Physiker sind in den Augen der „anderen" intellektuelle Allzweckwaffen und zählen fast immer zur Minderheit. Lag der Fokus während des Studiums auf den Inhalten, so geht es ab jetzt fast nur noch um die erworbenen Kompetenzen. Der Inhalt der Diplom- oder Promotionsarbeit ist sekundär für die nachfolgende berufliche Laufbahn, denn wie in kaum einer anderen Disziplin ergibt sich mit dem Berufsstart auch ein totaler inhaltlicher Bruch: Von Baryonen zu Bits, vom Big Bang zum Big Business ... – willkommen im Leben!

Big Business statt Big Bang

Immer mehr Physikabsolventen arbeiten als Unternehmensberater

Mit Physik hat Jörg Viernow nicht mehr viel zu tun. Dabei ist es gerade mal acht Monate her, dass er den Zenit seiner Physikerlaufbahn erreichte: die Doktorprüfung. Viernow hat ein neues Verfahren zur Nanostrukturierung von Halbleitern entwickelt, das ihm neben dem Doktortitel auch eine ansehnliche Veröffentlichungsliste bescherte. „Ich hätte habilitieren können," erinnert er sich, „aber das universitäre Umfeld hat mich abgeschreckt." Keine Bewegung drin, kaum Möglichkeiten, die eigene Kreativität zu entfalten und frei zu arbeiten, zu viele Sach- und Geldzwänge bei zu hohem Risiko. Heute arbeitet er als Unternehmensberater.

Knapp fünf Prozent der Physikabsolventen gehen nach dem Diplom oder der Promotion zu einer Unternehmensberatung. Die einen empfinden die Hochschulkarriere als unkalkulierbares Risiko und sehen die Managementberatung als Sprungbrett für einen lukrativen Job in der Industrie. Denn der Arbeitseinsatz von Uni-Assistenten und Consultants ist vergleichbar, und wer aus der Beratung nach ein paar Jahren wieder aussteigt, dem steht, anders als an der Uni, die Welt offen – zumindest die Wirtschaftswelt. Die anderen bewerben sich aus Neugier, oder weil es gerade im Trend ist. Zum Beispiel auf eines der Schnupperseminare, die als Segeltörns, in Klostern oder an der Küste abgehalten werden. Und wenn die Beratungsfirmen den Bewerber als „high potential" einstufen, dann geht alles ganz schnell. Während man bei Siemens oder Bosch schon mal sechs Wochen auf eine schriftliche Einladung zum Gespräch wartet, meldet sich McKinsey schon nach zwei Tagen am Telefon. Denn an Naturwissenschaftlern und Ingenieuren, die für eine Beratertätigkeit in Frage kämen, mangelt es. Das liegt zum einen an den abnehmenden Studentenzahlen, zum anderen am ungebremsten Wachstum der Branche. A. T. Kearney, Boston Consulting, McKinsey und andere Top-Firmen steigern ihren Umsatz zum Teil um 20 Prozent im Jahr. Mit ständig wechselndem Personal: Die Fluktuation beträgt zwischen 10 und 40 Prozent – in der Unternehmensberatung wird man nicht alt.

Die Verweildauer bei A. T. Kearney, Jörg Viernows neuem Arbeitgeber, liegt mit rund sechs Jahren weit über dem Durchschnitt. Jedes Jahr stellt A. T. Kearney etwa einhundert neue Mitarbeiter in Deutschland ein, davon jeder zehnte ein Physiker. Und die werden nicht nur in der *Information-Technology*-Beratung (IT) eingesetzt, wo Software-Kenntnisse gefragt sind. Auch in der „Strategie-Beratung", die dem oberen Management eines Unternehmens zuarbeitet, sind Physiker begehrt, bis ganz oben in der Hierarchie: Jürgen Kluge, Deutschland-Chef von McKinsey, ist promovierter Laserphysiker.

Auch Naturwissenschaftler fühlen sich in der Unternehmensberatung wohl. Aber nicht jeder kann sich auf Dauer mit dem Existenzentwurf des Beraters anfreunden.

Crashkurs in BWL

Mit Jörg Viernow verabredet man sich am besten am Flughafen, Montag morgen im Sheraton-Hotel, kurzer Zwischenstopp auf dem Weg „zum Kunden" irgendwo in Nordostdeutschland. Natürlich trägt er keine braunen Cordhosen, sondern einen anthrazitgrauen Anzug, eine modische Brille mit schmalen Gläsern und Goldrand, und die Haare hat er kurz geschnitten. Als zielstrebig und motiviert beschreibt er sich, mit einer gesunden Portion Neugier. Abitur „ganz normal", dann zwei Jahre Reserveoffizier, Physikstudium innerhalb von fünf Jahren – inklusive Auslandsaufenthalt –, nahtloser Übergang in die Doktorarbeit, Promotionsdauer unter drei Jahren, in den Ferien Praktikum in der Forschungsabteilung eines Anlagenherstellers, nebenbei Betriebswirtschaft als zweites Nebenfach, mit Scheinen und Prüfungen.

Auf den ersten Blick verwundert es, dass Strategie-Beratungen an einem Hochschulabsolventen interessiert sind, der drei Jahre lang wie Jörg Viernow das Wachstum von Calcium-Fluorid auf Silizium untersucht hat. Gibt es nicht genügend Absolventen anderer Fachrichtungen, die ihr gesamtes Studium damit verbringen, über Produktzyklen, Bilanzierung und Profitabilität nachzudenken? „Ohne den Betriebswirten auf den Schlips treten zu wollen," sagt Viernow, „das ist mit entsprechenden Vorkenntnissen schnell zu erlernen." Viel gesunder Menschenverstand. Auch im BWL-Studium kann man sich nicht das ganze Fachwissen aneignen, das in den unterschiedlichen Projekten der Strategie-Beratung gefragt ist. Daher sind Flexibilität und analytisches Denken viel wichtiger. Was Physiker auszeichne, meint Viernow, seien eine hohe Frustrationsschwelle, Beharrlichkeit und die Fähigkeiten, sich schnell in komplexe Sachverhalte einzuarbeiten, kausale Zusammenhänge zu erkennen und strukturiert zu arbeiten. In Größenordnungen denken: eine Zehn von einer Tausend unterscheiden. Ganz wichtig, und das lernt man im Physikstudium nur bedingt, sind die „sozialen Kompetenzen" Kommunikation und Teamfähigkeit, „dass man mit dem Kunden auch mal ein Bier trinken kann." Den Jargon der Betriebswirtschaft und die wichtigsten Methoden bekommen die Einsteiger in den meisten Unternehmensberatungen durch einen zweiwöchigen Crashkurs vermittelt – „Exotentraining" für Physiker, Philosophen und andere Nicht-Wirtschaftler. Darüber hinaus legt man viel Wert auf Weiterbildung und *learning on the job.*

Christian Steinhausen, seit einem Jahr als Consultant in der Strategie-Beratung bei Andersen Consulting (seit Januar 2001: accenture), hat gerade ein Training hinter sich, in Chicago, dem Hauptsitz von Andersen. „Es bringt äußerst viel und macht dazu noch Spaß," findet Steinhausen. Für ihn ist es das dritte Training, seit er vor einem Jahr als promovierter Physiker zu Andersen kam. Aber natürlich war er schon längst in realen Unternehmen in Deutschland engagiert, und zwar zunächst in der Energiebranche und jetzt im Gesundheitswesen. Aussagen über konkrete Projekte oder gar Namen von Kunden wird man von den Beratern nicht erfahren, denn Diskretion ist eine wichtige Voraussetzung für das Geschäft.

Was macht ein junger Consultant den ganzen Tag? Zum Beispiel arbeitet er in einem zehnköpfigen Beratungsteam, das sich für zwei Monate bei einem Energiekonzern einquartiert hat. Ziel des (fiktiven) Projekts sei es, für den Kunden einen Strategieplan zu entwerfen, wie er sich auf dem liberalisierten Strommarkt besonders günstig positionieren kann. Das Beraterteam trifft sich regelmäßig zum *Brainstorming,* gliedert das Projekt in einzelne *Tasks,* erstellt Arbeits- und Zeitpläne und dokumentiert Zwischenergebnisse. Die Physikerin im Team wird beauftragt, innerhalb von drei Tagen ein *Memo* über die Zukunft der Stromerzeugung in den nächsten zehn Jahren anzufertigen. Sie telefoniert mit einem ehemaligen Kommilitonen in der Solarzellenforschung, fordert eine Studie vom Wirtschaftsministerium an, vereinbart zwei Interviews mit den Experten der Firma und bestellt eine externe Studie über das Internet. Aus zwei Stapeln

Broschüren, Büchern und Archivmaterial extrahiert sie die wichtigsten Informationen und diskutiert ihre Thesen mit den Kollegen. Meetings, Brainstorming und Kundeninterviews, Strukturieren und Dokumentieren, all das unter ständigem Zeitdruck: Das ist der Projektalltag von Montagmorgen bis Donnerstag oder – je nach Unternehmensberatung – Freitagabend. In dieser Zeit arbeitet man beim Kunden und wohnt im Hotel vor Ort. In manchen Beratungen sitzt man freitags am Schreibtisch in der Zentrale. Das Wochenende ist (meistens) frei.

Berufserfahrung an der Uni

Als Physiker zu einer Unternehmensberatung zu gehen war für Christian Steinhausen das Natürlichste der Welt. Schon seine Diplomarbeit an der Ludwig-Maximilians-Universität München, Oberflächenanalyse durch elastische Rückstreuung von Jod-Ionen, sieht er rückblickend als eine „Vorform der Beratung", weil er viele Analysen für Ingenieure durchgeführt und betreut hat, z. B. an Sonnenkollektoren, Solarzellen und Halbleiteroberflächen. „Ich habe gemerkt, dass ich mich von meinem Denken her unterscheide von den klassisch-typischen Physikern, die nur Freude am Experimentieren haben, oder nur Freude am Rechnen," sagt Steinhausen, „bei mir stand immer schon ganz klar die Anwendung, die Dienstleistung im Vordergrund." Außerdem habe er bei seiner Zusammenarbeit mit Ingenieuren und – während der Doktorarbeit – Medizinern „gemerkt, dass Kommunikation irrsinnig wichtig ist." Es reiche nicht, einen tollen Wert gemessen zu haben, wenn man niemanden dafür interessieren könne – „und man bekommt auch kein Geld dafür."

Nach der Promotion arbeitete Steinhausen für vier Monate in einer kleinen Beratungsfirma. Als „experienced hire" wurde er von Andersen eingestellt, unter Anrechnung von zwei Jahren Berufserfahrung. „Ein Lehrstuhl ist doch auch eine Firma," sagt Steinhausen, „mit anderen Randbedingungen und anderen Zielen, aber mit ähnlicher Struktur." Auch „soft skills" wie Teamarbeit, Kommunikations- und Konfliktfähigkeit kann man da lernen, und selbst vom Mobbing und Intrigenspiel bekommt man mitunter einen ersten Eindruck. BWL-Kurse neben dem Studium hat er indessen nicht absolviert. „Ich bin ein großer Freund von learning by doing," es sei oft besser, ein Projekt zu managen als einen Kurs über Projektmanagement zu besuchen.

Das Vorurteil, dass gerade von Unternehmensberatungen viel Papier produziert und wenig umgesetzt wird, will er nicht bestätigen. Gerade bei Andersen Consulting kümmere man sich intensiv auch um die Implementierung. Zu sehr, wie manche klassischen Managementberatungen gerne behaupten. Andersen hat sich in der Vergangenheit vor allem als System- und Softwareberater einen Namen gemacht. In diesem Bereich arbeitet auch ein Großteil der Physiker, die das Unternehmen beschäftigt. Seit Jahren engagiert sich Andersen allerdings auch in der Strategie-Beratung. Umgekehrt bauen klassische Managementberatungen seit den achtziger Jahren ihre Systemberatung aus, weil immer mehr Kunden wünschen, dass auch die Einführung einer neuen Software oder die Implementierung eines Firmen-Intranets begleitet wird.

Aufsteigen oder Aussteigen

Die meisten Top-Beratungen bemühen sich durch eine rigide Beförderungspolitik, nur die Besten im Unternehmen zu halten. Häufig gilt das Prinzip „up or out" oder „grow or go": Wer nach zwei bis drei Jahren auf der Hierarchieleiter nicht eine Sprosse höher klettert, muss seinen Hut nehmen. Als Bewertungsgrundlage dienen Gutachten der Vorgesetzten. Liegen die Leistungen unter denen der „Referenzgruppe", gibt es ein Gespräch über die Ursachen – Motivationsprobleme, private Probleme, Trainingsdefizite – und gegebenenfalls verlässt man die Firma. Die Ehrgeizigen unter den Beratern möchten es nach acht bis zehn Jahren bis zum „Partner" geschafft haben: Miteigentümer der Firma, Jahressalär wie Konzernvorstände. Dann nimmt angeblich auch der Stress ab.

Florian Michl (32) ist „out". Im Anschluss an seine Promotion in theoretischer Festkörperphysik ging er zu Boston Consulting, nach 18 Monaten kündigte er. Mit dem Existenzentwurf des Unternehmensberaters konnte er sich nicht anfreunden. Ein Leben im Hotel, oft 70 Arbeitsstunden pro Woche, häufig bis spät in die Nacht, Feiertage wurden genutzt, um Liegengebliebenes zu erledigen. „Es war wie auf dem Laufband," sagt er, „wenn Du trainiert bist, kommst Du mit und es gefällt Dir vielleicht. Aber wenn das Band eine Idee zu schnell läuft, hängst Du drin und schleifst Dir die Füße ab." Der persönliche Kontakt zu Freunden ging verloren, und mit der Ehe hätte das auf Dauer nicht funktioniert. Zum Glück bekam seine Ehefrau ebenfalls eine Stelle als Beraterin, sodass auch sie nur am Wochenende zu Hause war.

Jörg Viernow von A. T. Kearney arbeitet von acht Uhr morgens bis acht, neun abends. Mit seinen beiden Kollegen im Projektteam frühstückt er gemeinsam im Hotel und geht möglichst einmal in der Woche abends ins Kino, ins Theater oder in ein gutes Restaurant. Freitagabend, im Flieger nach Hause, ist Schluss, „das muss auch so sein, als Selbstschutz." Anders als während der Promotion könne er dann komplett abschalten, die räumliche Distanz erleichtere das. Aber letztlich, sagt Viernow, „muss es Spaß machen, dann empfindet man die Belastung nicht so."

Wer von der Sache begeistert ist, mag sich mit den Randbedingungen anfreunden. Florian Michl war indessen auch mit den Inhalten nicht immer glücklich. Häufig ging es in seinen Projekten darum, Unternehmen zu „reorganisieren". Dabei sollte zwar kein Personal im großen Stil entlassen werden – diese Zeiten sind vielerorts vorbei. Aber auch wenn beispielsweise der Zusammenschluss einzelner Unternehmensbereiche geplant ist, stößt das bei den Betroffenen auf Widerstand. Das spüren die Berater, wenn sie aus den Abteilungen Daten recherchieren. „Ich arbeite gerne in einem harmonischen Klima, aber in manchen Projekten ist das sehr schwierig," sagt Michl. Dennoch zieht er eine positive Bilanz: „Ich bin froh, dass ich draußen bin, aber ich bin nicht nachtragend; ich habe sehr davon profitiert." Und nach einer Pause: „Es war ein bisschen wie Abenteuerurlaub – mehr Abenteuer als Urlaub." Als er seine Entscheidung zu gehen intern bekanntgab, half ihm Boston Consulting bei der Suche nach einem neuen Arbeitgeber – „die kümmern sich unglaublich um die Leute, die raus wollen." Auch im eigenen Interesse: Die Ehemaligen sind die Auftraggeber von morgen. Intern wird wenig darüber geredet, denn den Aussteigern haftet unter Kollegen der Makel des Versagens an.

Heute arbeitet Michl bei Infineon, dem ausgegründeten Halbleiterbereich von Siemens, und zwar in einer Stabsabteilung, zwei Ebenen unter dem Vorstand. Eine Stelle, die er ohne Berufserfahrung in der Beratung nicht bekommen hätte. „Wenn man als Quereinsteiger von der Unternehmensberatung kommt, wird einem mehr zugetraut, vor allem was organisatorische Dinge angeht." Man kann Meetings leiten und ist bei wichtigen Besprechungen dabei. Im Nachhinein würde er die Beratertätigkeit jedem empfehlen, der nach dem Studium einen erfolgreichen Einstieg in der Industrie sucht. Wer der Physik allerdings fachlich oder wissenschaftlich treu bleiben möchte, dem rät Michl von dem Umweg über eine Unternehmensberatung ab. Dass man später zurück in die Forschung möchte, nimmt einem nämlich keiner mehr ab. Außerdem sei der von der reinen Wissenschaft faszinierte Physiker für die Unternehmensberatungen oft ungeeignet. „Richtige Vollblut-Physiker gab es da wenige," erinnert sich Michl, „eher die Überflieger, denen das Physikstudium von allen Fächern intellektuell als die größte Herausforderung erschien; die gewisse Karriereziele hatten."

IT-Beratung in kleinem Stil

A. T. Kearney, Andersen Consulting, Boston Consulting, McKinsey – es muss nicht eine der großen sein. Allein in Deutschland zählt das Managermagazin rund 11 000 Unternehmensberatungen. Zum Beispiel „Beck et al." in München. Die 27 Mitarbeiter passen noch bequem auf zwei Etagen einer hübschen Jugendstilvilla am Bavariaring. Beck et al. ist eine IT-Beratung, die sich „Wissensmanagement" auf die Fahnen geschrieben hat, die Konzeption und den Aufbau von Kommunikationsnetzen, Datenbanken und Archiven. So entwickeln die Berater für eine deutsche Handelskette eine Softwarelösung, die den Informationsaustausch zwischen Händlern, Kunden und Mitarbeitern regeln soll, mit E-mail, Web und Intranet.

Silke Grosholz leitet das Projekt. Sie ist Physikerin und seit zwei Jahren bei Beck et al. „Damals habe ich zwei Monate Stellenanzeigen gewälzt," sagt sie, „darunter vielleicht zwei für Physiker." Silkes jetzige Stelle war ausdrücklich für Berufseinsteiger ausgeschrieben. „Bei Boston Consulting oder McKinsey hätte ich von Anfang an perfekt sein müssen," dachte sie damals. Außerdem befürchtete sie, die Arbeit dort könne zu theorielastig sein. Davon hatte sie erstmal genug: Die Diplomarbeit in theoretischer Physik schrieb sie über CP-Verletzung und Supersymmetrie, die Promotion in theoretischer Festkörperphysik brach sie nach fünf Monaten ab: „Ich wollte praktisch arbeiten, was umsetzen, nicht beweisen, was schon bewiesen war." Bei manchen Unternehmensberatungen wäre ihre Bewerbung schon aus formalen Gründen gescheitert, aussortiert vom Praktikanten in der *Recruiting*-Abteilung: Eine abgebrochene Promotion passt nicht ins Wunschprofil. Bei Beck et al. sieht man das anders. Sigfried Lautenbacher, einer der beiden Geschäftsführer: „Um ehrlich zu sein, wir sind uns bei den Doktoren eher unsicher als bei jenen, die sagen: ‚Ich hab's versucht, aber ich will was Praktisches machen.'" Was er an den Physikern schätzt? „In der Lage sein zu denken. Nicht wurschteln."

Als Physiker in die Unternehmensberatung? Keine einfache Entscheidung. Die Eltern wünschen sich lieber „was richtiges", dem Doktorvater ist es zu unwissenschaftlich, die Freundin oder der

Freund winkt ohnehin ab, und die Kommilitonen warnen vor den vermeintlichen Job-Killern. Und das ganze Fachwissen, Festkörperphysik, Quantenmechanik, Relativitätstheorie, alles für die Katz? „Ich habe knapp sieben Jahre damit verbracht," sagt Jörg Viernow noch, bevor er durch die Sicherheitsschleuse verschwindet, „aber ich bin zu dem Schluss gekommen: ich schmeiße es ja nicht weg. Ich bin immer noch Physiker. Und ich arbeite halt bei einer Unternehmensberatung."

Die Top 12: Managementberatungen in Deutschland 2000

Unternehmen	*Umsatz in Mio. €*	*Mitarbeiter*	*www*
McKinsey & Company	*475*	*1660*	*www.mckinsey.com*
Roland Berger & Partner	*435*	*1510*	*www.rolandberger.com*
A. T. Kearney	*230*	*615*	*www.atkearney.com*
The Boston Consulting Group	*217*	*1000*	*www.bcg.com*
Booz Allen & Hamilton	*127*	*340*	*www.bah.com*
Arthur D. Little International	*100*	*335*	*www.adlittle.com*
Bain & Company Germany	*97*	*250*	*www.bain.com*
Droege & Comp. AG	*95*	*290*	*www.droege.de*
Mercer Consulting Group	*93*	*240*	*www.mercer.com*
IBM Unternehmensberatung	*92*	*344*	*www.ubg.com*
Marketing Corporation	*84*	*332*	*www.marketing-corporation.de*
Arthur Andersen Business Consulting	*59*	*230*	*www.accenture.com*

„Perfektionisten sind willkommen!"

Interview mit Birgit Ariane Kleinhans, Recruiting Marketing Manager bei Andersen Consulting (seit 2001: accenture)

Rund zehn Prozent der Berater bei Andersen Consulting sind Naturwissenschaftler. Was schätzen Sie an diesen Absolventen?
Eine Unternehmensberatung benötigt die unterschiedlichsten Wissensrichtungen, um den Kunden optimal zu beraten. Physiker und Naturwissenschaftler können zum Beispiel unseren Kunden in der Telekommunikations- und Energiebranche hervorragende Anregungen geben, da sie die Zusammenhänge kennen und über das notwendige Wissen verfügen.

Fehlt es nicht an Know-How in Betriebswirtschaft?
Sicherlich ist das betriebswirtschaftliche Know-How von Naturwissenschaftlern nicht so ausgeprägt wie bei Betriebs- oder Volkswirtschaftlern. Dies ist jedoch kein Hindernis, denn wir arbeiten beim Kunden in interdisziplinären Teams, so dass das Wissen kontinuierlich untereinander ausgetauscht wird und dem Kunden zu Gute kommt. Die Vielfalt des Wissens ist der Faktor, der über den Erfolg entscheidet.

Und der Sinn für die Praxis? Physiker gelten als Perfektionisten.
Praxis lernt man in der Praxis. Also einsteigen und loslegen kann ich hier nur raten. Und Perfektionisten sind immer willkommen, denn der Kunde erwartet von uns erfolgreiche Lösungen.

Wie läuft der Einstieg konkret?
Als Hochschulabsolvent starten Sie Ihre Karriere als Analyst in einer unserer vier Competence-Bereiche: Strategy, Process, Change Management oder Technology. Der jeweilige Einsatzbereich unserer Mitarbeiter hängt vom Studiengang ab. Analog zu dem Competence-Bereich erhalten Sie dann zahlreiche Schulungen, die Ihr Wissen vertiefen. Darüber hinaus generieren unsere Mitarbeiter wichtige Erfahrungen über Industriebranchen auf unseren Projekten. Jedem Mitarbeiter steht ein Counselor zur Verfügung, der als Karriereansprechpartner dient. Er unterstützt Ihre Entwicklung und berät bei wichtigen Entscheidungen. Als Analyst arbeiten Sie typischerweise in Kundenprojekten, erstellen Soll/Ist-Analysen, programmieren, erarbeiten Systemdokumentationen, konzipieren Kundentrainings, um nur einige Beispiele zu benennen. Die nächste Karrierestufe ist der Consultant. Hier übernehmen Sie erste Personalaufgaben, sie leiten Arbeitsteams, übernehmen Moderationen von Team-Meetings, Systemdesign und erstellen Arbeitspläne. Als Manager sind Sie für die Führung und Entwicklung von Projektteams verantwortlich, koordinieren Budgets und Administration; sind Ansprechpartner für den Kunden.

Setzt Andersen Consulting dabei bevorzugt auf diplomierte oder auf promovierte Physiker?
Hier gibt es keine starren Vorgaben.

Welche Voraussetzungen sollte man mitbringen?
Wissen ist das eine, und das ist erlernbar. Darüber hinaus zählt Teamwork, Teamwork und nochmals Teamwork. Wir suchen Kollegen, die im Team arbeiten, die etwas bewegen möchten und die so flexibel sind, dass sie sich jeden Tag auf neue Herausforderungen einstellen möchten.

Was bieten Sie dafür?
Interessante Aufgaben, schnelle Karrieremöglichkeiten, kontinuierliche Trainings, internationale Kollegen und natürlich eine leistungsorientierte Bezahlung. Die Mitarbeiter sind unser Erfolg. Deshalb sind Trainings und persönliche Entwicklungsmöglichkeiten sowie ein angenehmes Arbeitsumfeld für uns Voraussetzung.

Die Arbeitsbelastung in der Beraterbranche gilt als extrem hoch, mit 70-Stunden-Wochen und mehr. Viele schreckt das ab.
Sicherlich ist eine geregelte 40-Stunden-Woche nicht das Hauptcharakteristikum eines Berater-Alltages. Wie in jedem Beruf gibt es Schwankungen: In Endphasen von Projekten können auch mal deutlich mehr Stunden anfallen. Dies verlangt Motivation und Flexibilität – Persönlichkeitsmerkmale, die unsere Berater mitbringen.

Warum ist die Personalfluktuation dennoch so hoch?
Ein Grund sind sicherlich die Anforderungen, die gestellt werden. Flexibilität, Dynamik und Geschwindigkeit, die den Beruf des Beraters kennzeichnen. Den Menschen, die etwas bewegen möchten, die Erfolg haben und sich weiterentwickeln wollen, bieten wir eine große Chance.

Physik 'n Chips

Physiker in der Halbleiterindustrie müssen mit starken Konjunkturschwankungen leben

Vergessen schienen sie, die mageren Jahre, nun würden der Halbleiterindustrie wieder fette Jahre bevorstehen: Nachdem 1999 mit einem Weltmarkt von 150 Milliarden Dollar wieder der Umsatz von 1995 erreicht wurde, prognostizierten Marktforscher zweistellige Zuwachsraten für die folgenden Jahre. Die Halbleiterindustrie hatte sich mit gewaltigen Investitionen darauf vorbereitet; in Deutschland insbesondere im Raum Dresden, wo Infineon Technologies, die ehemalige Halbleitersparte von Siemens, und Advanced Micro Devices, kurz: AMD, für mehrere Milliarden neue Wafer fabs errichtet hatten. Mit seiner Fab 30 hat AMD Ende 1999 das nach eigenen Angaben weltweit modernste Halbleiterwerk eingeweiht, von dem aus AMDs Erzrivale Intel mit dem Athlon-Prozessor herausgefordert werden sollte. Im Jahr 2000, dem Jahr der Börseneuphorie, in dem die New Economy zum vermeintlichen Siegeszug ansetzte, gingen die Prognosen auch in Erfüllung und mit 200 Milliarden Dollar Umsatz wuchs der Weltmarkt um über 30 Prozent. Das böse Erwachen kam ein weiteres Jahr später: Angesichts eines Umsatzeinbruchs in der gleichen Größenordnung machte sich Katerstimmung breit – zahlreiche Unternehmen reagierten mit Einstellungsstopps oder Entlassungen. Diese Zyklen sind charakteristisch für die Halbleiterindustrie, in der der nächste Aufschwung so sicher kommt wie der Abschwung. Langfristig ist die Halbleiterindustrie in den vergangenen 40 Jahren aber immer gewachsen – auch dank der qualifizierten Mitarbeiter, zu denen im großen Maße Physikerinnen und Physiker gehören.

Markus Dilger (32) ist einer von ihnen. Nach der Promotion über Einzelelektronentransistoren bei Klaus von Klitzing in Stuttgart ist er 1996 zu Siemens gekommen und leitet nach einer steilen Karriere seit Anfang August 1999 das Maskenhaus bei Infineon in München, das für alle Produktionsstätten weltweit und auch einige externe Kunden die für die optische Lithographie benötigten Masken liefert. Bereits während des Studiums hatte er als Werkstudent bei der Zentralen Forschung und Entwicklung von Siemens in Erlangen Industrieluft geschnuppert; entscheidend für die Einstellung sei dies aber nicht gewesen. Der Promotion einen Postdoc anzuschließen stand für Dilger nicht zur Debatte: „Das Industrieumfeld war einfach interessanter und bot mehr Perspektiven“. Eingestiegen ist er dann in die strategische Produktionsplanung der *Memory Products Division*, wo er sich zum Beispiel mit einer Fertigungsverlagerung von Frankreich nach Malaysia befasste.

Physiknahe Aufgaben

Seine Aufgabe hat „mehr als erwartet“ mit Physik zu tun, bei Elektronenstrahlschreibern, mit denen die Masken geschrieben werden, steht beispielsweise der Sprung von 10 kV Beschleunigungsspannung auf 50 kV an. Auch im Rahmen seiner Doktorarbeit hatte er sich mit Elektronenstrahl-Lithographie beschäftigt und musste sich zwischen einem gerade neu angeschafften Gerät und einem bewährten alten entscheiden. Vor ähnlichen Entscheidungen steht er heute, mit dem gewichtigen Unterschied, dass „eine richtige Menge Geld über'n Tisch geht“ – ein Elektronenstrahlschreiber kostet zwischen 20 und 40 Mil-

Die Berufskleidung von Physikern, die in der Chip-Fertigung arbeiten, ist der Reinraumanzug. Daneben gibt es aber auch zahlreiche andere Aufgaben, die Physiker in der Halbleiterindustrie wahrnehmen.

lionen Mark. Da der gesamte Infineon-Umsatz mit Waferprodukten an der rechtzeitigen Maskenfertigung hängt, ist es essenziell, das Risiko bei einer Umstellung zu minimieren und eine neue Technologie rechtzeitig zum laufen zu bringen, sodass die *Roadmap*, der Zeitplan für die nächsten Jahre, eingehalten werden kann. Die Maskenherstellung eilt der Wafertechnologie daher immer um 18 bis 24 Monate voraus und bereitet bereits Masken für Strukturgrößen von 0,15 μm vor.

Markus Dilger ist Vorgesetzter von rund 170 Mitarbeitern, darunter circa 20 Physiker, mit denen er durchweg positive Erfahrungen gemacht hat. „Ich beurteile die Menschen aber nicht danach, ob sie

Physiker sind oder nicht. Wichtig ist, ob jemand seine Aufgabe ernst nimmt und bereit ist, sich reinzuhängen, das Maskenhaus zu seinem Ding zu machen. Ich sehe gerne engagierte Menschen". Physiker bringen in der Regel schon die nötigen Fachkenntnisse über Elektro-

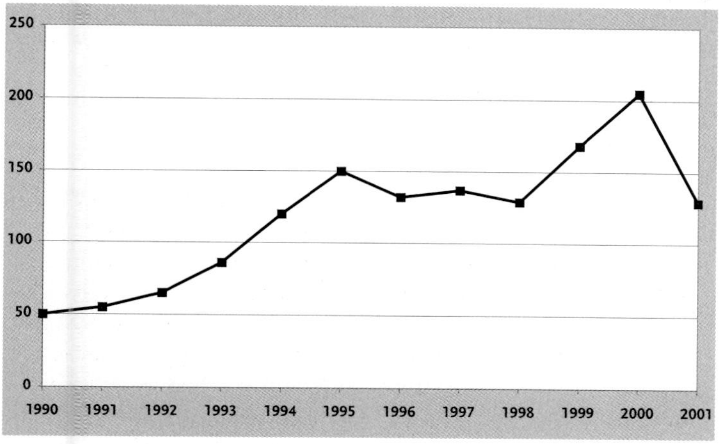

Halbleiter-Weltmarkt in Mrd. US$: Nach dem Boom im Jahr 2000 kam der tiefe Fall.

nenstrahl- oder optische Lithographie, Ätz- und Strukturierungsprozesse oder ähnliches mit. Aber wichtiger ist ihm der „engagierte Arbeitsstil" eines Experimentalphysikers: „Wer am Kryostaten gestanden und nachts dieses Helium eingefüllt hat, und dann ist das ganze Ding abgeschmiert und die Messung tut nicht ... Wer das durchgestanden hat, sein Experiment, sein Baby, der hat eigentlich alles, was er braucht".

Sein typischer Arbeitsalltag besteht aus „Arbeiten, arbeiten, arbeiten", und das bis „ziemlich spät abends". Öfter mal durch die Fertigung, in die Reinräume zu gehen, ist bislang ein guter Vorsatz geblieben. Der Tag ist ausgefüllt mit Meetings, Kontakten zu Kunden und Lieferanten, und wenn es in der Maskenfertigung Probleme gibt, sitzt morgens und abends eine Expertenrunde zusammen. Jeder Tag, den eine Maske früher da ist, bedeutet schließlich einen Tag mehr Umsatz.

Infineon ist mit 13 000 Mitarbeitern in Deutschland, von denen fast 10 % Physiker sind, der größte Arbeitgeber für Physiker in der deutschen Halbleiterindustrie. Daneben gibt es zahlreiche andere Unternehmen wie beispielsweise AMD, Hewlett Packard, Hitachi, Motorola, Philips oder Texas Instruments.

Arbeiten im Schichtbetrieb

Bei AMD in Dresden arbeitet Cornelia Weiss (27). Sie ist Fertigungsingenieurin (*Manufacturing Engineer*) in der Photolithographie, einem zentralen Prozessschritt, der über die erreichbare Auflösung und damit auch die maximale Geschwindigkeit eines Chips entscheidet. Sie wirkt mit bei der Auswahl, Installation und Inbetriebnahme von Anlagen, die sie anschließend betreut. Zu ihren Aufgaben gehört es auch, die Schlüsselparameter der Anlagen und Prozesse zu definieren und ständig zu optimieren. Um auftretende Probleme einordnen zu können, ist ein umfangreiches Hintergrundwissen über andere Prozessschritte wie Schichtabscheidung oder Ätzen notwendig. Wie generell in der Halbleiterindustrie, läuft die Fertigung rund um die Uhr, 365 Tage im Jahr; daher arbeitet sie im Schichtbetrieb. „Man

Blick in die vollautomatische Prozesslinie des Maskenhauses von Infineon. Bei der Maskenfertigung werden Genauigkeiten von < 50 nm gefordert.

muss flexibel reagieren, und kein Tag ist wie der andere“, sagt Weiss. Bei einer Firma zu arbeiten, die ein neues Produkt mit einer neuen Technologie (Kupfertechnologie und 0,18 μm Strukturgröße) entwickelt, spornt sie an. Zwar ist sie sich auch des damit verbundenen Risikos bewusst, aber „Sicherheit gibt's nirgends“.

Studiert hat sie in Leipzig und Chemnitz, wo sie 1996 am Zentrum für Mikrotechnologie ihr Diplom mit einer Arbeit über mikromechanische Aktorstrukturen für die Rastertunnelmikroskopie abschloss. Danach ging sie zunächst als Doktorandin nach Basel, über ein Praktikum ist sie dann aber bald nach dem ersten Spatenstich in Dresden zu AMD gekommen – und geblieben mit einem Angebot, am Aufbau des Werks mitzuarbeiten. Nebenbei promoviert sie am Institut für Werkstoffwissenschaften der TU Dresden; AMD gibt ihr den nötigen Freiraum, stellt Anlagen zur Verfügung und ermöglicht ihr Konferenzbesuche. „AMD unterstützt Forschungsprojekte sehr stark und hält die Mitarbeiter an zu publizieren. Aber letztendlich hängt es von meiner Initiative ab, ob ich die Promotion abschließe oder nicht.“

Während der ersten eineinhalb Jahre pendelte Weiss zwischen Austin, Texas, und Dresden. In den USA wurde sie „on the job“ geschult, um dann in Dresden zunächst als *Materials Analyst* beim Aufbau des Labors für Werkstoffanalytik ihre Erfahrungen einzubringen. Dieses Labor dient dazu, im weitesten Sinne Prozesse und Strukturen zu charakterisieren. Es hat eine wichtige Funktion für die Produktion, um eventuelle Fehler und Defekte in einem der rund 500

Prozessschritte schnell zu entdecken und darauf zu reagieren. Diese Tätigkeit ist „Physik auf einem sehr hohen Niveau gewesen, Spektren auswerten, sich fragen, was ein Signal bedeuten könnte ...“. Bei ihrer jetzigen Tätigkeit in der Fertigung spielen praktische Aspekte und die Erfahrung eine größere Rolle, aber die Arbeitsweise hat noch viel mit derjenigen an der Uni gemeinsam. Vom experimentellen Teil ihres Studiums braucht sie jedenfalls noch „sehr, sehr viel, fast den kompletten Background“.

Spezifische Fachkenntnisse sind unerlässlich

Neben den erwähnten Unternehmen, die Halbleiterprodukte herstellen, beschäftigen auch die Zulieferer wie Wacker Siltronic oder Applied Materials Physiker. Frank Himmelhuber (34) ist *Customer Engineer* bei Applied Materials, dem weltweit größten Anlagenhersteller für die Halbleiterindustrie mit Sitz in Santa Clara, Kalifornien. Die Angebotspalette umfasst „fast alles, was man zum Herstellen eines Chips braucht“, zum Beispiel CVD- und PVD-Anlagen (*Chemical* bzw. *Physical Vapour Deposition*), Anlagen zum Ionenimplantieren oder Plasmaätzen. Himmelhuber hat bei seinen Kunden „massenhaft“ mit Physikern zu tun. Seine Aufgabe ist es, die Anlagen beim Kunden vor Ort aufzubauen, in Betrieb zu nehmen und – bei diesen teuren Investitionsgütern besonders wichtig – Service zu bieten. Bei seiner Einstellung wurde explizit ein Physiker gesucht, der sich mit Epitaxie auskennt, und damit konnte er nach dem Abschluss seiner Diplomarbeit über magnetische Eigenschaften von ultradünnen, epitaktischen Schichten in Regensburg dienen.

Montags war das Vorstellungsgespräch, eine Woche drauf der Arbeitsvertrag unterschrieben, und wiederum einen Tag später saß Himmelhuber im Flieger in die USA, wo zunächst eine mehrwöchige Schulung auf dem Programm stand. Dieses Tempo ist charakteristisch für die gesamte Branche mit ihren sehr kurzen Produktzyklen. Anschließend hat er gemeinsam mit einem Kollegen zwei Epitaxie-Anlagen bei einem Waferhersteller in Süddeutschland aufgebaut. Nach dem Auspacken der „gartenhausgroßen Holzkisten“ heißt es dann erstmal „viel rumschrauben“, wobei ihm seine handwerkliche Ausbildung (eine Schreinerlehre vor dem Studium) zugute kommt. Ist die Anlage aufgebaut, geht es darum, sie einzufahren, bis sie ihre Spezifikation erfüllt, das heißt zum Beispiel Wafer beschichten und vermessen. Hierbei ist ein solides Verständnis der Oberflächenphysik sehr wichtig, und die Messmethoden sind die gleichen, die er an der Uni eingesetzt hat.

Während weiterer neun Monate in der Konzernzentrale hat Himmelhuber im Entwicklungslabor beim Aufbau einer Anla-

Die zehn größten Halbleiterunternehmen 2001

	Umsatz 2001 in Mio $
Intel	*22725*
Toshiba	*7220*
NEC	*6950*
Texas Instruments	*6670*
STMicroelectronics	*6320*
Samsung	*5100*
Motorola	*4945*
Hitachi	*4680*
Infineon	*4635*
Philips	*4360*

ge für 300-mm-Wafer mitgearbeitet. „Dies war purer Fun für Leute, die normalerweise in der Produktion arbeiten", hieß es doch viel auszuprobieren, um die Prozesse zu optimieren. Eine Aufgabe, die von der konkreten Tätigkeit stark an eine experimentelle Arbeit an der Uni erinnert, wenn auch die Zielsetzung eine ganz andere ist: Nicht der Erkenntnisgewinn steht im Vordergrund, sondern die Optimierung einer Maschine. Ausrechnen könne man da nicht viel, aber ein qualitatives Physikverständnis sei bei einem solch komplexen Gerät außerordentlich hilfreich. Gemeinsam mit der Anlage kam er dann wieder nach Süddeutschland, und inzwischen haben die ersten 300-mm-Wafer den Weg vom Waferhersteller zum Produkt vollendet: Seit Ende Oktober 1999 liefert Semiconductor300, ein Joint-Venture von Infineon und Motorola, die ersten 64-Mb-DRAMs auf der Basis dieser Technologie aus. Frank Himmelhuber ist inzwischen beim nächsten Kunden, in Landshut, wo er eine CMP-Anlage (*Chemical Mechanical Polishing*) aufgebaut hat. Das Visum für den nächsten USA-Aufenthalt haben er und seine Familie schon in der Tasche, es könnte jederzeit losgehen.

Bei einigen großen Kunden arbeiten 20 bis 30 seiner Kollegen gleichzeitig, er war bislang aber meist allein und dadurch recht autark. Seine Arbeitszeit richtet sich stark danach, was gerade anfällt: „Es ist ein zyklisches Geschäft, alle Kunden machen gleichzeitig das gleiche, entweder sie kaufen ganz wenig oder ganz viel". Allein beim Kunden ist er ohne Netz und doppelten Boden; wenn es Probleme gibt, muss er sie lösen. „Ich habe die Erfahrung gemacht, dass dann niemand kommt, um zu helfen – aber es ist erstaunlich, was einem alles einfällt". Einmal hat er wochenlang mit einem Prozessproblem gekämpft, und wenn dann der Kunde ungeduldig wird und zweimal die Woche ein Vorgesetzter aus den USA anruft, heißt es Ruhe bewahren.

Entwicklung, Produktion und viel mehr ...

Die Beschäftigungsmöglichkeiten für Physiker in der Halbleiterindustrie sind vielfältig und gehen weit über die „klassischen" Aufgaben in der Grundlagenforschung, Produkt- und Technologieentwicklung hinaus. Christoph Gauer (32) ist als *Vice President* des *Corporate Center Strategy* eher ein Exot unter den Physikern bei Infineon. Auch er kommt aus der klassischen Halbleiterphysik: Bei Jörg Kotthaus in München hat er Diplom- und Doktorarbeit angefertigt, letztere über elektronische Anregungen in InAs-Quantentöpfen. Jetzt beschäftigt er sich mit „allem, was mit Markt und Wettbewerbern zu tun hat". Mit Physik hat das direkt nicht mehr viel gemein, aber dass er die Begriffswelt der Halbleiterphysik kennt und mit vielen Kollegen eine gemeinsame Vergangenheit hat, ist ihm sehr wichtig. Auch, dass er in einem Unternehmen arbeitet, das Chips verkauft und nicht „Windeln oder Haarspray".

Im April 1999 wurde die Halbleitersparte von Siemens unter dem Namen Infineon selbständig, im Frühjahr 2000 folgte der Gang an die Börse. Was sind die Erwartungen des Aktienmarkts und der Analysten? Wo wird sich der Halbleitermarkt hinbewegen? Wird es in zehn Jahren noch klassische Halbleiterfirmen geben, die forschen und entwickeln, selbst fertigen und vertreiben, oder sollte man das trennen? In welchen Märkten tummeln sich die Wettbewerber und welche Produkte haben sie in der Pipeline, die Infineon gefährlich werden könnten? Soll Infineon mit anderen Herstellern zusammenarbeiten? Wie stellt man sicher, dass sich Produkt- und Technologieentwicklung gegenseitig befruchten und zeitlich richtig aufeinander abgestimmt sind, damit nicht „wie am Bau einer auf den anderen warten muss"? Dies ist nur ein Ausschnitt aus dem Spektrum an Fragen, mit denen Gauer und seine 25 Mitarbeiter, darunter auch Physiker, sich beschäftigen. Bei der Entscheidung für einen Physiker sei neben dem „positiven Vorurteil, dass sich jemand durch ein schweres Studium geschlagen hat", letzten Endes das Persönlichkeitsprofil entscheidend sowie Fragen wie: „Traue ich der Person zu, dass sie schnell lernt? Kann sie den Biss von der Physik auf strategische oder betriebswirtschaftliche Fragen umschalten?".

Was das künftige Wachstum anbetrifft, ist er zuversichtlich. Die *Roadmaps* gehen heute schon bis zu Strukturgrößen von 0,1 μm, und es sei keine Grenze für diese Entwicklung in Sicht. „Heerscharen von Leuten" würden mit „unglaublich viel Geld" daran arbeiten, die Probleme in den Griff zu bekommen. In all den Branchen, in denen Experten künftiges Wachstum sehen, sind Halbleiter mit von der Partie: Telekommunikation, Datenverarbeitung oder Automobilindustrie beispielsweise.

Im Vorfeld des Börsengangs standen bei Gauers täglichen Arbeit die Präsentation des Unternehmens nach außen, Gespräche mit Banken und Wirtschaftsprüfern im Vordergrund. Die Gesetze der Börse hätten die Ausgliederung von Infineon aus dem Siemens-Konzern verlangt, denn die Halbleiterindustrie gehorche anderen Gesetzen als die restliche Elektroindustrie. „Unser Umfeld ist ein anderes, als wenn man Züge oder Kraftwerke verkauft. Ein Kraftwerk muss 30 Jahre halten, eine neue Handygeneration kommt alle sechs Monate. Und in diesem Zeitraum denken die Leute ...". Nicht nur die Gesetze sind andere, in der Halbleiterindustrie weht auch ein anderer Geist, es herrscht Aufbruchstimmung. Ein extrem angenehmes Umfeld für junge Leute, betonen alle Gesprächspartner.

„Unglaubliche Geschwindigkeit, permanenter Wandel"

Interview mit Claus Brauner, Human Resources, Infineon Technologies AG

Die Halbleiterindustrie hat in den letzten Jahren ein ziemliches Auf und Ab erlebt. Was bedeutet das für die Perspektiven, auch vor dem Hintergrund der Loslösung von Siemens?
Für den Halbleitermarkt, dessen Wachstumskurve insgesamt steil nach oben weist, sind häufige und starke Schwankungen charakteristisch. Dieser Umstand prägt verständlicherweise auch unsere Mitarbeiter, das heißt sie sind nicht nur gewohnt, mit diesen Schwankungen zu leben, sondern sie empfinden gerade die für unser Geschäft typische, unglaubliche Geschwindigkeit und den permanenten Wandel als echte Herausforderungen. Das hat für Siemens Halbleiter ebenso gegolten, wie es heute für Infineon Technologies gilt. Mit der Loslösung von der Siemens AG verlieren wir einerseits die Einbindung in einen Großkonzern mit allen seinen Vor- und Nachteilen und gewinnen andererseits an Flexibilität und Handlungsfreiheit. Insofern können wir sowohl interessante Perspektiven als auch ein attraktives Umfeld bieten: Wir haben in den letzten Jahren massiv aufgebaut, das heißt Infineon ist ein in jeder Hinsicht sehr junges Unternehmen, und unser Management und auch das Business bringen einen Spirit mit, der auf die ganze Mannschaft abfärbt. Es gibt bestimmt Branchen, die sich in deutlich ruhigerem Fahrwasser befinden, das bringt unser Geschäft naturgemäß nicht mit sich, dafür ist es äußerst spannend.

Derzeit wird mit den guten Berufsaussichten massiv für das Physikstudium geworben. Ist der Physiker gefragt, weil es andere Spezialisten nicht gibt, weil er Generalist ist?
Ich kann das nur aus der Sicht unseres Unternehmens beantworten: Wer heutzutage Physik studiert, insbesondere Halbleiterphysik, der passt in der Regel recht gut – und nicht nur als „Lückenfüller" – in unser allgemeines Anforderungsprofil. Allerdings gibt es bei Infineon selbstverständlich auch viele Funktionen, die andere bzw. ganz spezielle Ausbildungs- oder Studieninhalte voraussetzen. Insgesamt kann man festhalten, dass Physiker sowohl aufgrund ihrer Ausbildung als auch aufgrund der Engpasssituation bei anderen Studienrichtungen, zum Beispiel Elektrotechnik, sehr gute Chancen bei uns haben.

Aber Kenntnisse der Halbleiterphysik ...
... erleichtern es zweifellos erheblich, mit uns ins Geschäft zu kommen. Aber das versteht sich eigentlich von selbst: Je größer die Affinität zu unserem Geschäft, desto eher passt ein Physiker hinein. Je anwendungs- bzw. produktferner die Ausbildung, desto geringer die Chancen, dass wir entsprechende Stellen anzubieten haben.

Ist die Promotion gerne gesehen oder ist sie eher hinderlich?
Bei einer absolut einschlägigen Promotion gibt es wohl keine Fachabteilung innerhalb Infineons, die diese Kandidatin bzw. diesen Kandidaten – die persönliche Eignung immer vorausgesetzt – nicht gerne in ihren Reihen hätte. Umgekehrt bringt eine Promotion um der Promotion willen keine Vorteile, da wir eher einen starken Bezug zur Leistung als zu Titeln und Hierarchien haben.

Ist eine externe Promotion möglich bei Infineon?
Ja, und das wird auch weidlich genutzt, gerade im Bereich Research und Development. Derzeit promovieren rund 60 Damen und Herren bei Infineon.

Gibt es einen typischen Einstieg?
Wir bieten im Prinzip zwei Möglichkeiten an: Zum einen hat Infineon gerade ein eigenes Traineeprogramm gestartet, und andererseits kann man selbstverständlich auch den Direkteinstieg wählen. Das ist dann der berühmte Sprung ins Wasser, wobei je nach Aufgabe und Umfeld die Wassertemperatur zwischen „vitalisierend" und „äußerst erfrischend" variieren kann.

Die Belegschaft von Infineon hat ein sehr niedriges Durchschnittsalter, so um die Mitte 30. Was bedeutet das für die Karrieremöglichkeiten?
Wenn man unter Karriere versteht, dass man Sprosse für Sprosse eine genau abgesteckte Hierarchieleiter hinaufsteigt, die über viele, viele Stufen führt, dann wird man sich eher schwer tun, bei uns Erfüllung zu finden. Bringt man dagegen von beruflicher Karriere ein zeitgemäßeres Verständnis mit und definiert seine Laufbahn auch über die Aufgabeninhalte und die Möglichkeiten, die einem international offenstehen, dann hat man hier sehr gute Karten. Wenn man Engagement, Leistung und Teamgeist unter Beweis stellt, dann bekommt man bei uns sehr schnell die Chance, an anspruchsvollen Projekten mitzuarbeiten und frühzeitig Verantwortung zu übernehmen.

Unterscheiden Sie zwischen einer technischen und einer Managementkarriere?
Grundsätzlich ja, denn es gibt viele Mitarbeiter, die sich zum Beispiel in ihrem technischen Element sehr wohl fühlen und nicht unbedingt eine Managerposition anstreben. Wir sind als führendes Technologieunternehmen in ganz besonderem Maße auf Fachexperten angewiesen und müssen diese natürlich auch entsprechend honorieren und fördern. Deshalb benötigen wir neben der Managementlaufbahn eine gleichwertige technische Laufbahn; derzeit sind wir dabei, die vorhandenen Konzepte zu überarbeiten, um die technische Karriere bei Infineon zukünftig noch attraktiver zu gestalten.

Thermodynamik fürs Patentamt

Physiker im Patentwesen brauchen Berufserfahrung und etwas Jura

Bevor Albert Einstein Professor wurde, arbeitete er sieben Jahre als Patentprüfer. Doch sein Urteil über diesen Berufsstand klingt ernüchternd. Er sei ein „ehrwürdiger eidgenössischer Tintenscheißer mit ordentlichem Gehalt", schreibt Einstein 1907 an seinen Freund Alfred Schauder. Die Arbeit am Patentamt Bern, als Prüfer dritter und – nach der Beförderung – zweiter Klasse, diente vor allem dem Lebensunterhalt.

Patente prüfen hat mit der Speziellen Relativitätstheorie wenig zu tun. Dennoch sind Physiker im Patentamt gefragte Mitarbeiter, sofern sie Berufserfahrung haben. Schon die internationale Patentklassifizierung verdeutlicht das: Neben „Chemie" und „Mechanik" ist „Physik und Elektrizität" eine der drei Hauptkategorien. Alle Patentanmeldungen werden einem dieser Bereiche zugeordnet und von Patentprüfern begutachtet. Zum Beispiel von Stefan Lohmann (30), promovierter Physiker und Patentprüfer am Europäischen Patentamt (EPA) in München. Lohmanns geräumiges Büro liegt im silbergrauen EPA-Gebäude an der Hackerbrücke, eine S-Bahn-Station vom Hauptbahnhof entfernt. Die Einrichtung wirkt eher spartanisch: ein gewinkelter Schreibtisch, ein Computer und – das Heiligtum – ein Schrank mit Hängeregistern, rot ummantelten Mappen, in denen die Briefwechsel zwischen Erfindern, Prüfern und Recherchedienst dokumentiert sind.

Der „Durchschnittsfachmann"

„Was ich insgesamt brauche, ist doch eher Technik-Know-how", sagt Lohmann, „von der reinen Physik bin ich weg." Nur selten hole er den „Gerthsen" aus dem Schrank, das Standardwerk aus dem Physikstudium. Lohmanns Abteilung kümmert sich zum Beispiel um Ultraschallgeräte, Herzschrittmacher, Endoskope – alles, was mit Medizintechnik zu tun hat. Um einen Patentantrag zu genehmigen, müssen die Patentprüfer drei Fragen mit Ja beantworten: Ist die Erfindung neu, kann man sie gewerblich nutzen und beruht sie auf einer erfinderischen Tätigkeit? „Wenn jemand zum Beispiel eine Scheibenbremse für ein Fahrrad patentieren lassen möchte, dann ist das nicht unbedingt eine erfinderische Tätigkeit", erklärt Lohmann, „denn auch ein Durchschnittsfachmann würde darauf kommen, die Scheibenbremse vom Motorrad an ein Fahrrad zu montieren." Der ominöse Durchschnittsfachmann. Patentanwälte und Patentprüfer

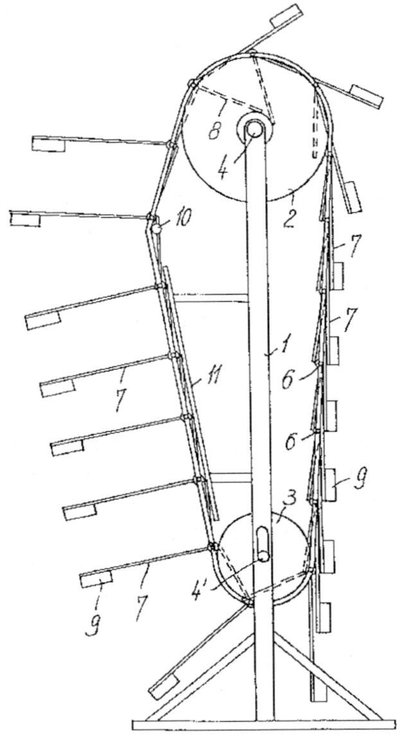

Was macht eine Physikerin im Patentamt? Zum Beispiel den Patentauftrag für dieses Perpetuum Mobile ablehnen – mit Hinweis auf den zweiten Hauptsatz der Thermodynamik.

reden vom Durchschnittsfachmann wie von einem guten Freund. Ja, noch mehr: „Auf vielen Gebieten bin ich der Durchschnittsfachmann." Nicht, wenn es um die Laserchirurgie am Auge geht, das war Lohmanns Promotionsthema an der Universität Hannover. Aber bei den Kathetern kennt er auch nicht jedes Detail. Woher weiß man, was der Durchschnittsfachmann weiß? „Das ergibt sich aus dem Recherchebericht." Der Recherchebericht enthält frühere Patentschriften von ähnlichen Geräten und Publikationen aus Fachzeitschriften.

Das Europäische Patentamt beschäftigt 1800 Mitarbeiter in seiner Zweigstelle in Den Haag, die nur für die Recherche zuständig sind. Sie haben Zugriff auf 30 Millionen Patentdokumente aus den wichtigsten Industriestaaten. Und sie recherchieren in eng umgrenzten

Bereichen, manche spezialisieren sich beispielsweise auf Kaffeemaschinen. Lohmann holt aus dem Schrank eine rote Mappe hervor: „Manchmal sind die Rechercheberichte zwei Zentimeter dick. Das kann man natürlich nicht alles durchlesen.“ Es komme darauf an, schnell die relevanten Informationen herauszufinden: Gibt es schon Patente, die der angemeldeten Erfindung entsprechen oder finden sich Veröffentlichungen, aus denen sich die Erfindung unmittelbar ableiten lässt, wird der Antrag abgelehnt. Häufig hat die Kollegin in Den Haag schon einige Texte markiert, die dem Patentanspruch im Weg stehen könnten. Nach drei Jahren im Patentamt sollen die Prüfer 100 Patente pro Jahr erledigen, das sind im Durchschnitt etwas mehr als zwei Tage für ein Patent. Mit einer 40-Stunden-Woche ist das zu schaffen. Von den Neuen erwartet man im ersten Jahr 25, dann 50 und im dritten Jahr 70 erledigte Vorgänge.

Manchmal geht es auch ganz schnell. Wenn jemand ein Perpetuum Mobile patentieren lassen möchte, genügt in der Ablehnung ein Hinweis auf den zweiten Hauptsatz der Thermodynamik. Ähnliches gilt für nicht anerkannte Naturphänomene: In der Medizintechnik erinnert man sich schmunzelnd an eine Patentschrift über eine pyramidenförmige Kopfbedeckung aus Kupfer. Sie sollte die Erdstrahlen und positive Energien bündeln und das Zellwachstum im Körper anregen, so der Erfinder. Die Prüfer lehnten den Anspruch ab mit der Begründung, die Existenz von Erdstrahlen sei wissenschaftlich nicht erwiesen. Allerdings reichte der Erfinder eine Auftragsstudie von der Universität Ljubljana nach, in der die Pyramidenhüte an Schweinen erfolgreich getestet worden waren: Die Schweine mit Hut wuchsen schneller als die Vergleichsgruppe. Das Patentamt fand schließlich heraus, dass die Studie unseriös war, weil beide Schweinegruppen unterschiedlichen Züchtungen angehörten.

Doch solche Fälle sind selten. Im Alltag haben es die Prüfer meist mit technischen Details zu tun, kleinen Erweiterungen an etablierten Geräten. Die Industrie lässt sich jede neue Schraube patentieren. Roberto Cecchini, Rekrutierungs- und Ausbildungsleiter am EPA, warnt vor romantischen Vorstellungen: „Man darf sich nicht täuschen: Als ich vor 20 Jahren aus der Industrie ans Patentamt kam, dachte ich, es gibt vielleicht kleine Pilotanlagen, die man sehen kann. Aber das ist nicht der Fall.“ Wird das Bearbeiten von Aktenbergen nicht irgendwann langweilig? Lohmann zögert, bevor er antwortet. „Vom technischen her gibt es keine Routine, da man ja ständig neue Patentanmeldungen auf dem neuesten Stand bekommt, Routine gibt es sicher einmal bei den Abläufen.“ Aber in welchem Job ist das nicht so? „Selbst als Professor müsste ich jede Woche meine Vorlesungen halten.“ Im Labor wollte er nicht mehr stehen, auf Vertrieb hatte er keine Lust.

DFG-Anträge schreiben als Fingerübung

Lohmann hatte ein Angebot von der Marketingabteilung einer Medizintechnik-Firma, als er sich beim EPA bewarb. Vor dem Bewerbungsgespräch büffelte er Französischvokabeln: Französisch, Englisch und Deutsch sind die Amtssprachen, in denen Patentanmeldungen eingereicht werden können. Im Eingangstest müssen die deutschen Bewerber eine Patentschrift in englisch oder französisch durchlesen und mündlich wiedergeben. Das internationale Umfeld am Münchner Amt hat Lohmann begeistert: „Dass man drei Sprachen spricht und Kollegen aus ganz Europa hat." Das EPA stellte ihn als Prüfer ein, die Hälfte der Promotionszeit rechnete es als Berufserfahrung an. Während seiner Promotion hat Lohmann Projektanträge für die Deutsche Forschungsgemeinschaft und das Bundesministerium für Bildung und Forschung mitgeschrieben. Auch dabei habe er viel von dem gelernt, was er heute brauchen kann: strukturieren, Argumente sammeln, schreiben. „Als Patentprüfer muss man *Paper* lesen und verstehen – das habe ich auch im Studium gerne gemacht."

Mit dem Gehalt und der Arbeitszeit konnte sich Lohmann sofort anfreunden: „Das Preis-Leistungs-Verhältnis ist optimal." Gearbeitet wird von acht bis fünf. „40 bis 45 Stunden pro Woche zu arbeiten finde ich angenehm. Die Jahre, die man jetzt hat, gibt einem keiner zurück." Und das Gehalt stimmt auch. Ausbildungsleiter Cecchini nennt ein Einstiegsgehalt von zwölf mal 2560 bis 3080 Euro im Jahr, netto. Eine EPA-interne Steuer ist davon zusammen mit Kranken- und Rentenbeiträgen an das eigene Sozialsystem schon abgezogen; wie es bei internationalen Einrichtungen üblich ist, zahlen die EPA-Angestellten keine Einkommenssteuer an die deutschen Finanzbehörden. „Ich verdiene hier mehr als bei allen anderen Jobs, die ich in Betracht gezogen habe", sagt Lohmann, „aber das ist nicht der einzige Punkt. Letztlich muss die Arbeit schon Spaß machen." Ob das für die nächsten zehn Jahre gilt, ist erst mal nicht so wichtig. Nach frühestens vier Jahren könne man immer noch die Seiten wechseln und – nach einer schwierigen Prüfung – Patentanwalt werden.

Dazu müsste Lohmann nicht einmal umziehen: Knapp jeder dritte Patentanwalt in Deutschland arbeitet in einer Münchner Kanzlei. Hier können die Anwälte bequem das Europäische oder Deutsche Patentamt erreichen, etwa um vor der Beschwerdekammer aufzutreten. Udo Weigelt, promovierter Physiker und Patentanwalt in der Anwaltssozietät Grünecker, Kinkeldey, Stockmair & Schwanhäusser, geht sogar zum Essen gelegentlich ins Patentamt. „Die Kantine im Europäischen Patentamt ist so ausgezeichnet, weil sonst die Franzosen rebellieren würden", glaubt er. Die Kanzlei liegt gleich gegenüber dem bayrischen Landtag am Isarufer, zehn Minuten zu Fuß von der zweiten Niederlassung des EPA in München entfernt: ein fünfstöckiger Altbau mit großzügigem Garten und einem gusseisernen Tor. Außen prangen mehrere Tafeln mit insgesamt rund vierzig Namen. Grünecker und Partner gehört achtzehn Anwälten – drei Rechtsanwälten und fünfzehn Patentanwälten –, und gemessen an den Patentanmeldungen ist die Kanzlei die größte Europas. Ihre Anwälte haben mehr als 65 000 Schutzrechte beantragt. Neben den Inhabern der Kanzlei, den Sozien, arbeiten in dem Gebäude freie Anwälte, die einen Teil ihrer Aufträge von der Kanzlei bekommen, sowie angestellte Anwälte, die ausschließlich für die Sozietät tätig sind.

Patentanwalt nach drei Jahren Zusatzausbildung

Eine Botschaft möchte Weigelt, 36, gleich loswerden: Nicht jeder Physiker sei für den Job wirklich geeignet. „Das Wichtige, was ich hier brauche, ist die Juristerei, nicht die Physik." Das Technikverständnis sei wichtig, aber nicht bis ins Detail. „Ein Patentanwalt, der in der Technik gut ist und in der Juristerei schlecht, das reicht vielleicht für die erste Instanz." Sobald Patentklagen und Einsprüche in höheren Instanzen verhandelt werden, sind Spezialisten dabei, die die technischen Fragen beantworten. Wer nach dem Physikstudium Patentanwalt werden will, der solle einfach mal im Bürgerlichen Gesetzbuch blättern. „Wenn Ihnen dabei schon schlecht wird, dann lassen Sie die Finger davon."

Im Physikstudium an der TU München fühlte sich der gebürtige Bayer eher als Außenseiter. „Ich war kein Überflieger. Richtig gut ging es erst ab der Diplomarbeit." Die absolvierte Weigelt am Max-Planck-Institut für Astrophysik in Garching, und zwar über die Materieverteilung im Weltall: kein patentverdächtiges Thema. So kam die Überlegung, Patentanwalt zu werden, erst kurz vor dem Abschluss der Promotion im Jahr 1992, als die Physiker in den traditionellen Berufssparten kaum noch eingestellt wurden. „Ich konnte mir nicht vorstellen, in einer Softwarefirma Compiler zu programmieren", sagt Weigelt rückblickend. Nachdem er sich über verschiedene Berufe informiert hatte, schickte er seine Bewerbungen an Anwaltskanzleien.

Die Ausbildung zum Patentanwalt ist eine der längsten in Deutschland. Denn als Voraussetzung müssen die Anwärter ein abgeschlossenes Hochschulstudium in einer Ingenieur- oder einer Naturwissenschaft sowie ein Jahr Berufserfahrung – oder eine Promotion – nachweisen. Daran schließt sich eine knapp dreijährige juristisch-praktische Ausbildung im gewerblichen Rechtsschutz an, und zwar 26 Monate als „Kandidat" bei einem Patentanwalt oder in der

Adressen und Links

Europäisches Patentamt
Erhardtstraße 27
80331 München
Tel. (089) 2399-0
Fax (089) 2399-44 65
www.epo.org

Deutsches Patent- und Markenamt
80297 München
(089) 2195-0
(089) 2195-2221
www.dpma.de

Patentanwaltskammer
Tal 29
80331 München
Tel. (089) 242278-0
Fax (089) 242278-24
www.patentanwalt.de

Eine Suche nach Patentanwälten, sortiert nach Fachgebieten und Kanzleisitz, bietet *www.patentanwalt-suche.de*

Patentabteilung eines Unternehmens, zwei Monate beim Deutschen Patent- und Markenamt (DPMA) und sechs Monate beim Bundespatentgericht. Außerdem müssen die Kandidaten an der Fernuniversität Hagen ein zweijähriges Fernstudium „Recht für Patentanwältinnen und Patentanwälte“ absolvieren oder das erste Staatsexamen in Jura vorweisen. Mit diesen Voraussetzungen können sie sich für das Patentassessorexamen anmelden, eine Prüfung, bei der nur wenige durchfallen.

... und jetzt sprich: Ja, ich genehmige das Patent für diese Hypnosemaschine ...

Um Mandanten vor deutschen Behörden und Gerichten vertreten zu dürfen, brauchen die fertigen Patentassessoren dann nur noch einen Kanzleisitz – das kann auch das eigene Wohnzimmer sein – und eine Berufshaftpflicht, die man mit der Zwangsmitgliedschaft bei der Patentanwaltskammer erhält. Anwälte, die auch beim EPA Mandanten vertreten wollen, müssen eine Prüfung zum „europäischen Patentvertreter“ ablegen. „Danach war ich körperlich ziemlich fertig“, erinnert sich Weigelt. Im ersten Durchgang besteht das dreitägige Examen nur jeder vierte bis fünfte deutsche Bewerber. Zulassungsvoraussetzung sind drei Jahre Praxiserfahrung in einer Kanzlei, wobei die 26 Monate Kandidatenzeit aus dem nationalen Verfahren angerechnet werden.

Neben dem Physikstudium Jura zu studieren hält Weigelt für wenig sinnvoll: „Im Jurastudium hat gewerblicher Rechtsschutz ein ähnliches Gewicht wie theoretische Astrophysik im Physikstudium.“ Das meiste lerne man ohnehin in der Kanzlei. Wer Patentrecht nach dem Physikabschluss im Fernstudium absolviert und wie Weigelt verheiratet ist und zwei Kinder hat, der braucht ein gewisses Durchhaltevermögen. Zumal weder die Arbeit am Patentamt noch am Bundespatentgericht bezahlt wird. Wozu die ganze Plackerei? Für jemanden wie Weigelt stellt sich diese Frage nicht. Auch als etablierter Anwalt arbeitet er samstags, engagiert sich nebenbei als ehrenamtlicher Berater in Businessplan-Wettbewerben und hält Vorträge über Patentrecht an Universitäts-Instituten. An seinem Beruf fasziniert ihn „die ganze Mischung: Verhandlung mit dem Mandanten, vor Gericht, Beratung der Erfinder“, die Arbeit im Büro sei im Vergleich eher langweilig.

Das alles macht er nicht umsonst. Aber das Gehalt von Patentanwälten wollen oder können weder die Geschäftsführerin der Patentanwaltskammer, Elisabeth Reinhard, noch Udo Weigelt („es reicht aus“) genau beziffern. „Über die Einkommensverhältnisse gibt es keine verbindlichen Erhebungen und Unterlagen", heißt es lapidar in den Blättern zur Berufskunde der Bundesanstalt für Arbeit. Auch Firmen halten sich bedeckt. Denn Patentassessoren in einem Unternehmen verdienen oft mehr Geld als ihre Kollegen in der Forschungsabteilung oder im Vertrieb – und das sollte man nicht an die große Glocke hängen. In der Ausbildungszeit erhalten Kandidaten je nach Kanzlei zwischen 2000 und 3000 Euro pro Monat. Freie Anwälte können auf 100 000 bis 150 000 Euro brutto im Jahr kommen. Wer hingegen wie Weigelt in einer großen Patentanwaltskanzlei in den erlauchten Kreis der Sozien aufsteigt, also Miteigentümer wird, verdient schon mal so viel wie ein Konzernvorstand.

Vitamin „B" kann helfen

Es gibt freilich kein Patentrezept für die Anwaltskarriere. Im patriarchalischen System der Kanzleien gehört eine gewisse Anpassungsbereitschaft dazu. Weigelt verliert darüber kein schlechtes Wort. Aber die Anordnung der Namen auf den Türschildern und im Briefkopf, die Unterscheidung von Sozien, freien und angestellten Mitarbeitern lassen erahnen, dass hier persönliche Beziehungen eine wichtige Rolle spielen. Der Patentanwalt „muss sich in der Regel seinen Anteil an der gemeinsamen Praxis in einem Zeitraum von mehreren Jahren erst erarbeiten, was von ihm Opfer verlangt", schreibt die Bundesanstalt für Arbeit. Natürlich kann man jederzeit eine eigene Kanzlei gründen, muss sich dann aber einen Mandantenstamm aufbauen. In vielen kleinen Kanzleien arbeiten ein Physiker, ein Chemiker und ein Biologe in einer Bürogemeinschaft. Auf diese Weise decken sie die drei Hauptkategorien der Patentklassifizierung ab.

Die Patentanwaltskammer zählte im Jahr 2001 knapp 2000 Patentanwälte, davon 440 Physiker, von denen die Hälfte promoviert ist. „Es gibt keine Schwemme an Patentanwälten im Bereich Physik", sagt die Geschäftsführerin Elisabeth Reinhard. Und die Zahl der Patentanmeldungen steigt. Im Jahr 2001 verzeichnete das EPA etwa 161 000 Anmeldungen, 13 % mehr als im Vorjahr. Um die Aktenberge abzuarbeiten, sucht das EPA im Jahr 2002 um die 400 neue Prüfer. Auch das deutsche Patentamt will seinen Stab von 609 Prüfern erweitern. Im Jahr 2002 sollen 50 neue hinzukommen. Das EPA bekommt rund zehn Bewerbungen auf eine Stelle. Vier werden eingeladen, einer ausgewählt – „nach objektiven Kriterien". Jedenfalls nicht wie bei Albert Einstein, der damals seine Beziehungen spielen ließ: „Das Größte, was Marcel Großmann als Freund für mich getan hat, war die Empfehlung mit Hilfe seines Vaters an den Direktor des Schweizerischen Patentamtes."

„Keine Juramonster"

Interview mit Dr. Ing. Roberto Cecchini, Rekrutierungs- und Ausbildungsleiter beim Europäischen Patentamt in München

Beim Stichwort Patentamt denkt man an eine große bürokratische Behörde, in der es viele Routineaufgaben zu bewältigen gilt. Was macht die Arbeit als Patentprüfer interessant?
Man ist praktisch jeden Tag mit den neuesten Entwicklungen auf seinem spezifischen technischen Gebiet konfrontiert. Das heißt, man kennt Erfindungen und Ideen, bevor sie veröffentlicht werden. Und man ist indirekt auch daran beteiligt, diese Ideen im Prüfverfahren zu formen und mitzugestalten. Das ist, glaube ich, für einen Wissenschaftler sehr interessant. Aber natürlich gibt es bei uns auch Routinearbeiten: Briefe schreiben, Akten anlegen, und so weiter.

Fällt vielen der Schritt vom „Technik machen" zum „Technik verwalten" nicht schwer?
Sicherlich hat nicht jeder ein Interesse an den Aufgaben, die es im Patentamt zu bewältigen gilt. Es kann durchaus passieren – bei den Ingenieuren häufiger als bei den Physikern –, dass man mit den falschen Vorstellungen zu uns kommt. Der ideale Kandidat ist jemand, der die Welt schon gesehen hat. Wenn man schon Erfahrungen in der Universität oder in einem Industrielabor gesammelt hat, interessiert man sich vielleicht gerade für eine Stelle bei uns. Es ist außerdem nie eine hundertprozentig administrative Tätigkeit.

Für welche Aufgaben stellen sie Physiker ein?
Sie müssen im Stande sein, Erfindungen aus den verschiedenen Untergebieten der Physik zu beurteilen. Das Hauptdirektorat „Physik und Elektrizität" ist in 17 Direktorate unterteilt, die mit jeweils rund 25 Prüfern besetzt sind. Hier arbeiten die Physiker zum Beispiel im Bereich Messen und Prüfen oder Medizintechnik.

Und dafür suchen Sie spezialisierte Physiker, die auf dem Gebiet möglichst auch promoviert haben?
Im Prinzip ja. Ich kann nicht ausschließen, dass wir auch mal Generalisten einstellen, aber in der Regel suchen wir hoch spezialisierte Leute. Diplom-Physiker kommen zu uns nur mit Berufserfahrung. Auf jeden Fall sollte man ein gewisses Talent mitbringen zu schreiben und zu formulieren.

Bevorzugen sie da nicht die Ingenieure?
Häufig ja, zum Beispiel auf dem Gebiet der Telekommunikation, das im Moment geradezu explodiert. Aber trotzdem brauchen wir auch Physiker. Zum Beispiel in der Optik. Im Hauptdirektorat Physik und Elektrizität sind rund 35 Prozent unserer Mitarbeiter Physiker, das sind etwa 200.

Fehlt es den Physikern nicht an juristischem Sachverstand?
Das lernen sie bei uns. Wir haben eine sehr gute Ausbildung, die speziell auf Physiker und Ingenieure zugeschnitten ist. Nach zwei Jahren sind die von absoluten Laien zu Spezialisten geworden. Keine „Juramonster" natürlich, aber im Patentrecht kennen sie sich dann aus. Wir versuchen die abstrakten juristischen Begriffe in einer Form zu vermitteln, die die Leute anspricht.

Wie kann man im Patentamt Karriere machen?
Für die meisten Prüfer wird die Karriere keine eigentliche Karriere sein. Man fängt an als Prüfer, man endet als Prüfer. Es gibt natürlich verschiedene Stufen, Prüfer 1, 2 und dann Hauptprüfer. Manche bekommen eine Stelle in der Beschwerdekammer, wo sie quasi als „technische Richter" arbeiten – aber nicht vor acht bis neun Jahren. Oder man wird Chef eines Direktorats.

Stellen Sie zurzeit neue Mitarbeiter ein?
Im Jahr 2002 wollen wir allein für München um die 400 neue Prüfer rekrutieren, darunter etwa 40 Physiker. Das wird wahrscheinlich bis 2003 so weitergehen, damit wir die steigende Zahl der eingehenden Patente bewältigen können. Allerdings müssen wir die Länderquoten berücksichtigen, die wir jedoch sehr flexibel anwenden. Es gibt keine festen Zahlen: Im Jahr 2000 waren zum Beispiel 33 Prozent der rekrutierten Mitarbeiter Deutsche.

No risk, no fun

Methoden der theoretischen Physik sind im Investmentbanking und Risikomanagement gefragt

Ja, aber nur unter einer Bedingung – das war die Antwort von Hans-Peter Deutsch, als er vor vier Jahren gefragt wurde, ob er bei Arthur Andersen eine Abteilung für Risk Consulting aufbauen wolle. Er würde das anders machen als alle anderen, er wollte Naturwissenschaftler einstellen, Physiker, Mathematiker und Chemiker, die mit der „naturwissenschaftlichen Hartnäckigkeit" an so eine Aufgabe herangehen; Leute, die methodisch und analytisch Probleme angehen. Sei es, statistisch relevante Information aus verrauschten Daten „herauszukitzeln", stochastische Differentialgleichungen zu lösen oder zu entscheiden, welche numerische Methode schneller konvergiert. „Darum geht's, aber das hatten damals die meisten Beratungsunternehmen noch nicht verstanden".

Bedingt durch Deregulierung und Globalisierung der Finanzmärkte hat sich das Profil von Banken und Finanzdienstleistern in den vergangenen Jahren stark gewandelt. Das klassische Privatkundengeschäft tritt mehr und mehr in den Hintergrund und hat nur noch geringen Stellenwert für die großen *Player*. Statt dessen gilt immer stärker dass der „Rohstoff" von Banken nicht Geld, sondern Risiko ist. Banken kaufen und verkaufen Risiko. Die hierfür verwendeten Finanzprodukte werden immer komplexer und entsprechend komplexer wird auch die Frage nach dem Preis dieser Produkte. Ähnliches gilt für Versicherungen. Beispielsweise kann heute eine Versicherung Geld vom Markt aufnehmen, man sagt: einen Bond emittieren, der nach einer bestimmten Laufzeit aber nur zurückgezahlt wird, wenn ein „Hagelindex" unter einer gewissen Schwelle bleibt. Das alles sei beliebig kompliziert, so Deutsch, „das sehen wir auch, wenn wir unsere Leute darauf loslassen, dann haben die schon ihren Spaß."

Heute hat seine Abteilung 56 Berater, davon sind 70 Prozent Physiker – nicht, weil Hans-Peter Deutsch selbst promovierter Physiker ist, sondern weil die eingehenden Bewerbungen zu 70 Prozent von Physikern stammen. „Ich stelle ein, soviel wir kriegen", sagt er, und schränkt gleich ein, dass er nur die Allerbesten nimmt. Der Lebenslauf müsse zeigen, dass man etwas Besonderes ist, da genüge nicht ein sehr guter Abschluss. Kenntnisse über Numerik oder Finanzmathematik seien zwar nett, aber „eigentlich egal. Man muss das Gefühl haben: Das ist jemand, der das, was er anpackt, viel besser als andere hinkriegt." Auch die Promotion wird nicht vorausgesetzt.

In den Bankentürmen der Finanzmetropole Frankfurt/M. sind in den vergangenen Jahren viele Arbeitsplätze für Physikerinnen und Physiker entstanden

Wirtschaft in Reinkultur

Für den 37-jährigen Deutsch ist Arthur Andersen die dritte Karrierestation. In Mainz hat er 1992 bei Kurt Binder promoviert über Computersimulationen von Polymermischungen. Anschließend wollte er in *Financial Services* arbeiten, „nicht, weil ich genau wusste, was das ist. Aber wenn ich schon die Wissenschaft verlasse und in die Wirtschaft gehe, dann in Reinkultur, dann wollte ich wissen, wie man mit Geld Geld verdient." Als Berater in *Financial Services* fing er Ende 1992 bei Andersen Consulting an, weil „dort auch richtig was implementiert" wird. Außerdem hatte Deutsch mit seinen EDV-Kenntnissen das Gefühl, „wenigstens ein bisschen festen Boden unter den Füßen zu haben". Nach zwei Jahren hat ihn die Landesbank Rheinland-Pfalz abgeworben, die ihren gesamten Handel und ihr Risikomanagement neu aufbauen wollte. Vorher hatte er mit Risikomanagement nichts zu tun, sondern klassische Buchhaltungssysteme programmiert. Das neue Thema fand er „spannend, weil das richtig kompliziert ist. So wie Physik, mit Differentialgleichungen und stochastischen Prozessen, mit allem drum und dran".

Heute sieht der Arbeitstag von Hans-Peter Deutsch ganz anders aus als der seiner Mitarbeiter: Zu Kunden fährt er selbst kaum noch, statt dessen ist er damit beschäftigt, seine Gruppe zu managen. Das *Recruiting* ist absolute Chefsache, jede Bewerbung geht über seinen

Tisch und pro Woche führt er ca. fünf Vorstellungsgespräche. Der Schlüssel zum Erfolg seien die guten Leute, „wenn man gute Leute auf interessante Probleme loslässt, ergibt sich der Rest von allein". Das Management der Gruppe bestehe dann hauptsächlich darin, die Gruppe solange wie möglich für seine Leute attraktiv zu halten, denn nach ein bis zwei Jahren erhielten sie „Angebote ohne Ende". Der Umgangston ist betont locker, das Vorstellungsgespräch die letzte Gelegenheit für das „Sie", vom ersten Tag an duzen sich alle.

Von Feldtheorien zu *Pricing-Tools*

Von Eschborn, wo Arthur Andersen seinen Unternehmenssitz hat, sind es nur wenige Minuten nach *downtown* Frankfurt mit seinen imposanten Bankentürmen. In einem der großen Handelsräume der Deutschen Bank, in einem unscheinbaren Gebäude unweit der Konzernzentrale, arbeitet seit wenigen Wochen Christian Adler. In langen Reihen stehen in dem Saal Schreibtisch an Schreibtisch, Eineinhalb Meter Arbeitsplatz für jeden Händler, darauf drei Bildschirme, Tastatur, Telefon. Das sei eine große Umstellung gewesen, wenn man „aus dem Turm" kommt, aber nach wenigen Wochen habe er sich daran gewöhnt. Adler ist kürzlich 30 geworden und hat im vergangenen Jahr in Hamburg über algebraisch-geometrische Aspekte von konformen Feldtheorien promoviert, ein sehr mathematisches Thema, „Bleistifttäter" sei er gewesen. Bei einer Bank hätte er sich vermutlich nie beworben, wenn er nicht jemanden vom gleichen Institut gekannt hätte, der zuvor Händler bei der Deutschen Bank geworden war.

Unter Banking hat Adler sich immer vorgestellt, dass da „so 50-jährige grauhaarige Herrschaften sitzen". Statt dessen ist das Durchschnittsalter im Handelsraum unter 40, die Sprache ist Englisch, und alle Nationalitäten sind vertreten. An Adlers *Trading Desk*, seinem „Handelstisch", werden strukturierte Produkte im *Fixed income*-Bereich gehandelt. *Fixed income* bedeutet, dass es nicht um Aktien, sondern um Anleihen geht. Ein Land oder ein Unternehmen kann am Markt Geld aufnehmen, indem es eine Anleihe mit einer bestimmten Verzinsung ausgibt. Diese Anleihen werden am Markt gehandelt. Gegen das Risiko beispielsweise, dass ein Land zahlungsunfähig wird, kann man sich nun durch eine Option „versichern". Dies wäre das einfachste Beispiel für ein „Kreditderivat". Um die fällige „Versicherungsprämie" berechnen zu können, muss man modellieren, mit welcher Wahrscheinlichkeit eine Anleihe bis zu einem gewissen Zeitpunkt ausfällt, und hierbei kommt der physikalische Hintergrund mit Analogien etwa zur Brownschen Bewegung ins Spiel. Analog gibt es Zinsderivate, mit denen man sich dagegen versichern kann, dass die Zinsen über eine bestimmte Grenze steigen oder unter eine

Grenze fallen. Adler sieht die Rolle der Bank darin, für den Kunden das gewünschte Risikoprofil zu realisieren: „Einer möchte seine Rendite verbessern und dafür ein höheres Risiko in Kauf nehmen, ein anderer möchte sich absichern".

Vor seinem Einstieg bei der Deutschen Bank hatte er „keine Ahnung von dem Business". „Sträflicherweise" habe er während des gesamten Studiums nie ein Firmenpraktikum gemacht. Eingestiegen ist er über das Trainee-Programm, das zuerst einen dreimonatigen Aufenthalt in London vorsieht, wo man die Theorie beigebracht bekommt. Daran schloss sich ein Aufenthalt in einer *Research*-Abteilung an, in der im Wesentlichen Mathematiker und Physiker Preismodelle für Derivate machen. Diese werden dann durch Add-in-Funktionen in die Tabellenkalkulation Excel implementiert, sodass man „durch Knöpfchen-Drücken eine Zahl produzieren kann". Zuletzt war er noch einen Monat in Singapur, um sich Risikomodelle für die so genannten *Emerging Markets* anzuschauen. Angesichts der viel größeren Schwankungen in diesen Märkten sei es dort „nicht immer eine gute Idee, nur die erste Ableitung anzugucken", während auf dem europäischen Markt die lineare Approximation häufig ausreichend sei.

Sein Arbeitstag geht von kurz vor 8 bis ca. 19:30 Uhr. Morgens um 8 Uhr gibt es über Lautsprecher die wichtigsten Neuigkeiten, zum Beispiel zur Ölpreisentwicklung. Dann blättert er die Zeitung durch und schaut auf den Nachrichtenticker von Reuters, bevor er ans Tagesgeschäft geht. Das besteht darin, an der aktuellen Transaktion „zu stricken": ein *Pricing-Tool* entwickeln, dieses in eine Excel-Anwendung umsetzen, das konkrete Portfolio eines Kunden einsetzen, um den Preis zu berechnen, das damit verbundene Risiko betrachten und sich überlegen, wie man dieses Risiko absichern kann. Verglichen mit den Währungshändlern im Handelssaal eine Etage höher, die im Minuten- oder gar Sekundentakt Geschäfte machen, ist das Tempo bei strukturierten Produkten deutlich geringer. „Da wird mehr gerechnet und überlegt und nur hin und wieder ein Geschäft gemacht", sagt Adler. „Man lernt das schnell und hat auch schnell diese Sprache drauf, weil es nicht zu kompliziert ist".

Im von Männern dominierten Handelssaal überwiegt noch die Banker-Uniform: Anzug, nicht zu hell, und Hemd, nicht zu dunkel. Die Krawatte ist Pflicht, außer freitags, da darf man im Freizeitdress kommen, weil das in den USA so üblich ist. Aber einzelne *Desks* haben den Krawattenzwang schon abgeschafft, und es sei wohl nur eine Frage der Zeit, meint Adler, bis die Kleiderordnung generell gelockert wird, wie es schon heute in Singapur der Fall ist.

Numerik und Statistik als Handwerkszeug

Zurück nach Eschborn, dem Sitz von Arthur Andersen. Das Unternehmen expandiert, im Hochhaus wird umgebaut, neuer Platz geschaffen. Bernd Appasamy ist seit gut zwei Jahren *Risk Consultant* in der Gruppe von Hans-Peter Deutsch und nur alle drei Monate in der Unternehmenszentrale. Von den Kunden, vorwiegend Banken, erhält er „ganz konkrete Aufgaben", die er im Team umsetzen muss. Ein Projekt dauert zwischen wenigen Wochen und zwei Jahren. Typischerweise ruft ein Kunde bei einer Bank an und möchte mit ihr ein Optionsgeschäft abschließen. Die Bank steht dann vor der Aufgabe, dieses Geschäft auf der Grundlage von Marktdaten und Modellen zu bewerten. Häufig macht sie das nicht selbst, sondern vergibt es an ei-

Blick in einen der großen Handelsräume der Deutschen Bank, in dem Staats- und Unternehmensanleihen gehandelt werden

nen *Consultant* nach außen. Ein konkretes Beispiel: Ein Versicherungsunternehmen bietet eine Lebensversicherung an, die eine Mindestverzinsung garantiert, deren Verzinsung sich ansonsten aber am Aktienindex DAX orientiert. Die Versicherung möchte nun das mit der DAX-Entwicklung einhergehende Risiko an die Bank abtreten. Diese muss sich eine Strategie überlegen, wie das Risiko für sie abzusichern ist. Dies auszurechnen könnte eine Aufgabe für Bernd Appasamy sein. Der Arbeitsstil sei dem während der Promotion sehr ähnlich, für die theoretische Modellierung lässt er sich Fachbücher aus der Bibliothek in der Zentrale schicken, er beschäftigt sich mit Numerik und Statistik. „Gerade letzte Woche habe ich das Gleichungssystem einer partiellen Differentialgleichung mithilfe des konjugierten Gradientenverfahrens gelöst, die Focker-Planck-Gleichung für einen Spezialfall. Das habe ich alles selbst in C++ implementiert." Das Programm wird in London, Europas größtem Handelsplatz, in ein bestehendes Programm integriert. Das sei das Faszinierende an der Tätigkeit, dass man nicht nur auf dem Papier überlege, wie es denn gehen soll, sondern dass man es auch umsetze.

Mit der irrationalen Komponente, die das Geschäft hat, beschäftigt er sich überhaupt nicht. Natürlich weiß keiner genau, wie sich beispielsweise der DAX entwickelt. Die Einschätzung von Händlern und Analysten darüber entnimmt er der Marktdatenbank, darin stecke „das ganze Geheimnis der Banken". Auf dieser Grundlage berechnet er einen Preis und die Sensitivität, die angibt, wie stark der Preis von den Marktschwankungen abhängt. Das ganze System funktioniert umso besser, je größer der Konsens im Markt ist, Preise auf diese Weise zu berechnen. „Dann kann man es auch falsch machen und es funktioniert trotzdem, weil es alle falsch machen". Hans-Peter Deutsch formuliert es so: Wenn ein Bank gut arbeitet, kann es ihr fast egal sein, wie sich der Markt bewegt. Das ist wie bei einem Buchmacher, der verdient auch nicht dadurch, dass er die Pferde genau studiert. Ihm ist vielmehr vollkommen egal, welches Pferd gewinnt. Die Gewinnquoten berechnet er aus den Wettangeboten, die er erhält. Der springende Punkt für die Bank sei die *Hedging*-Strategie: Wie kann sie das Risiko, das sie dem Kunden abkauft, wieder am Markt verkaufen und dennoch eine Marge verdienen?

Bernd Appasamy ist 35 Jahre alt. 1997 hat er in Hamburg bei Peter Toschek und Werner Neuhauser mit einer experimentellen Arbeit über verschränkte Ionenzustände in Fallen promoviert. In dieser Arbeitsgruppe wurde auf die Verbindung von Experiment und Theorie großen Wert gelegt, sodass er sich auch mit der theoretischen Interpretation seines Experiments beschäftigt hat. Weil ihn die Cray am Max-Planck-Institut für Meteorologie fasziniert hat und er „da einmal etwas programmiert haben wollte", hat er auf dem Supercomputer Diffusionsgleichungen gelöst – mit ähnlichen Gleichungen hat er es auch heute zu tun. Nach mehreren „überhaupt nicht zielgerichteten" Bewerbungen nahm er das Angebot von Arthur Andersen an, weil er „die Verbindung zwischen Theorie und Experiment aufrecht erhalten wollte". In den ersten Wochen saß Appasamy im Büro und hat Bücher gelesen – „so wie es für die Elektrodynamik den Jackson gibt, so gibt es auch für die Finanzmathematik Standardbücher". Danach ging es schon aufs erste Projekt. Parallel zu diesem Training *on the job* bietet Arthur

Andersen den Einsteigern Seminare an, meist in London, mit allen Themen, die man braucht: Risikomanagement, exotische Optionen, Volatilitätsschätzungen, statistische Methoden, Zeitreihenanalysen, wie man sauber C++ programmiert ...

Eher zufällig ist auch Erwin Mirkes zum Finanzwesen gekommen, denn „der Einstieg ist die eigentliche Hürde". Er ist habilitierter theoretischer Elementarteilchenphysiker und arbeitet bei der Deutschen Bank im *Government Bond Trading*, das heißt dem Handel von europäischen Staatsanleihen. Nach der Promotion 1990 in Mainz ging er als Postdoc und *Visiting Assistant Professor* an die University of Wisconsin in Madison, USA. Generell sei die Anbindung von Universitäten an Unternehmen in den USA stärker als in Deutschland; beispielsweise habe die theoretische Physik in Harvard eine enge Verbindung zu Goldman Sachs, einer der ganz großen amerikanischen Investmentbanken. Über diese Schiene kämen viele theoretische Physiker zu den quantitativen Marktanalysen und der Modellbildung. Zurück in Deutschland hat Mirkes sich Anfang 1998 in Karlsruhe habilitiert, wo er heute als Privatdozent eine Vorlesung über Investmentbanking, mathematische Methoden und Handelsstrategien vorwiegend für Physiker hält. Auf eine Anzeige in der FAZ und angeregt durch die Erfahrungen in den USA, hat er sich vor drei Jahren als Marktanalyst im *Fixed Income*-Bereich bei der Deutschen Bank beworben. Angefangen hat er in einer *Research*-Abteilung, wo er in einem weltweiten Team von etwa 15 Analysten Handelsstrategien für den europäischen Staatsanleihenmarkt erarbeitet hat. Über diesen Einstieg *on the job* lernte er die neuesten Bewertungsmethoden und Marktmodelle für den europäischen Staatsanleihenmarkt kennen.

Die größten deutschen Banken (Stand 2000)

	Bilanzsumme in Mrd. €	Mitarbeiter	www
Deutsche Bank	940	98000	www.deutsche-bank.de
HypoVereinsbank	716	73000	www.hypovereinsbank.de
Dresdner Bank	483	51000	www.dresdner-bank.de
Commerzbank	457	39000	www.commerzbank.de
Westdeutsche Landesbank	400	k.A.	www.westlb.de
Bayrische Landesbank	305	8300	www.blb.de
Landesbank Baden-Württemberg	293	9900	www.lbbw.de
Deutsche Genossenschaftsbank	266	11800	www.dgbank.de
Kreditanstalt für Wiederaufbau	223	200	www.kfw.de
Bankgesellschaft Berlin	194	15000	www.bankgesellschaft.de
Norddeutsche Landesbank	186	7900	www.nord-lb.de

Energieerhaltung und risikoloser Profit

Heute arbeitet Mirkes eng mit den rund zehn Händlern zusammen, die für die Deutsche Bank europäische Staatsanleihen handeln. Seit der Einführung des Euro habe sich bei den europäischen Staatsanleihen sehr viel geändert – der Markt ist viel größer geworden und umfasst etwa 2,5 Billionen Euro. Damit bilden die Euroland-Staatsanleihen eines der weltweit größten homogenen Marktsegmente mit „irrsinnigen“ täglichen Umsätzen. So liegt beispielsweise allein das tägliche Handelsvolumen im so genannten Bund-Future-Kontrakt auf 10-jährige deutsche Staatsanleihen bei etwa 60 – 70 Milliarden Euro. Als so genannter Arbitrageur hat Mirkes eine „exotische Stellung mit großen Freiheiten“, aber auch einen „hohen Erfolgsdruck“. Seine Aufgabe besteht unter anderem darin, die Anleihen und deren Derivate zu bewerten und sehr feine Fehlbewertungen am Markt zu finden. Wenn zum Beispiel der aktuelle Kurswert von zwei deutschen Anleihen nicht den marktgerechten Wert widerspiegelt, dann kann man risikolosen Profit machen, indem man solche Anomalien ausnutzt und große Summen in diese Anleihen investiert. Der Markt reagiert darauf sofort, die Kurswerte ändern sich und nach kurzer Zeit ist die Differenz „ausarbitriert“, sodass dieses Geschäft nicht länger möglich ist.

Angesichts des enormen Handelsvolumens und der vielen Marktteilnehmer – man sagt: der Markt ist sehr effizient – sind die erforderlichen Analysemethoden und Marktmodelle heute viel feiner als vor der Einführung des Euro. Es geht nicht darum, Anomalien von 1% zu finden, sondern von 0,01%, aber „das nutzen wir aus, indem wir bis zu mehrere Hundert Millionen Euro einsetzen“. Dabei lässt sich ohne (oder mit relativ geringem) Risiko ein hoher Gewinn erzielen, was eigentlich dem Prinzip der Arbitragefreiheit widerspricht. Arbitragefreiheit heißt: Ein instantaner, risikoloser Profit ist nicht möglich; wer einen höheren Gewinn will, muss auch ein höheres Risiko eingehen. Dieses Prinzip ist für die Bewertung von Finanzprodukten ähnlich fundamental wie die Energieerhaltung in der Physik, meint Mirkes. So wie man aber die Energieerhaltung in der Physik kurzzeitig aufgrund der Unschärferelation verletzen könne, so sei es auch mit dem Prinzip der Arbitragefreiheit.

Zur Physik, speziell zur phänomenologischen Teilchenphysik, die zuvor sein Metier war, sieht Mirkes weitere Parallelen. Wie in der Phänomenologie bestehe das Kernproblem darin, geeignete Observablen zu finden und für diese theoretische Vorhersagen zu entwickeln. Angesichts des „unendlich komplexen Marktes“ versucht er Messgrößen zu finden, die er am Markt beobachten kann und die ihm eine Aussage über die weitere Marktentwicklung geben. Früher hat er Rechnungen für den im Aufbau befindlichen Large Hadron

Collider am CERN gemacht, Rechnungen, die erst in einigen Jahren relevant werden. Im Gegensatz dazu „kriegt man hier schon am nächsten Tag das Feedback vom Markt." Das „ständige Reiben am Markt" mache diese Aufgabe so interessant für ihn.

Alle Gesprächspartner beurteilen die Perspektiven im Finanzwesen rosig und sehen ein sehr großes Potenzial für Physiker. Ständig kämen neue Produkte auf den Markt. Beispielsweise fängt man derzeit an, mit Kreditrisiken zu handeln. Eine Bank in Stuttgart, die lauter Kredite an Automobilzulieferer vergeben hat, stünde schlecht da, wenn es der Branche schlecht ginge. Ähnlich erginge es einer anderen Bank in Düsseldorf, die hauptsächlich Kredite an Telekommunikationsunternehmen vergeben hat. Nun kann man sich eine Transaktion ausdenken, bei der die beiden Banken wechselseitig Risiko der anderen Bank übernehmen. Was aber ist diese Transaktion wert? Physiker werden mit ihrer „naturwissenschaftlichen Hartnäckigkeit" auch auf diese Frage eine Antwort finden, ist Hans-Peter Deutsch überzeugt.

„Physiker sind keineswegs Exoten"

Interview mit Dr. Martin Möhrle, Head Corporate Talent Recruiting, Elite Tracking & Executive Education, Deutsche Bank AG

Sind Physikerinnen und Physiker Exoten bei der Deutschen Bank?
Physiker sind Exoten im klassischen Firmen- und Privatkundengeschäft, in dem, was man als Kunde normalerweise von einer Bank wahrnimmt. Sie sind aber keineswegs Exoten im Investmentbanking oder im IT-Bereich, der immerhin ein Viertel aller Mitarbeiter der Deutschen Bank ausmacht. Auch im Inhouse Consulting, der internen Beratung, gibt es diverse Physiker.

Was qualifiziert Physiker für eine Tätigkeit in einer Bank?
Im IT-Geschäft ist der Markt so eng, da ist jeder qualifiziert, der genügend Hintergrunderfahrung mitbringt. Das ist bei Physikern nicht grundsätzlich, aber meistens der Fall. Für das Investmentbanking qualifiziert ihn vor allem seine Fähigkeit, komplexe Sachverhalte zu durchdringen und analytisch zu denken, das wird unserer Überzeugung nach durch das Physik-Studium stärker gefördert als durch irgend ein anderes Studium. Die Juristen behaupten zwar, sie hätten die größte Schule der Logik, aber da kann man unterschiedlicher Meinung sein ...

Fehlt es den Physikern nicht an Hintergrundwissen aus der Finanzwelt?
Am liebsten wäre es uns, wenn sich Physiker durch ein Praktikum bei uns oder in einem anderen Haus schon mal mit der Finanzwelt auseinandergesetzt hätten. Eine ideale Ergänzung wäre ein Nebenfach oder hier und dort mal in eine BWL-Vorlesung reingeschnuppert zu haben. Das wäre für uns ein klares Signal, dass jemand weiß, dass er Gefallen daran hat und nicht sehr unsicher ist, was ihn da er-

wartet. Aber willkommen sind uns auch Bewerbungen ohne diese Voraussetzungen.

Wie viele Physiker sind bei der Deutschen Bank beschäftigt?
Das kann ich konzernweit nicht so leicht sagen, aber in Deutschland sind es ca. 200 Physiker. Wir stellen rund 10 bis 20 Physiker jährlich ein, würden allerdings gerne mehr nehmen, aber der Markt ist ja sehr eng. Früher, als die Bank noch durch das klassische Kreditwesen geprägt war, wurden übrigens kaum Physiker eingestellt, das ist ein Phänomen der letzten zehn, vor allem der letzten drei Jahre.

In welchen Bereichen sind die Physiker beschäftigt?
Hauptsächlich im Investmentbanking und in der Informationstechnologie. Innerhalb des Investmentbanking gibt es Physiker im Handel von Wertpapieren, seien es festverzinsliche oder Aktien mit den entsprechenden Optionen. Die hierbei verwendeten Modelle erfordern eine hohe mathematische, analytische Kompetenz. Im Beratungsgeschäft innerhalb des Investmentbanking, wo es um den Kauf oder Verkauf von Unternehmen oder die Arrondierung von Portefeuilles großer Unternehmen geht, wird wie in den Unternehmensberatungen das Profil eines Allrounders erwartet. Physiker können sich mit ihrer Denkenswelt da sehr gut einbringen. In der Informationstechnologie sind wir mit über 20 000 Arbeitsplätzen weltweit einer der ganz großen Nachfrager nach Arbeitskräften, und auch da werden Physiker sehr gerne gesehen.

Wie sieht der typische Einstieg aus?
Da gibt es sowohl die Möglichkeit eines Traineeprogramms als auch den Direkteinstieg *on the job*. Die Entwicklungsmöglichkeiten sind dann in der Regel alles andere als vorgegeben, das hängt stark vom Einzelnen ab, wie er sich weiterentwickeln will. Man wird sich relativ rasch in einem Umfeld bewegen, in dem es international zugeht, in dem Projekte über Ländergrenzen hinweg abgewickelt werden, in dem man die Globalität des Geschäfts kennen lernt. Die dramatischen Änderungen, die sich derzeit in der Finanzdienstleitungsbranche abspielen, haben für junge Mitarbeiter den großen Vorteil, dass sie sehr schnell mit „anpacken" und alles infrage stellen können, was mal 20 Jahre lang gut war. Das Einstiegsgehalt bewegt sich in der Regel zwischen 35 000 und 45 000 Euro, im Einzelfall sind wir da aber auch sehr flexibel.

Seiltänzer ohne Netz

Der Weg von der Promotion zur Professur ist mit vielen Unwägbarkeiten verbunden

Für die Mathematik sei er zu undiszipliniert, aber aus ihm würde wohl ein guter theoretischer Physiker. Das hörte Kurt Busch vor Jahren von seinem Mathe- und Physiklehrer in der Schule und empfand es als Beleidigung. Schließlich war für ihn damals die Mathematik das „Reine" und die theoretische Physik eher „schmutzige Phänomenologie". Heute leitet der 35-Jährige eine Nachwuchsgruppe in der theoretischen Physik an der Universität Karlsruhe und schließt demnächst seine Habilitation ab. Sein Ziel ist es, Professor für theoretische Physik zu werden. Zu seinem ehemaligen Lehrer hat er noch heute Kontakt und meint im Nachhinein, dass dieser wohl den richtigen Riecher hatte.

Fragt man Physikstudenten, warum sie sich zu einem Physikstudium entschlossen haben, so werden als Gründe meist der Spaß an der Physik und das Interesse daran genannt – mit den Worten des Faust, „dass ich erkenne, was die Welt im Innersten zusammenhält". So träumen denn insgeheim viele Studenten von einer Karriere in der Wissenschaft, einer Karriere als Forscher par excellence, sprich: als Professor. Im Laufe des Studiums verschieben sich jedoch meist die Interessen, zuvor unbekannte Arbeitsmöglichkeiten zeichnen sich ab, Zweifel am eigenen Talent mögen hinzukommen, kurzum: Der überwiegende Teil der Physikstudenten verlässt nach dem Diplom oder spätestens nach der Promotion die Universität und geht in ein Industrie- oder ein Wirtschaftsunternehmen. Diese Absolventen üben nach wenigen Jahren meist eine Tätigkeit aus, die kaum noch etwas mit den Inhalten des Studiums, der Diplom- oder der Doktorarbeit zu tun hat. Einige wenige aber haben dauerhaft Feuer gefangen für die Wissenschaft und lassen sich auf das Abenteuer einer wissenschaftlichen Karriere ein mit dem Ziel, Professor zu werden. Abenteuer, weil sie sich im Gegensatz zu ihren ehemaligen Kommilitonen nun zunächst auf wissenschaftliche Wanderjahre mit befristeten Arbeitsverträgen einstellen müssen und in der Regel erst mit Ende 30, Anfang 40 wissen werden, ob sie das Ziel einer Professur auf Lebenszeit erreicht haben. Einen Königsweg zur Professur gibt es nicht, aber bisher führte der Weg meist über die Habilitation, einer im internationalen Vergleich unbekannten wissenschaftlichen Hürde, die in der Physik pro Jahr rund 150 Nachwuchswissenschaftlerinnen und -wissenschaftler meistern (siehe Tabelle). Erst nach der Habilitation, für die eine wissenschaftliche Habilitationsschrift anzufertigen ist, erhalten sie die so genannte Venia Legendi, die es ihnen erlaubt, selbstständig Vorlesungen zu halten. Auf den Schultern dieser Habilitanden und der bereits habilitierten Wissenschaftler ruht ein guter Teil des Betriebs an den Instituten. Sie betreuen Diplomanden, Doktoranden und Übungsgruppen und bieten als Privatdozenten Spezialvorlesungen an.

Tabelle 1: Im vergangenen Jahrzehnt hat sich die Anzahl der Habilitationen in Physik/Astronomie mehr als verdoppelt. Sie ist damit stärker gewachsen als bei benachbarten Disziplinen.

Fächergruppe	*1991*	*1992*	*1993*	*1994*	*1995*	*1996*	*1997*	*1998*	*1999*	*2000*
Physik, Astronomie	*66*	*64*	*75*	*75*	*100*	*96*	*110*	*139*	*129*	*143*
davon Frauen	*4*	*5*	*5*	*2*	*5*	*3*	*4*	*5*	*10*	*11*
Chemie	*61*	*83*	*57*	*52*	*64*	*75*	*72*	*83*	*74*	*105*
Mathematik	*51*	*53*	*54*	*45*	*61*	*57*	*49*	*76*	*85*	*86*
Mathematik/Naturwissenschaften gesamt	*308*	*361*	*376*	*355*	*438*	*424*	*457*	*560*	*563*	*587*

Für Kurt Busch fiel die Entscheidung, in der Wissenschaft zu bleiben, irgendwann nach der Promotion als Postdoc. Dass er promovieren wollte, war völlig klar, „der Doktor gehört einfach dazu“. Bereits während der Promotion bei Peter Wölfle in Karlsruhe verbrachte er mit einem Stipendium des Deutschen Akademischen Austauschdienstes DAAD ein Jahr in den USA, an der Iowa State University. Der Kontakt war über einen amerikanischen Professor zustande gekommen, der sich in Karlsruhe aufhielt und einen Gaststudenten suchte. Nach einem Jahr kam Busch mit vielen Ideen zurück, die er in Karlsruhe weiter ausgearbeitet hat. Dabei hat sein Doktorvater zwar immer mitdiskutiert und wertvolle Anregungen gegeben, ansonsten Busch aber „völlig freie Hand“ gelassen. Ende 1996, nach der Promotion über die Transporteigenschaften von klassischen Wellen in ungeordneten Medien, stand Busch vor der Frage: „Industrie oder Wissenschaft?“. „Ich war mir nicht sicher, war damals auch frisch verheiratet, das hat auch eine Rolle gespielt“, erinnert er sich, aber sein ehemaliger amerikanischer Gastprofessor hat ihm zugeredet, unbedingt in der Wissenschaft zu bleiben.

Bei seinem Gastprofessor in Iowa war Busch auch das erste Mal mit den so genannten photonischen Kristallen in Berührung gekommen, denen ein enormes Anwendungspotenzial prophezeit wird und die ihn seither nicht mehr losgelassen haben. Sie bestehen aus einer periodischen Abfolge von Materialien mit unterschiedlicher Dielektrizitätskonstante und weisen eine Bandstruktur für Photonen auf, ähnlich wie sich in gewöhnlichen Kristallen eine Bandstruktur für Elektronen ausbildet. „Als Übung" hat Busch in Iowa ein Programm zur Berechnung einer solchen Bandstruktur geschrieben, dieses Thema dann aber erst zwei Jahre später wieder aufgegriffen. Peter Wölfle riet ihm, ein zweites Standbein zu entwickeln. Er hatte schon damals die Intuition, dass das „ganz wichtig" werden könnte. Ausgestattet mit einem Postdoc-Stipendium der DFG, ging Busch daher im Februar 1997 als Postdoc zu dem „Guru" der photonischen Kristalle, Sajeev John, nach Toronto. Nach wenigen Monaten kamen die so genannten invertierten Opale auf, eine besondere Form der photonischen Kristalle, und John riet ihm, das Thema seines Projektes mittendrin zu wechseln und seine früheren Bandstrukturrechnungen wieder aufzunehmen. „Das war für mich die Initialzündung, denn diese Aktivitäten haben eine unglaubliche Eigendynamik entwickelt", erinnert er sich. Nach zwei Jahren ging er schweren Herzens zurück nach Karlsruhe, denn das DFG-Stipendium war ausgelaufen und die Bezahlung der Postdocs in Kanada „ziemlich unter aller Kanone". Ein Auslandsaufenthalt als Postdoc ist für eine wissenschaftliche Karriere praktisch unverzichtbar, eine längerfristige Perspektive darf dabei aber nicht verloren gehen, denn: „Ewig Postdoc sein bringt's auch nicht", meint Busch.

Viele Wege zur Professur

Heute wird Busch im Rahmen des Emmy-Noether-Programms von der DFG gefördert. Dieses Programm wurde ebenso wie Programme anderer Förderorganisationen ins Leben gerufen, um Nachwuchswissenschaftlerinnen und -wissenschaftlern die Möglichkeit zu geben, sich auch ohne Habilitation für eine Professur zu qualifizieren. Voraussetzung für eine Berufung zum Professor ist die Habilitation in der Regel nämlich nicht, die Qualifikation kann auch durch „gleichwertige wissenschaftliche Leistungen" nachgewiesen werden. Das Emmy-Noether-Programm sieht einen zweijährigen Forschungsaufenthalt im Ausland sowie eine vierjährige Forschungstätigkeit im Inland, verbunden mit der Leitung einer Nachwuchsgruppe, vor. Busch ist einer von rund vierzig Physikern, die durch dieses Programm gefördert werden. Er ist stolz auf diese Förderung, die er als Auszeichnung empfindet. Als Leiter einer Nachwuchsgruppe erhält er seine eigene BAT-Ia-Stelle, rund 45 000 Euro im Jahr, Stellen für einen Postdoc und einen Doktoranden sowie Reise- und

Sachmittel. Er führt Bewerbungs- und Personalgespräche und übernimmt Verantwortung für seine Mitarbeiter – Aufgaben, die auch bei einer späteren Tätigkeit als Hochschullehrer von ihm verlangt werden. Als Emmy-Noether-Stipendiat hat Busch den Antrag auf das kürzlich genehmigte Zentrum für funktionelle Nanostrukturen in Karlsruhe mit gestellt, „völlig gleichberechtigt" mit den Professoren, wie er betont. Auch bei einem gerade genehmigten Graduiertenkolleg gemeinsam mit den Elektrotechnikern wird er gleichberechtigt behandelt, was zu einer „entsprechenden Motivation" führt.

Demnächst wird Busch anfangen, sich auf Professoren-Stellen zu bewerben, er ist sich aber nicht sicher, ob er in Deutschland bleiben wird, „Nordamerika käme auch in Frage". Sogar Anfragen von amerikanischen Start-ups, die sich mit photonischen Kristallen beschäftigen, hat Busch schon bekommen. Aber in der Wissenschaft genießt er die akademische Freiheit, für die er auch bereit ist, „ein bisschen Gehalt zu opfern". Deutschland und Nordamerika bilden „zwei verschiedene Bühnen, auf denen nach verschiedenen Regeln gespielt wird." Bei beiden sieht er Vor- und Nachteile und würde sich „hier mehr Wettbewerb und in Amerika mehr Sicherheit" wünschen. „Ich würde mir aber zutrauen, nach beiden Regeln zu spielen", sagt Busch. Dem amerikanischen System einer Assistenzprofessur mit Aussicht auf unbefristete Anstellung (*tenure track*) und einer entsprechenden Planungssicherheit gibt er den Vorrang gegenüber der Habilitation, „wo man fertig wird, aber überhaupt keine Garantie" hat. In Deutschland könnten sich viele Institutschefs sehr große Arbeitsgruppen leisten, weil sie entsprechend viele Habilitanden mit ihren Untergruppen haben, aber „dann kommen alle drei Jahre vier Habilitanden raus, die eine Stelle suchen, und so viele Stellen gibt es natürlich nicht". In den USA sind die Arbeitsgruppen daher viel kleiner.

Obwohl das Emmy-Noether-Programm eine Alternative zur Habilitation eröffnen soll, möchte Busch seine Habilitation dennoch abschließen, „aus Respekt vor der Tradition" und weil er „als Deutscher" gerne noch diesen zusätzlichen formalen Nachweis in den Händen halten möchte. Nach der Dienstrechtsreform von Bundesforschungsministerin Edelgard Bulmahn soll die Habilitation künftig, das heißt nach einer Übergangszeit bis 2010, keine Rolle bei Berufungsverfahren mehr spielen. Sie führe zu Abhängigkeit des wissenschaftlichen Nachwuchses, mindere durch ihre lange Dauer die Attraktivität des Hochschullehrerberufes und betone zu einseitig die Forschungsleistung, behauptet Bulmahn. Dem soll Abhilfe geschaffen werden durch die Einführung der Juniorprofessur für Nachwuchswissenschaftler, deren Promotion nicht länger als fünf Jahre zurückliegt und die seither weitere wissenschaftliche Leistungen, zum Beispiel durch einen Postdoc-Aufenthalt, erbracht haben. Ziel ist es, damit die Eigenverantwortlichkeit in Forschung und Lehre auf

Anfang 30 vorzuverlegen. Auf Druck des Wissenschaftsrats sieht das neue Hochschulrahmengesetz nun auch die Möglichkeit des *tenure track* vor, das heißt: Für den Übergang von einer auf maximal sechs Jahre befristeten Juniorprofessur auf eine unbefristete Professur muss keine Ausschreibung stattfinden. Ob mit dieser Reform künftig dem Abwandern von Nachwuchswissenschaftlern vor allem in die USA, dem so genannten *brain drain*, Einhalt geboten werden kann, muss sich erst noch zeigen. Die Juniorprofessur findet Busch „im Prinzip gut", schränkt aber gleich ein, dass „für das, was von den Leuten verlangt wird, und für die Verantwortung, die sie tragen, die Stelle recht schwach ausgestattet ist".

Das Forschungsthema – Chance und Risiko

Zu seinem Forschungsthema, den photonischen Kristallen, ist Busch eher zufällig und durch die Weitsicht seiner wissenschaftlichen Mentoren gekommen. Im Nachhinein rät er, sich nicht „einfach in irgendwas zu versteigen, was man vielleicht besonders spannend findet, was aber keinen anderen interessiert". „Bei dem Stand der Karriere muss man sich an die Welt ankoppeln", ist er überzeugt, „da muss es natürlich nicht nur um Anwendungen gehen, es können auch spannende theoretische Fragen sein, die dann en vogue sind". Und was en vogue ist, kann sich natürlich innerhalb von fünf Jahren auch ändern, aber darauf müsse man reagieren können, gerade als theoretischer Physiker habe man da größere Freiheiten. Aber ob sein Thema letzten Endes erfolgreich war, „wird sich erst zeigen, wenn ich eine Stelle habe".

Legt man dieses einzig sinnvolle Erfolgskriterium an, so steht der Erfolg von Michael Maier derzeit auf Messers Schneide. Maier heißt in Wirklichkeit anders, aber seinen Namen möchte er nicht veröffentlicht sehen, denn vielleicht klappt es ja doch noch mit einem Ruf auf eine Professur. Nach rund 30 Bewerbungen stand er bereits mehr als einmal auf Platz 2 einer Berufungsliste, jedesmal hat aber der Erstplatzierte zugegriffen und er ist leer ausgegangen. Seine jetzige Assistentenstelle, eine C2-Stelle, gehört zu den „merkwürdigsten Stellen in Deutschland, das sind die einzigen C-Stellen, für die Sie wirklich Ihre Habilitationsurkunde vorlegen müssen. Professor können Sie auch ohne Habilitation werden." Die Zeit läuft ihm nun davon, denn demnächst läuft sein Vertrag an einer süddeutschen Universität aus, und diese wird ihn dann „knallhart" entlassen, „im schlimmsten Fall in die Arbeitslosigkeit". Diese Möglichkeit hält er für forschungspolitischen „Irrsinn". „Ich bin absoluter Verfechter des amerikanischen Systems", in dem der wissenschaftliche Nachwuchs bereits dann sieht, ob „ihn jemand will oder nicht", wenn er sich als *assistant professor* bewirbt. Da seien die Auswahlkriterien zwar auch nicht ganz klar, „wie bei allen Entscheidungen, an denen zehn, zwanzig Personen beteiligt sind“, aber diese Auswahl finde bereits zehn Jahre früher statt. Nach der Promotion und zwei Jahren Postdoc sei ein Ausstieg noch einfach, im deutschen System verengten sich die Möglichkeiten aber immer stärker auf Professorenstellen, und wenn es nicht klappt, hat man kaum noch andere Möglichkeiten im Wissenschaftssystem: „Unterhalb“ der Professuren gibt es praktisch keine unbefristeten Stellen. Wie „ein Seiltänzer ohne Netz“ fühlt er sich daher, „entweder man schafft es auf die andere Seite oder man fällt runter“. „Bis zur Habilitation kann man in gewissem Grad sein Leben steuern“, sagt Maier. „Wenn Sie vernünftig arbeiten, können Sie es bis zur Habilitation schaffen, aber danach sind Sie abhängig von Berufungskommissionen, die aufgrund von Kriterien entscheiden, die Sie selbst nicht kennen“.

Maiers Habilitation liegt bereits einige Jahre zurück, inzwischen ist er Anfang 40, verheiratet und hat eine Tochter. Die Entscheidung für die Wissenschaft fiel als Postdoc in den USA, wo er von der Forschungslandschaft begeistert war. Zu seinem Habilitationsthema aus der theoretischen Physik kam er über die Antrittsvorlesung eines Professors in den USA, „die war so begeisternd, das hat bleibende Schäden hinterlassen“. Damals wie heute ist er überzeugt davon, dass die von ihm untersuchten Systeme interessant und auch für die nächsten Jahrzehnte wichtig sind. Dennoch hat er inzwischen ernüchtert zur Kenntnis nehmen müssen, dass viele Physiker dieses Gebiet für Spielerei halten und nicht ernst nehmen. „Das war mir damals natürlich nicht klar“, erinnert er sich. „Wenn man anfängt zu habilitieren, dann beginnt eine Uhr zu ticken, und man muss etwas produzieren. Am Anfang ist die Furcht größer, dass man an dem Thema scheitern könnte, als dass man sich zu große Gedanken macht, ob das Thema in sieben Jahren noch en vogue ist.“

Inzwischen hat sich Maier auch weitere Standbeine geschaffen und gemeinsam mit Doktoranden und Diplomanden andere Felder bearbeitet. Aber auch da hat er die Erfahrung machen müssen, dass es Dinge gibt, die in sind und andere, die out sind. „Dieses Modedenken in der Physik gefällt mir überhaupt nicht, dass sich für Dinge, die länger als fünf Jahre zurück liegen, keiner mehr interessiert." Ein guter Gradmesser hierfür seien die Referees von Physical Review Letters. Eine Arbeit von ihm wurde dort abgelehnt mit dem Argument, vor zehn Jahren wäre das sofort veröffentlicht worden, heute sei das aber out. Dabei seien Veröffentlichungen für Berufungskommissionen wichtiger als jeder Beitrag, den jemand zur Lehre geleistet hat, kritisiert Maier. Die Lehrbefähigung erhalte man für einen einzigen Vortrag zu einem „mehr oder weniger populären" Thema, aber darauf, dass jemand mal über ein, zwei Semester eine Vorlesung gehalten habe und auch evaluiert worden sei, komme es überhaupt nicht an. Wenn auch die Lehre sehr zeitintensiv ist, so möchte er sie dennoch nicht missen, „man lernt auch viel mit Studenten".

Auf eine Professur kann auch berufen werden, wer anstelle der Habilitation gleichwertige wissenschaftliche Leistungen nachweist, die zum Beispiel an einem außeruniversitären Forschungsinstitut wie einem Max-Planck-Institut erbracht wurden. Wird die Habilitation wie beabsichtigt abgeschafft, so hätte der wissenschaftliche Nachwuchs an den Universitäten allerdings noch häufiger das Nachsehen gegenüber Nachwuchsforschern an Forschungsinstituten, glaubt Maier. „Bisher war die Habilitation ein Kriterium, das für uns sprach", erläutert er, „wenn die Habilitation aber nicht mehr in die Entscheidung eingehen darf, dann haben Leute von Forschungsinstituten den großen Vorteil, dass sie viel mehr Forschung treiben können, weil sie keine oder kaum Lehrverpflichtungen haben." Zudem stünde Wissenschaftlern an Forschungsinstituten auch die Möglichkeit offen, sich auf Professuren an Fachhochschulen zu bewerben – ein (Aus)Weg, der Assistenten an Universitäten verwehrt ist.

Von den rund 150 Habilitationen in der Physik, die jedes Jahr abgeschlossen werden, entfallen nur rund 10 Prozent auf Physikerinnen. Zu Beginn des Studiums ist der Frauenanteil noch doppelt so hoch. Hätte Irene Pundt nicht vor knapp zwei Jahren ihren Antrag auf eine vom Bundesministerium für Bildung und Forschung geförderte Nachwuchsgruppe genehmigt bekommen, so hätte auch sie der Wissenschaft längst den Rücken gekehrt. „Ich hätte sonst ein Drittel meiner Zeit damit verbracht, irgendwelche Anträge zu schreiben, und das treibt die Postdocs weg von der Forschung", ist sie überzeugt. Nun hat sie aber eine sehr gute Ausstattung, insgesamt 3,5 Millionen Mark in fünf Jahren für ihre BAT-Ia-Stelle, Stellen für einen Postdoc, zwei Doktoranden, einen Techniker sowie Sach- und Reisemittel. Sie ist überzeugt davon, dass solche Programme dazu führen werden, dass sich künftig mehr Nachwuchswissenschaftler für die Wissenschaft entscheiden, weil sie damit die Sicherheit haben, die sie sonst in der Industrie hätten.

Das Ziel liegt in weiter Ferne

Ursprünglich hatte die 34-jährige Irene Pundt einmal vor, Lehrerin zu werden. Aber dann „hatte ich ziemlich viele frustrierte Lehrer um mich herum“, sodass sie sich für das Diplom und anschließend eine Doktorarbeit in Paris entschied. Am Institut Service d'Aeronomie, das der Université Paris 6 sowie dem Centre National de Recherche Scientifique angegliedert ist, befasste sie sich mit Untersuchungen zum Ozonloch und führte Ballonmessungen in der Arktis durch. Nach der Promotion, die sie zum Teil über ein europäisches Marie-Curie-Stipendium finanzierte, blieb sie als Postdoc noch zwei Jahre in ihrer Lieblingsstadt Paris, bevor sie zurück ans Institut für Umweltphysik an der Universität Heidelberg zu Ulrich Platt ging, wo sie auch heute arbeitet. Damals hat Pundt sich mit vielen Leuten unterhalten, die jetzt in der Industrie arbeiten. „Ich fand das alles superspannend, hatte aber das Gefühl, dass mich die meisten Berufe nach zwei Jahren langweilen würden“, erinnert sie sich. Sie wollte etwas machen, was auch nach zehn Jahren noch interessant ist. „Der Professorenberuf ist sehr vielseitig, er umfasst sowohl Lehre als auch Forschung, viel Kommunikation, viele Reisen. Es ist einfach wundervoll, sich etwas auszudenken und möglicherweise patentieren zu lassen“, schwärmt sie und gibt zugleich zu bedenken, dass die Freiheit und die Verantwortung dazu führen, dass sie sich auch immer selbst motivieren muss. „Wenn der Druck von außen kommen würde, wäre es bereits zu spät.“ Als Gruppenleiterin müsse sie sich auf ein Ziel einstellen, das sehr weit in der Ferne liegt, „man kriegt nicht kleine Aufgaben, die man erfüllt, und dann kommt der Chef oder die Chefin und klopft einem auf die Schultern“. Stattdessen müsse sie selbst dranbleiben und zugleich aber ihre Mitarbeiter stetig motivieren.

Ziel ihres Forschungsprojektes im Rahmen des Atmosphärenforschungsprogramms AFO 2000 ist es, Konzentrationsverteilungen von verschiedenen Spurenstoffen in der Troposphäre zu erhalten, um damit zum Beispiel den Photosmog besser verstehen zu können. Dazu bedient sie sich der optischen Absorptionsspektroskopie, und zwar in einem tomographischen Verfahren. Mit mehreren Lichtquellen, Spektrographen und Reflektoren wird hierzu die Absorption längs mehrerer bis zu einige Kilometer langen Wege in der Atmosphäre gemessen. Ähnlich wie in der aus der Medizin bekannten Tomographie lässt sich durch geeignete mathematische Algorithmen hieraus eine dreidimensionale Konzentrationsverteilung bestimmen. Kürzlich hat sie mit ihren Mitarbeitern ein Experiment an zwei vom Forschungszentrum Karlsruhe an der Autobahn A 656 errichteten Türmen durchgeführt, um die Schadstoffemission und -ausbreitung an Autobahnen besser zu verstehen.

Die Tatsache, dass sich in Deutschland so wenig Frauen für die

Wissenschaft entscheiden, führt Pundt auf fachspezifische und gesellschaftliche Probleme zurück. Fachspezifisch sei, dass in Deutschland Forschung und Technik kaum getrennt seien. Nach einem eher theoretischen Studium müssten deutsche Studenten während der Diplomarbeit auf einmal Schaltungen löten und an der Apparatur herumschrauben. In Frankreich sei das ganz stark getrennt: Die Technik werde dort delegiert – zum Vorteil der Frauen, die im Allgemeinen während ihrer Kindheit weniger Gelegenheiten bekamen, handwerkliche Fertigkeiten zu entwickeln. Hinzu komme der gesellschaftliche Aspekt, dass von deutschen Frauen verlangt werde, ein Babyjahr zuhause zu verbringen, und dass zu wenig Kinderkrippen und Ganztagsschulen existierten. „In Frankreich steigen die Frauen nach zwei Monaten wieder ein, das ist nicht nur gesellschaftlich akzeptiert, sondern wird auch gefördert", lobt sie. In Deutschland seien im Gegensatz hierzu zumindest bislang Familie und Karriere für Frauen schwer zu vereinbaren gewesen. Nun werde die Situation langsam besser, auch durch spezifische Frauenförderprogramme wie das MUT-Programm in Baden-Württemberg, an dem sie teilnimmt. „Mich mit Frauen in der gleichen Situation zu unterhalten, die immer alle genau die gleichen Probleme haben, motiviert mich", sagt Pundt, „wir Frauen müssen lernen zu kämpfen, was Männern vielleicht leichter fällt." Sich durchzusetzen, zu widersprechen und sich nicht über den Tisch ziehen zu lassen, falle manchen Frauen schwer.

www.uni-freiburg.de/LaKoF/MuT/

Die Kritiker des jetzigen Systems bemängeln unter anderem die fehlende Selbstständigkeit des wissenschaftlichen Nachwuchses. Heinrich Schwoerer ist ein weiteres Beispiel dafür, dass man auch als Assistent wissenschaftlich selbstständig arbeiten kann. „Das hängt natürlich auch am Professor", weiß er aus eigener Erfahrung. Nachdem er drei Jahre als Assistent in der Physikalischen Chemie in Würzburg war, wechselte er an das Institut für Optik und Quantenelektronik nach Jena, wo er demnächst seine Habilitation abschließt. Im Institut werden gerade die letzten beiden Räume renoviert, auf dem Flur am Eingang des Labors riecht es nach Chlor – „Brom", korrigiert Schwoerer, „da ist vor einer Woche ein Experiment schief gegangen ...". In der Arbeitsgruppe von Roland Sauerbrey leitet er nun das Labor des Terawatt-Lasers mit acht Mitarbeitern. „Ich bin im Wesentlichen mein eigener Herr, erhalte aber dennoch sehr viel wissenschaftliche Anregung. Jede Woche kommt Herr Sauerbrey mit einer neuen Idee; damit fordert und fördert er mich – toll!"

Triebkraft Neugier

Schwoerers Weg nach Jena mag wenig geradlinig erscheinen, die treibende Kraft dahinter war letztlich aber immer die Neugier, der Wunsch, wieder etwas Neues zu machen: Nach dem Diplom in experimenteller Festkörperphysik in Heidelberg ging er an die ETH Zürich und promovierte in der Physikalischen Chemie über zeitaufgelöste Holographie mit organischen Filmen. Daran schloss sich die Assistentenstelle in Würzburg an, wieder in der Physikalischen Chemie, aber mit einem ganz anderen Thema, der zeitaufgelösten Moleküldynamik. „Ich wollte unbedingt noch mal etwas Neues machen, nicht als Assistent das Thema aus der Promotion vertiefen", erinnert er sich. „Mir ging es immer so, dass man in den ersten zwei, drei Jahren ganz viel lernt. Aber irgendwann versteht man, was man macht, und fängt an, sich über irgendeinen ganz speziellen Kleinkruscht Gedanken zu machen." „Es macht doch Sinn, dass jemand, der Hochschullehrer werden will, nicht vom F-Praktikum bis zur Habilitation immer die gleichen Sachen gemacht hat", sagt Schwoerer. Aber welches tatsächlich der geschicktere Weg im Hinblick auf die Karriere ist, das weiß er bis heute nicht. „Das damit vielleicht verbundene Risiko kann ich nicht wirklich nennen."

Nach dem Abschied aus Würzburg und mit inzwischen 34 Jahren glaubte Schwoerer, dass ihn an einem Institut nun niemand mehr haben wollte, wenn er noch mal von vorne beginnen würde. Daraufhin bewarb er sich in der Industrie. Mit einem Angebot einer kleinen Laserfirma fuhr Schwoerer nach Jena, um Herrn Sauerbrey zu fragen, ob der die Firma kenne. Statt über die Firma zu reden, bot Roland Sauerbrey ihm eine Assistentenstelle an, und Schwoerer sagte sofort zu. Die Laserfirma war ein Vierteljahr später pleite, „ich wäre da völlig blind hingegangen und hatte doppelt Glück", erinnert er sich.

Seit drei Jahren baut und betreut Schwoerer nun in Jena den Terawatt-Laser und ist überzeugt, dass er ein „ganz brandaktuelles und unheimlich spannendes Thema" bearbeitet. Das Institut für Optik und Quantenelektronik ist das einzige deutsche Universitätsinstitut mit einem solchen Laser, der „richtig hohe" Intensitäten bringt. Trotzdem ist er so klein, dass man ihn als Einzelner ein- und ausschalten kann. „Die Laserleistung von 10^{19} W/cm^2 entspricht dem gesamten auf die Erde fallenden Sonnenlicht, fokussiert auf 1 mm^2", erklärt Schwoerer. Mit diesem Laserlicht erzeugt man ein Plasma, dessen Elektronen im Lichtfeld auf relativistische Energien beschleunigt werden. Lenkt man diese dann auf ein Target, so entsteht „richtig viel Röntgenstrahlung, kurze harte Röntgenpulse". Auch extreme Ultraviolett-Strahlung (EUV) lässt sich damit erzeugen. Sie soll es ermöglichen, künftig noch kleinere Chipstrukturen zu erzeugen. Im

Rahmen eines Projektes, in dem gemeinsam mit der Industrie die Grundlagen für diese EUV-Lithographie erarbeitet werden sollen, hatte Schwoerer viel Kontakt mit Industriephysikern, ist aber heute froh, dass er nicht in die Industrie eingestiegen ist. „So viele Freiheiten im Alltäglichen wie hier hätte ich in der Industrie niemals".

Schwoerer genießt diese Freiheit und geht auch als Familienvater mit drei Kindern gelassen mit der Ungewissheit um, die die wissenschaftliche Laufbahn mit sich bringt. Seine Stelle läuft noch bis April 2004. „Ich habe mir da nie richtig Sorgen gemacht", bekennt er, „vielleicht habe ich das auch eher verdrängt in dem Spaß, den mir die Arbeit macht". Aus diesem Spaß zieht er seine Motivation, „gerne viel zu schaffen". Natürlich motiviere es ihn auch, wenn ein Förderantrag genehmigt, eine Publikation akzeptiert, von ihm betreute Diplom- oder Doktorarbeiten abgeschlossen werden. Aber letzten Endes bilden all diese abstrakten Kriterien für ihn kein „glaubhaftes Bewertungssystem für die Tätigkeit der Assistenten, und das macht mir manchmal zu schaffen. Ich sehe Leute, die sind sehr gut und erhalten einen Ruf auf eine Professur, aber ich sehe auch Leute, die sind Hochstapler und kriegen auch einen Ruf, oder wieder andere, die sind sehr gut und kriegen keinen". Das sei menschlich und in Unternehmen wahrscheinlich genauso. Für einen Assistenten bedeute dies, dass man sich selbst bewerten muss. „Ob das, was ich mache, gut ist oder nicht, muss ich mir selbst beantworten". Unterm Strich ist Schwoerer aber mit dem System zufrieden: „Wenn ich irgendwann mein eigener Chef bin und weiter forschen kann wie jetzt, dann war mein Spaß ein gutes Maß, und es hat geklappt."

Doch zunächst muss Schwoerer seine Habilitation abschließen, die er in der Form, wie sie in Jena gehandhabt wird, für sinnvoll hält. In Jena kann man kumulativ habilitieren, indem man eine ausführliche Einleitung schreibt und die Veröffentlichungen dranhängt; „zum Glück", sagt er, „eine externe Begutachtung findet ja ohnehin statt, wenn man sich bewirbt. Daher wäre es sowohl für die Habilitanden als auch für die Gremien und Gutachter nur zusätzlicher Aufwand, wenn ich alles noch mal aufschreiben müsste." Wichtiger findet er, dass mit der Habilitation die Fähigkeit und Bereitschaft zur Lehre do-

Tabelle 2: In den nächsten zehn Jahren wird voraussichtlich rund die Hälfte aller Physik-Professoren in den Ruhestand gehen. Gezeigt ist das voraussichtliche Jahr des Ruhestandes der Professoren mit Ruhestandsalter 65 Jahre. Im Jahr 2000 gab es insgesamt 596 C4-Professoren und 523 C3-Professoren in Physik/Astronomie.

Professoren	*2001*	*2002*	*2003*	*2004*	*2005*	*2006*	*2007*	*2008*	*2009*	*2010*	*2011 oder später*	*insgesamt*
C4	*28*	*31*	*31*	*27*	*27*	*33*	*32*	*23*	*24*	*18*	*267*	*542*
C3	*21*	*31*	*41*	*47*	*35*	*27*	*20*	*27*	*19*	*19*	*210*	*491*

kumentiert wird. Manche Assistenten stöhnten erst mal, wenn sie eine Vorlesung halten sollten, aber „das kann doch nicht sein, das ist die Hälfte ihres späteren Jobs".

Die Karrieren von Schwoerer, Busch, Pundt oder Maier verliefen sehr unterschiedlich; Zufälle gaben manches Mal die Richtung vor. Ob sie letzten Endes Erfolg haben werden, wenn sie sich auf Professorenstellen bewerben, wird von vielen Faktoren abhängen, ein einfaches Erfolgsrezept für eine wissenschaftliche Karriere existiert nicht. Rein statistisch steigen ihre Chancen jedoch in den nächsten Jahren: Während der wissenschaftliche Nachwuchs an den Universitäten aufgrund der guten Arbeitsmarktsituation zunehmend ausbleibt, wird in den nächsten zehn Jahren rund die Hälfte aller Physikprofessoren in den Ruhestand gehen. Laut Auskunft des Statistischen Bundesamtes gab es im Jahr 2000 in Deutschland für Physik und Astronomie knapp 600 Professoren der Besoldungsgruppe C4, rund 520 der Gruppe C3. Nur jeweils rund 30 Professoren waren jünger als 40 Jahre, jeweils über 150 aber älter als 60 Jahre. Zwischen 50 und 100 Professoren werden demnach im nächsten Jahrzehnt jährlich pensioniert (siehe Tabelle 2 auf Seite 55). Verglichen mit heute, wo bis zu 100 Bewerbungen auf eine ausgeschriebene Professur keine Seltenheit sind, wird sich das Verhältnis zwischen Bewerbern und offenen Stellen daher wohl verbessern. Ob die in die Wege geleiteten Reformen den „Irrsinn", wie Michael Maier es nennt, dass Nachwuchswissenschaftler über viele Jahre hinweg ausgebildet werden und dann kein Platz für sie da ist, abstellen werden, wird sich erst in einem Jahrzehnt abzeichnen. Aus seinen heutigen Erfahrungen schließt Maier jedenfalls nicht ganz ernst gemeint: „Wenn ich bösartig sein wollte, dann kann ich keinem empfehlen, eine C1- oder C2-Stelle anzunehmen oder eine Juniorprofessur, die keine Perspektive auf *tenure track* bietet". Sagt's und betont zugleich, wie sehr ihm die Forschung doch Spaß macht.

Quarks im Kopf, Benzin im Blut

Physiker in der Automobilindustrie müssen die Sprache der Ingenieure sprechen

Rüsselsheim, im Oktober: orkanartige Windböen drücken gegen die Frontscheibe des kleinen Opel Corsa. Es ist schwül, das Thermometer steigt auf 40 Grad. Plötzlich Windstille. Die Temperatur fällt weit unter Null, eine dünne Eisschicht bildet sich auf den Fenstern, minus 30 Grad. Der Klimakanal auf dem Opel-Gelände ist für Gerhard Stengel, 29, und Lothar Seybold, 31, ein wichtiges Versuchslabor. Die beiden Diplom-Physiker arbeiten in der Abteilung Wärmetechnik des Internationalen Technischen Entwicklungszentrums von Opel. Stengel entwickelt elektronische Klimaregelungen, Seybold kümmert sich um Heizung und Luftführung für neue Modellreihen. Mit 150 Lampen an der Decke – Wärmelampen für die Ferkelzucht – heizen sie den Opel Corsa hinter dem Panzerglas auf Wüstentemperatur. Für Minusgrade steht eine Kälteanlage bereit, und auf Knopfdruck steigt die Luftfeuchtigkeit auf 100 Prozent. Aber eine richtige Sonne können auch die Ferkelwärmer nicht ersetzen, und darum fahren die beiden Opelaner mehrere Wochen im Jahr mit Testautos durch die heiße Wüste im Monument Valley und über verschneite Pisten am Polarkreis.

Als Physiker gehören Stengel und Seybold in ihrem Unternehmen einer Minderheit an. Das zeigen schon die Berufsbezeichnungen quer durch die Hierarchie: Entwicklungsingenieur, *System Lead Engineer*, Gruppeningenieur, Chefingenieur. Unter den mehr als 8500 Angestellten im Opel-Entwicklungszentrum sind nur rund 80 Physiker, und auch die Pressesprecherin bestätigt: „Wir suchen in erster Linie Ingenieure.“ Dennoch finden Physiker in der Automobilindustrie die eine oder andere Nische, eine gewisse Technikbegeisterung vorausgesetzt. „Ich habe früher schon gerne an Autos gebastelt“, sagt Gerhard Stengel. Vor drei Jahren, nach der Diplomarbeit in experimenteller Kernphysik und fünf Monaten Stellensuche, hat er im Entwicklungszentrum angefangen.

Stengel ist der einzige Physiker in einem sechsköpfigen Team von Maschinenbauern, Elektro- und Wärmetechnikern. Die Kleingruppe macht sich unter anderem darüber Gedanken, wie man für Fahrer und Beifahrer getrennte Klimaregelungen baut und steuert: Wo sollten die Sensoren befestigt sein? Welche Belüftungsdüse ist optimal?, Wie beeinflussen Sonneneinstrahlung und Fahrzeuggeschwindigkeit die Innentemperatur?

Um diese Fragen zu beantworten, simuliert Stengel die Luftkonvektion im Fahrzeug und vergleicht die Ergebnisse mit Messungen

Viele Physiker arbeiten in der Messtechnik. Gerhard Stengel (links) und Lothar Seybold vor einem Klimamodul auf dem Prüfstand.

von Testfahrten. Er muss etwas von Analog-Digital-Wandlern verstehen, 3D-Simulationen auswerten und Grundkenntnisse in C-Programmierung haben. „Für diese Position suchten wir einen Generalisten", erinnert sich Tobias Sünner, 36, promovierter Physiker und Stengels ehemaliger Chef in der Wärmetechnik. Dabei zählt das fachliche Know-how oft weniger als die anderen Fähigkeiten: Teamwork, Sozialkompetenz, Kommunikation. „Man muss erst mal die Sprache des Ingenieurs verstehen", sagt Sünner, der heute den Bereich „Systementwicklung Elektrik/Elektronik" leitet. Das dauert etwa ein Jahr. Danach lebe der Physiker davon, dass er gelernt habe, strukturiert zu arbeiten. „Wenn er das nicht vergisst, ist er in der Industrie gut aufgehoben." Nur in einem Punkt brauchen sich die Physiker offenbar nicht umzustellen: In der Opel-Kantine sitzen vor allem Männer – ganz wie in der Physikvorlesung.

Geforscht wird wenig

Lothar Seybold empfand den Wechsel von der Grundlagenforschung in die „Königin der Branchen" (Opel-Sprecherin) als „Kulturschock". Noch vor drei Jahren hatte er am Deutschen Elektronensynchrotron in Hamburg über CP-Verletzung nachgedacht und Siliziummodule im Teilchendetektor Hera-B temperaturstabilisiert. Aber feste Stellen in der Wissenschaft waren rar, und so bewarb sich Seybold auf eine Opel-

Stellenausschreibung im Internet. Der Autokonzern suchte einen Physiker für die Kältetechnik – „ich habe gedacht: Opel ist groß, da gibt's viele Möglichkeiten aufzusteigen". Inzwischen ist er mit Begeisterung dabei. Selbst seinem Interesse an der Theorie kann er noch nachgehen, zumindest solange es dem Produkt dient. Um den Kältekreislauf der Klimaanlage zu simulieren, „füttert" der Ex-Teilchenphysiker Algebra-Programme sowie maßgeschneiderte Software aus dem Handel mit Grundgleichungen der Strömungsmechanik.

„Die 1D-Simulationen sind noch zu ungenau", sagt Seybold. Daher kann man auf Testfahrten und Prüfstände nicht verzichten. In der Werkstatt neben dem Klimakanal hat er ein Klimamodul aufbauen lassen, das von einer Kamera beäugt wird. Das schwarze Ungetüm mit seinen Schläuchen, Düsen und Drähten ähnelt einer Kunstinstallation. Ein Werkstudent testet hier nach Seybolds Anleitung ein neues Messverfahren: Die Infrarotkamera soll die Temperaturverteilung des Luftstroms sichtbar machen. „Für mich ist diese Kombination von Theorie und Praxis ideal," sagt Seybold über seine Arbeit bei Opel. Bald möchte er für einige Zeit ins Ausland gehen. In die Forschung von General Motors in Detroit, dem amerikanischen Mutterkonzern und größten Automobilhersteller der Welt.

Dass Opel einem amerikanischen Konzern gehört, ist nicht zu übersehen: In den Großraumbüros des Entwicklungszentrums steht in jeder Ecke eine *water fountain* und in einigen Zellen des Stellwandlabyrinths hängt eine amerikanische Flagge. Die Entwicklungsabteilung von Opel ist dennoch relativ eigenständig, und wer in einem amerikanischen Auto gesessen hat, weiß warum: Die Vorstellungen über Komfort und Qualität gehen auseinander. Schon bei der Innentemperatur scheiden sich die Geister. „Europäer mögen es ein bis zwei Grad wärmer", weiß Stengel.

Geforscht wird in Rüsselsheim wenig, allenfalls die so genannte Vorausentwicklung hat Forschungscharakter. In der Produktentwicklung von Opel sind Stengel und Seybold in die generalstabsmäßig geplanten Modellreihen eingebunden. Es sei die klare Aufgabe eines Einstellungsgesprächs, den Bewerbern dies zu vermitteln, meint Gruppeningenieur-Physiker Tobias Sünner. „In der Projektentwicklung bin ich nicht so frei zu sagen, was ich morgen und übermorgen tun will." Es gebe konkrete Ziele mit genauen zeitlichen Angaben.

Die Projektleiter müssen sich nicht nur mit den Geschäftsbereichen des eigenen Unternehmens abstimmen, zum Beispiel Motor, Chassis und Bremsen, sie koordinieren zudem die Zusammenarbeit mit der Zulieferindustrie. Bis auf Karosserie, Motorenentwicklung und -fertigung, das Kerngeschäft der Autobauer, wird praktisch alles ausgelagert. Nur 30 Prozent eines Autos werden von den Autokonzernen gefertigt – die so genannte Fertigungstiefe –, der Rest stammt aus den Fabriken der Zulieferer.

Zum Beispiel von Bosch. Das Stuttgarter Unternehmen ist einer der größten Hersteller von Kraftfahrzeugteilen weltweit. Und genau wie die Autoriesen hat die Bosch GmbH ihren Gründungsmythos: Robert Bosch erfand 1902 die „Zündkerze für Explosionskraftmaschinen", entwickelte Autolampen, Hupen und Ölpumpen. In der Vitrine der Besucherlobby, auf der Schillerhöhe über Stuttgart, stehen hundert Jahre Bosch-Zündkerzen in Reih und Glied als Symbol für schwäbischen Tüftlergeist. Forschung bei Bosch ist Chefsache, und der Zentralbereich Forschung und Vorausentwicklung residiert nur ein paar hundert Meter neben dem 70er-Jahre-Büroturm der Geschäftsführung. Um bei schlechtem Wetter trocken von der Pforte zur Geschäftsführung, von der Geschäftsführung zur Forschung, und von beiden Gebäuden zur Kantine zu gelangen, steht an jedem Eingang ein Ständer mit bunten Regenschirmen. Deren Migration zu untersuchen, wäre wohl auch eine Aufgabe für Physiker, aber für solche Spielereien hat der Abteilungsleiter „Physikalische Technologien", Christoph Treutler, natürlich keine Zeit.

Anwendungsnähe ist ein Einstellungskriterium

Treutlers 44-köpfige Abteilung entwirft magnetische Lenkradwinkel- und Drehzahlsensoren für das elektronische Stabilitäts-Programm ESP, das durch den Elchtest an der Mercedes A-Klasse mit einem Schlag berühmt wurde. Was trivial anmutet, kann eine verzwickte Aufgabe sein, denn der Ausfall eines Sensors könnte fatale Folgen haben. Als er in der Entwicklung einen „Serienhochlauf" vorbereitete, hat Treutler gelernt, „wie wichtig Qualität ist". Weniger als einen Fehler pro 100 000 Stück, „das kann man nicht mehr durch Stichproben prüfen, daher muss man viel Zeit in die vorausschauende Absicherung stecken." Für die Weiterentwicklung der Magnetsensoren stellte der promovierte Physiker einen Physiker ein: Henrik Siegle, 30, hat eine Promotion in Halbleiterphysik an der Technischen Universität Berlin hinter sich, ein Jahr Postdoc-Aufenthalt in Berkeley und fünfzehn Monate Trainee-Programm bei Bosch. Dass er von einem anwendungsnahen Lehrstuhl kam, war für Treutler ein Einstellungskriterium.

Siegle hat „Benzin im Blut", wie es die Autobauer formulieren: „Ich gebe zu: ich mag Autos", sagt er unverblümt, und dass Bosch sogar amerikanische Autozeitschriften wie „Road and Track" in der Bibliothek habe, das sei doch ein Pluspunkt. Für seine Arbeit hält er sich mit Applied Physics Letters und einigen Fachzeitschriften auf dem Laufenden. Siegle leitet eine Gruppe von elf Ingenieuren, Technikern und Naturwissenschaftlern – meist junge Leute, man duzt sich. Zurzeit arbeiten er und seine Kollegen daran, den vor rund zehn Jahren entdeckten Riesenmagnetowiderstand für die Mikrosensoren zu nutzen. Dazu befestigen sie kleine Magnete an Radachsen und Lenkstange. Die Magnetfeldänderung bei der Drehbewegung wird von einem Dünnschichtsensor erfasst und verursacht eine Widerstandsänderung im Sensor, die sich elektronisch auswerten lässt. Das Signal ist bei Sensoren mit Riesenmagnetowiderstand viel höher als bei herkömmlichen Materialien. Davon versprechen sich die Bosch-Forscher eine höhere Genauigkeit, einfachere Montage sowie geringere Fertigungskosten. Siegle erprobt nicht nur die Umstellung der konventionellen Technologie auf den Riesenmagnetowiderstand, er denkt auch über neue Einsatzmöglichkeiten nach, etwa für Winkelmessungen im Getriebe, am Stoßdämpfer und am Gaspedal. Er stellt die Prototypen aus seiner Gruppe in der Fertigung vor und diskutiert mit den Ingenieuren die Serientauglichkeit.

Dass ein Hochschulabsolvent schon nach fünfzehn Bosch-Monaten eine Gruppe leitet, ist nicht gerade üblich. Aber Siegles jetzige Stelle wurde überraschend frei, und als einer von 80 Bosch-Trainees war Siegle ohnehin als potenzielle Führungskraft vorgesehen. Außerdem hatte er im Rahmen des 15-monatigen Trainee-Programms schon drei Stationen in Forschung, Entwicklung und Fertigung hinter sich. Dabei ist er auch einigen Vorurteilen begegnet: „In der Forschung hält man die Fertigungsleute meist für zu konservativ, und die Fertigungsingenieure glauben umgekehrt, dass die Forscher Hirngespinste haben." Dieses Spannungsfeld müsse man aushalten, meint auch Abteilungsleiter Treutler. Hohes Qualitätsbewusstsein erfordere oft einen konservativen Ansatz, aber Innovationen bräuchten auch ganz neue Ideen. Letztlich funktioniere die Zusammenarbeit aber sehr gut. Schließlich muss die Forschung einen Teil ihrer Aufträge aus den Geschäftsbereichen einwerben. So wird gewährleistet, dass die Forscher nicht „abheben" und am Bedarf vorbei arbeiten.

Es gebe keine Grundlagenforschung nach dem Motto „wollen mal sehen, was die Welt im Innersten zusammenhält", sondern eine zielgerichtete Forschung, sagt Treutler. „Wir müssen intern zumindest eine Vision für ein potenzielles Produkt präsentieren." Dennoch schätzt er an den Physikern, dass sie „den Problemen auf den Grund gehen wollen". Wie alle Abteilungsleiter mit Physikabschluss legt Treutler jedoch Wert darauf, dass er keine Physiker aus Corpsgeist einstelle. Der richtige Mix aus Fachleuten unterschiedlichster Disziplinen sei wichtig, betont der 48-Jährige.

Von Bosch auf der Schillerhöhe zur DaimlerChrysler-Zentrale in Stuttgart fährt man zwanzig Minuten. Aber die Fahrt fällt aus. Die Presseabteilung von DaimlerChrysler möchte keinen Kontakt zu jungen Physikern vermitteln: „Die arbeiten in sensiblen Bereichen". Auch die Abteilungsleiter sähen das nicht gerne. Bei der Kooperation mit einer Universität führt diese Politik oft in die Zwickmühle. Während die Autokonzerne ihre Betriebsgeheimnisse wahren möchten,

Zur Forschung bei Bosch gehört auch die Herstellung eigener Mikrochips. Henrik Siegle (links) und Christoph Treutler begutachten einen Wafer.

sind die Hochschulen auf offenen Erfahrungsaustausch bedacht. Was den einen die Patentschrift, ist den anderen die Veröffentlichung in einer Fachzeitschrift.

Die Diplomanden und Doktoranden geraten dabei mitunter zwischen die Fronten. Bernd Block, 31, arbeitet seit sechs Jahren in der Forschung von Volkswagen und erinnert sich noch gut daran, dass zwei Physik-Fakultäten seinen Wunsch ablehnten, eine externe Diplomarbeit bei Volkswagen anzufertigen. Begründung: die wissenschaftliche Qualität der Arbeit sei nicht gewährleistet. „Da war ich schon enttäuscht", sagt Block rückblickend, „auf der einen Seite soll man flexibel sein, auf der anderen wird man ausgebremst." Stattdessen ging er als externer Diplomand an die Physikalisch-Technische Bundesanstalt in Braunschweig und meldete sich dann als Diplom-Physiker erneut bei VW. Volkswagen bot ihm eine Promotion über Spektrometrie am gläsernen Motor an, und diesmal fand sich auch ein Doktorvater.

Blocks Telefonnummer ist sechsstellig: die 9 für Volkswagen und fünf Ziffern als interne Anschlusskennung. Sie lässt die Dimension des Unternehmens erahnen: Volkswagen in Wolfsburg, das sind 55 000 Menschen auf acht Quadratkilometern Werksgelände. Allein in Forschung und Entwicklung, die auch Audi, Seat und Skoda bedient, arbeiten knapp 10 000 Angestellte und Facharbeiter, darunter etwa 3500 Akademiker, überwiegend Ingenieure. Physiker werden von der Personalabteilung nicht gesondert erfasst. Sie gehören zu den 250 „sonstigen Akademikern" in F&E.

Die Forschung und Entwicklung liegt auf dem Werksgelände, ist aber durch eine eigene „Wache", Schranken und Zäune vom übrigen Areal getrennt. Und wenn Besuch kommt, sind einige Modelle im Prototypenbau mit großen Planen vor neugierigen Blicken geschützt. Der gläserne Dieselmotor ist nicht ganz so geheim, schließlich gehört er seit Jahren zur Grundausrüstung jedes Herstellers. Der Motorblock steht in einem kleinen Maschinenraum und ist mit Spiegeln, Kameras und Stativstangen bestückt. Ein Plastikrohr ragt aus der Wand und führt einen Laserstrahl aus dem Nachbarraum an den Zylinder heran. Von einem „gläsernen Motor" kann man nur im übertragenen Sinne sprechen. Allein Teile des Kolbens und der Zylinderwand wurden durch Glas ersetzt, damit die Kameras einen Blick in das Innere des Brennraums werfen können.

Automobilunternehmen in Deutschland (2000)

	Umsatz in Mio. €	*Beschäftigte*
DaimlerChrysler	162384	416501
Volkswagen	85555	324402
BMW	35356	100319
Audi	19953	49396
Opel	17121	42700
Ford-Werke	13100	42087
Porsche	3648	9320

Keine Uni-Geborgenheit

In seiner Doktorarbeit untersuchte Block das Selbstleuchten der Flamme im Brennraum eines direkteinspritzenden Dieselmotors. Daraus berechnete er die Flammentemperatur und die Rußverteilung im Zylinder. Die Motorenbauer optimieren mit diesen Informationen die Kolbenform und die Position der Einspritzdüse (Hersteller: Bosch). Ihr Ziel ist es, in wenigen Millisekunden eine möglichst gleichmäßige Verteilung des Kraftstoffs zu erreichen.

„Ich hatte viele Freiheiten", sagt Bernd Block über seine Doktorandenzeit. Nur zweimal musste er bei einer mehrwöchigen „Messkampagne" helfen. Man sollte in der Lage sein, selbstständig zu arbeiten, denn die Betreuer stecken selbst im Tagesgeschäft. „Die Geborgenheit einer Uni-Arbeitsgruppe fehlt hier." Dafür fällt der Einstieg in die Industrie umso leichter: „Ich hatte keinen Praxisschock," sagt Block, „das war *smooth*." Im Alltag halfen ihm Grundkenntnisse aus Optik und Laserphysik, und „ansonsten ist man als VW-Physiker in einer Daueringenieursausbildung."

Zu seiner öffentlichen Doktorprüfung kam auch der Abteilungsleiter der Messtechnik, Bernd Stoffregen. Beim anschließenden Stehempfang gratulierte dieser auf seine Art: mit einem Stellenangebot. „Ein Physiker, der bei uns Karriere macht, arbeitet nicht mehr als Physiker; er muss sich mental halbwegs zum Ingenieur weiterentwickeln", sagt Stoffregen. Er kennt die Defizite nur zu gut: „Die Physiker verstehen im Allgemeinen wenig von Mechanik, sie können keine Zeichnung lesen und am Computer keine erstellen, und sie kennen keine Werkstoffe." Stoffregen ist 48 Jahre alt und seit 21 Jahren bei Volkswagen. Auch er hat einmal in Physik promoviert.

Ein potenzieller Nachfolger für Blocks ehemalige Doktorandenstelle hat sich noch nicht gemeldet. Die Abteilung verzichtet auf eine Ausschreibung, denn nur wer Eigeninitiative ergreift, so die Überlegung, sei ein geeigneter Kandidat. Außerdem wolle man den Universitäten keine offene Konkurrenz machen. Immerhin verdient ein VW-Doktorand 1840 Euro im Monat. Wer sich jedoch erst nach der Promotion bei Volkswagen meldet, hat kaum eine Chance. Neue Stellen gibt es selten und die Fluktuation in der Forschung und Entwicklung ist verschwindend gering. Das liegt auch daran, dass es außer Volkswagen nicht viel gibt in Wolfsburg und Umgebung. Wer der Branche treu bleiben will, muss umziehen: nach Süddeutschland.

Eine norddeutsche Eigenheit ist auch die Arbeitszeit: Bei Volkswagen gilt offiziell die 30-Stunden-Woche. In der Regel wird sie jedoch in Forschung und Entwicklung nicht eingehalten. Die durchschnittliche Arbeitszeit liegt deutlich darüber, und mit den bezahlten Überstunden können promovierte Physiker ihr Gehalt gehörig aufstocken.

Bernd Block hat einen 16 Monate alten Sohn, das zweite Kind kommt im Februar. Könnte er sich mit dem Gedanken anfreunden, für immer bei VW zu bleiben? „Das habe ich schon", antwortet er sofort. „Absolut kein erschreckender Gedanke, bis zur Rente hier zu arbeiten." Im Gegenteil: welchen Vorteil sollte es haben, dauernd hin und herzuwechseln? „Jeder Mensch lebt mit einem Rest an Sicherheitsbedürfnis." Und Sicherheit wird in der Autobranche bekanntlich ganz groß geschrieben.

„Warten und Glück haben"

Interview mit Harald Koch, Personalkoordinator Forschung und Entwicklung bei Volkswagen

Muss man ein Autofan sein, um bei Volkswagen zu arbeiten?
Wenn jemand „Benzin im Blut" hat, wie wir sagen, ist das schon von Vorteil. Denn davon gibt es hier eine Menge. Jemand, der grundsätzlich eine kritische Einstellung zum Auto hat, ist bei uns sicherlich fehl am Platz.

Für welche Aufgaben stellt Volkswagen Physiker ein?
Es gibt im Wesentlichen drei Bereiche, in denen Physiker bei uns arbeiten: Messtechnik, Berechnung, Simulationen. In der Berechnungsabteilung geht es darum, bestimmte Kenngrößen zu berechnen, von der Karosseriesteifigkeit über die Aerodynamik bis hin zur Abgasnachbehandlung. Im Simulationsbereich setzen wir immer mehr auf virtuelle Systeme. Wir wollen Crash-Tests und Fahrdynamik so weit es geht am Computer simulieren.

Wie viele Physiker arbeiten in Forschung und Entwicklung?
Vor 30 Jahren waren 10 Prozent der F&E-Angestellten Physiker. Zum Beispiel bestand die gesamte Akustikabteilung – 10 bis 12 Mitarbeiter – aus Physikern. Aber ihr Anteil nimmt ab. Heute haben wir 5500 Angestellte in F&E, und der Anteil der Physiker ist kleiner als 5 %. In der Akustik arbeiten nun vor allem Fahrzeugtechniker mit der entsprechenden Spezialisierung.

Sind die Physiker so schlecht geworden oder die Ingenieure so gut?
Der Ingenieur war früher Konstrukteur oder Versuchsingenieur. Heute gehört viel mehr zum Ingenieursstudium, zum Beispiel Berechnung, Modellierung und physikalische Grundlagen. Absolventen mit diesem Hintergrund sind für uns attraktiver, wenn es um die konkrete Fahrzeugentwicklung geht.

Sind die Physiker nur Lückenbüßer für fehlende Ingenieure?
Nein, das auf keinen Fall. Gerade im Simulationsbereich sind Physiker gefragt.

Suchen Sie vor allem solche, die spezielle Vorkenntnisse haben?
Das ist sicherlich hilfreich, muss aber nicht sein. Was zählt sind Persönlichkeit und Flexibilität. Wir haben inzwischen Entwicklungszyklen von drei Jahren für ein neues Modell. Damit einher gehen neue Materialien, neue Fertigungsmethoden, neue Organisationsformen. Da ist eine gewisse Lebendigkeit gefragt.

Wie kommt man an eine Stelle bei VW?
Wir schreiben nur wenige Stellen gezielt aus. Es gibt viele Absolventen, die sich auf eigene Initiative bewerben, und auf diese können wir zurückgreifen. Viele finden über ein Praktikum, eine Diplom- oder Doktorarbeit zu uns. Außerdem gehen wir zu den einschlägigen Absolventenmessen, zum Beispiel in Braunschweig, Aachen, Hannover, Köln und Berlin.

Haben Sie zurzeit genügend Spontanbewerbungen von Physikern?
Ja. Aber wir machen uns natürlich Gedanken über die rückläufigen Studentenzahlen. Die einzelnen Bereiche haben inzwischen die Möglichkeit, über das Internet Stellen auszuschreiben. Auch Diplom- und Promotionsstellen.

Wie viele Promotionsstellen bieten Sie an?
Wir haben 80 Promotionsstellen mit dreijähriger Laufzeit, 70 von diesen sind mit Ingenieuren besetzt. Ob wir in ein bis zwei Jahren – wegen des Rückgangs der Studentenzahlen – noch alle Stellen besetzen können, muss abgewartet werden.

Wie hoch ist das Einstiegsgehalt?
Für promovierte Physiker knapp 4000 Euro im Monat, bei einer 30-Stunden-Woche. Durch bezahlte Überstunden kann sich das Entgelt jedoch deutlich steigern. Diplomphysiker steigen bei rund 3200 Euro ein, wie die Ingenieure. Diplomanden bekommen bei uns 400 bis 500 Euro, Doktoranden 1840 Euro.

Wie kann man bei VW Karriere machen?
Wir haben pro Jahr 35 Trainees für alle Werke. Sie durchlaufen ein 15-monatiges Programm. Anschließend arbeitet man zwei Jahre in einem Bereich und geht dann in ein dreitägiges „Assessment-Center“. Direkteinsteiger müssen mindestens drei Jahre dabei sein, bevor sie für das Assessment-Center vorgeschlagen werden können. Wer das positiv besteht, kommt in ein fünfjähriges Programm mit Job-Rotation und Weiterbildung. Anschließend muss man warten – und Glück haben. Zur rechten Zeit an der rechten Stelle sein. Dann gehört man als „Experte“, Gruppenleiter, Unterabteilungsleiter oder Abteilungsleiter zum Management.

T-Physik fürs Ferngespräch

Die Telekommunikationsbranche bietet Physikern vielfältige Aufgaben – sie konkurrieren aber mit Nachrichtentechnikern

Vier Jahre in einem „Kammerl" sitzen und irgendein „Futzelthema" bearbeiten – davon hatte Martin Eckl nach dem Abschluss seiner Promotion 1998 genug. Künftig wollte er etwas ganz anderes machen. Rückblickend nennt er daher seine Entscheidung, in den technischen Vertrieb zu gehen, optimal: „Auf der einen Seite habe ich mit Leuten zu tun, gehe nach außen zu Kunden und stelle Produkte vor, auf der anderen Seite habe ich aber auch noch einen engen Kontakt zur Technik, weil ich das Detailwissen nur bekommen kann, wenn ich eng mit den Entwicklern zusammenarbeite". Seine Kunden sind Telekommunikationsunternehmen in der ganzen Welt, zum Beispiel Netzbetreiber oder Internet-Provider, die von seinem Arbeitgeber, der Siemens AG, die Netzinfrastruktur für Daten- oder Sprachübertragung kaufen. Martin Eckl, 35, ist Produktmanager beim Technischen Vertrieb von Siemens ICN in München, dem Bereich Information and Communication Networks.

Angesichts des Booms der vergangenen Jahre bei Mobiltelefonen – bereits jeder zweite Deutsche besitzt ein Handy – und des spektakulären Ergebnisses bei der UMTS-Versteigerung im Jahr 2000 liegt es nahe, beim Stichwort Telekommunikation zuerst an die Mobiltelefonie zu denken. Nur, das tollste Handy nützt nichts ohne ein Festnetz, über das die Gespräche zwischen den Funkstationen übertragen werden. Der Boom des Internets trägt ein Weiteres dazu bei, dass die Nachfrage nach Übertragungskapazität exponentiell wächst. Sieht man von den Kupferleitungen für die letzten paar Kilometer bis zum Hausanschluss ab, kommen heute als Übertragungsmedium ausschließlich Glasfasern zum Einsatz, über die optische Signale im infraroten Spektralbereich um 1550 nm übertragen werden. Diese Technologie ist auch die Domäne der Physiker. Beispielsweise wird die Reichweite der Signale auf einer Glasfaser durch nichtlineare Effekte begrenzt, „da geht es um *basic effects* wie stimulierte Raman- oder Brillouin-Streuung oder um Vierwellenmischung", erklärt Eckl. „Für jemanden wie mich, der an der Uni mit Lasern zu tun hatte, ist

Vierwellenmischung eine anschauliche Sache".

Allein durch das Verlegen von neuen Glasfasern könnte man der Nachfrage nicht gerecht werden – von den Kosten dafür ganz zu schweigen. Daher geht die Entwicklung dahin, die Übertragungskapazität einer einzigen Glasfaser immer weiter zu steigern. So werden mehrere ISDN-Anschlüsse mit einer Datenrate von jeweils 64 kbit/s durch das so genannte Zeitmultiplexen (*Time Division Multiplexing*)

Im Labor des Siemens-Bereichs Information and Communication Networks entwickeln Andreas Färbert und seine Kollegen Telekommunikationsanlagen mit immer höheren Übertragungsraten. Die für das Dense Wavelength Division Multiplexing notwendigen optischen Komponenten wie Laser und Multiplexer füllen einige Schränke.

zusammengeführt auf zuerst 2 Mbit/s und dann weiter in der so genannten synchronen digitalen Hierarchie (SDH) über Datenraten von 155 Mbit/s oder 622 Mbit/s bis schließlich zu 10 Gbit/s, was der Übertragung von über 100 000 Telefongesprächen auf einer Faser entspricht. Aber auch damit sind die Entwickler noch nicht am Ende ihres Lateins: Mit der Wellenlängen-Multiplextechnik (*Dense Wavelength Division Multiplexing*) hat in den letzten Jahren ein Verfahren Einzug gehalten, das auch die Rate von 10 Gbit/s noch vervielfacht. Hierzu werden in eine Glasfaser gleichzeitig verschiedene „Farben" eingespeist, infrarote Signale, deren Wellenlängen sich um weniger als 1 nm unterscheiden, die aber alle getrennt übertragen werden und somit jeweils 10 Gbit/s liefern. Auf diese Weise sind im Labor schon Kapazitäten von mehreren Tbit/s erreicht worden – wohlgemerkt auf einer einzigen Glasfaser.

Kurz vor der Beendigung seiner Promotion an der Universität Regensburg erhielt Eckl einen Anruf von einem Bekannten, der bereits bei Siemens war und ihm mitteilte, dass jemand für den technischen Vertrieb im Bereich „Optical Networks" gesucht würde. „Dies hat sich sukzessive zur Einstellung weiterentwickelt". Am Freitag, den 13. März 1998, – an dieses Datum erinnert er sich genau – hatte er seine Promotionsprüfung; am Montag darauf fing er in München an, am Standort Hofmannstraße, der so groß ist, dass es eine eigene S-Bahn-Haltestelle „Siemenswerke" gibt. Der technische Vertrieb ist das Bindeglied zwischen dem Vertrieb auf der einen Seite und der Entwicklung/Produktplanung auf der anderen Seite. Martin Eckl unterstützt die Vertriebskollegen, indem er Fragen der Kunden nach technischen Spezifikationen beantwortet oder neue Produkte in einer der vielen Landesgesellschaften den internationalen Kunden direkt vorstellt. Sein Arbeitsalltag ist stark fremdbestimmt, „du kommst in der Früh rein, und der Tag ist anders als gedacht". Da kann es schon mal heißen: „Was machst Du eigentlich morgen Nachmittag? Wir brauchen jemanden für eine Präsentation in Helsinki". Zu seiner Aufgabe gehört es auch, die Wünsche der Kunden in die Entwicklungsprozesse einfließen zu lassen.

Basic effects gehören zum täglichen Brot

Einer von den Entwicklungsingenieuren, mit denen Martin Eckl häufig zu tun hat, ist Andreas Färbert. Er ist in der Vorfeldentwicklung tätig und damit so nah an der Grundlagenforschung, wie man es bei Siemens ICN nur sein kann. In der Vorfeldentwicklung wird „zwar zielgerichtet zu einem Produkt hin geforscht, aber eben noch geforscht und keine Produktentwicklung gemacht", sagt Färbert. Die physikalischen Effekte, die die Übertragung auf einer Faser limitieren, sind sein tägliches Brot. Ziel des Projektes, das er seit Januar leitet, ist es, aus diesen Effekten Regeln für das Design optischer Netze abzuleiten und die Frage zu beantworten, wie man ein System bauen muss, bei dem die optischen Signale möglichst lang unterwegs sind, ohne dass sie in elektrische Signale umgewandelt werden müssen. Die Teamarbeit ähnelt der an der Uni: „Der eine simuliert, der andere misst, man schreibt Veröffentlichungen, hält Vorträge auf Konferenzen". Nur die Ausstattung mit Geräten ist deutlich besser: „Früher an der Uni, da musste man um jeden Lock-In-Verstärker betteln."

Bei den Simulationen geht es zum Beispiel darum, die nichtlineare Schrödinger-Gleichung zu lösen, die die Pulsübertragung durch eine Faser beschreibt. Der Forschungsalltag wird sehr stark selbst geplant. „Allerdings", schränkt Färbert ein, „gewisse *timelines* oder *milestones*, wie es auf Neudeutsch heißt, muss man natürlich im Hinterkopf behalten. Die Reihenfolge der Aufgaben muss darauf abgestimmt sein, was in der Produktentwicklung gerade brennt".

Studiert hat der 36-jährige Färbert in Kaiserslautern, weil dort das Nebenfach Informatik angeboten wurde. Eigentlich wollte er nach dem Diplom „raus in die Industrie, weg von der Uni", aber dann begegnete er während einer Sommerschule einem Professor, der als Diplomphysiker in der Industrie gearbeitet hatte und wieder zurück an die Uni ging, weil „es ohne Doktor irgendwann nicht weiter geht".

„Er hat uns die Promotion ans Herz gelegt, und wir – eine Clique von drei Physikern – haben uns dann geschlossen für die Promotion entschieden." Im Frühjahr 1996 schloss Färbert die Promotion bei Wolfgang Demtröder mit einem Thema aus der Molekülspektroskopie ab, „da war der Arbeitsmarkt ganz unten, selbst Beziehungen haben nicht geholfen". Ein halbes Jahr lang hat er gesucht und alles mögliche versucht, um in seinem vermeintlich zukunftssicheren Arbeitsgebiet der Optik und Laserphysik zu bleiben. Schließlich erhielt er ein Angebot im Bereich Halbleiter bei Siemens. Eineinhalb Jahre hat er sich dann mit Fragen des Schaltungsdesigns, mit Simulationen und mathematischen Modellen für integrierte Schaltkreise beschäftigt. Eine interessante Aufgabe, „nur ein Weiterkommen war nicht zu sehen". So nutzte er die inzwischen entspannte Joblage aus und wechselte intern auf die Stelle bei ICN, wo er sich zwei Jahre zuvor vergeblich beworben hatte. Die Optikgruppe wurde damals gerade ausgebaut, von den 40 Mitarbeitern in der Abteilung sind rund die Hälfte Physiker, viele davon kommen aus der Kurzzeitspektroskopie.

Da Siemens selbst keine Komponenten wie Glasfasern, Halbleiterlaser, Filter oder Gitter herstellt, arbeitet die Optikgruppe eng mit den Forschungsabteilungen der Komponentenhersteller zusammen und testet Prototypen auf Herz und Nieren. Im Rahmen von Entwicklungsprojekten wie dem vom Bundesministerium für Bildung und Forschung geförderten Schwerpunkt KomNet kooperiert die Gruppe mit dem Heinrich-Hertz-Institut in Berlin und zahlreichen Firmen wie Alcatel, Lucent Technologies oder der Innovationsgesellschaft der Deutschen Telekom T-Nova, um die Internet-Technologie von morgen zu entwickeln.

Im Gegensatz zu Siemens stellt zum Beispiel Alcatel auch Komponenten her. Manfred Michel ist am Standort Stuttgart Entwicklungsingenieur im Bereich „Passive optische Komponenten". Das Firmengelände macht einen sehr weitläufigen Eindruck, die flachen, unter Denkmalschutz stehenden Backsteingebäude würden auch auf einen Unicampus passen. Michel beschäftigt sich mit Gitterwellenleitern, den Komponenten, die man benötigt, um die verschiedenen „Farben" beim Wellenlängen-Multiplexen am Ende der Glasfaser wieder zu trennen. Nach dem Einstieg vor drei Jahren stand zunächst die Messtechnik im Vordergrund. Heute liegt sein Schwerpunkt bei der Prozesstechnologie, speziell der Mikrostrukturierung von Silika-Strukturen auf Silizium durch Lithographie und Trockenätzen, und dem Transfer dieser Technologie aus der Entwicklung in die Pilotlinie und bis hin zur Großfertigung.

Boom bei optischen Bauelementen

Studiert und promoviert hat Michel an der Uni Würzburg, unterbrochen von einem einjährigen Aufenthalt an der State University of New York in Stony Brook. Am Lehrstuhl für Technische Physik bei Alfred Forchel wurde damals ein neues Mikrostrukturlabor aufgebaut, und er nutzte die Möglichkeit, technologisches Arbeiten kennenzulernen. Bei seiner Arbeit ging es darum, Mikrostrukturen wie Quantenpunkte, -drähte oder auch -ringe herzustellen und diese durch optische Untersuchungen zu charakterisieren. Die anschließende Bewerbungsphase dauerte ganze drei Wochen: „Ich habe mich nur bei zwei Firmen beworben, und als ich hierher zum Vorstellungsgespräch kam, hat mich das ganze Umfeld begeistert." Das war im Oktober 1997. Michels Vorgesetzter Armin Baumgärtner, ebenfalls Physiker und 25 Jahre bei Alcatel, ergänzt: „Damals begann der Boom bei passiven optischen Bauelementen".

Die Telekombranche erschien Michel damals besonders reizvoll, weil sie sich so dynamisch entwickelt und weil er einen Großteil der während der Promotion erworbenen Kenntnisse weiter verwenden kann. Zudem macht ihm das technologische Arbeiten „unglaublich viel Spaß". Den Wechsel von der Uni zum Unternehmen empfand er als nicht sehr einschneidend, schließlich gab es auch zuvor am Lehrstuhl viele zielgerichtete Drittmittelprojekte mit engen zeitlichen Limits. Die Anforderungen an die Technologie, an die Prozesse sind im Unternehmen allerdings noch höher als an der Uni. Zwar waren die Strukturen, die er während der Promotion hergestellt hat, viel kleiner als die mikrometergroßen Strukturen, mit denen er sich heute beschäftigt. Die relativen Fehler aber, die bei den Wellenleitern toleriert werden, sind extrem klein, da nur Abweichungen im Nanometerbereich zulässig sind.

Interdisziplinäre Teams

Das Team in der Abteilung ist bunt gemischt. Neben einem hohen Anteil an Physikern, rund die Hälfte, gehören dazu Materialwissenschaftler, Chemiker, Nachrichtentechniker. Die *Research Unit* von Armin Baumgärtner umfasst ca. 25 Mitarbeiter. Daneben sind weitere ca. 20 Mitarbeiter bei den hybriden Systemen beschäftigt, die sowohl passive als auch aktive Komponenten wie Laser oder Verstärker enthalten. Weitere 25 bei den optischen Systemen, einer Abteilung, die vergleichbar mit derjenigen von Andreas Färbert bei Siemens ist. Die Physiker zu finden, die er einstellen möchte, ist für Baumgärtner nicht sehr schwer. „Wir finden sie vorwiegend über Ausschreibungen im Internet und durch Mund-zu-Mund-Werbung von Mitarbeitern an ihren ehemaligen Instituten". Nachrichtentechniker zu finden sei da schon schwieriger. Baumgärtner schätzt an Physikern, dass sie „ihre Fähigkeit der Abstraktion im planerischen Bereich mit der Umsetzung verbinden können."

Im Forschungszentrum von Alcatel SEL hat auch die Industriekarriere von Jürgen Weber begonnen. Nach sechs Jahren Forschung und Entwicklung rief ihn eines Tages der Personalvorstand an und bat ihn vorbeizukommen. „Sie können sich vorstellen, da ist mir schier der Hörer aus der Hand gefallen, und ich bin erst mal nach Hause gefahren und habe mich umgezogen." Ob er nicht Lust hätte, etwas ganz anderes zu tun, und zwar als Assistent des Vorstandsvorsitzenden zu arbeiten, wurde er dann gefragt. In den zwei Jahren zuvor hatte er aus „rein persönlichem Interesse" an einem internen Schulungsprogramm teilgenommen und sich Kenntnisse über Marketing und BWL angeeignet. „Um den Job als Vorstandsassistent kann man sich nicht bewerben, man wird ausgesucht", sagt er rückblickend, „das hat viel mit Vertrauen und Chemie zu tun". Den Wechsel beschreibt er als großen Einschnitt, „auf einmal ging es nur um Zahlen, Bilanzen, Reden, Vorstandsprotokolle, das war eine ganz andere Welt". Wichtig sei die Bereitschaft, „die Technik hinter sich zu lassen", aber „das ist schon heftig, das einzige Fundament, auf dem man sich wirklich auskennt, wird einem komplett entrissen."

Heute ist Weber einer der Geschäftsführer der Alcatel Cable Access GmbH, einer 100-prozentigen Tochtergesellschaft von Alcatel. Auch bei dieser Aufgabe – „die konnte ich mir nach eineinhalb Jahren als Vorstandsassistent aussuchen" – hat er mit der Technik unmittelbar nichts mehr zu tun. In seinem Büro hängt ein Foto einer Anlage für die Molekularstrahlepitaxie, mit der er sich gegen Ende seiner wissenschaftlichen Laufbahn an der Uni Stuttgart bei Manfred Pilkuhn beschäftigt hat. Manchmal beschleicht ihn Wehmut, wenn er auf das Foto schaut, aber er widersteht der Versuchung, auch heute noch selbst im Labor Hand anzulegen. „Meine Aufgabe als Vorgesetzter ist eine andere, und meine Mitarbeiter kennen sich mit der Technik ohnehin viel besser aus." Die Technik, um die sich nun für ihn alles dreht, ist die Hybrid-Fiber-Coax-Technologie der Kabelfernsehnetze: Glasfasern bis kurz vor die Haustür und Koaxial-Leitungen für die letzten Meter bis zum Hausanschluss. Ursprünglich als Einbahnstraße nur für die Verteilung von Fernsehsignalen ausgelegt, soll das Netz nun mit einem Rückkanal ausgestattet werden, sodass es sich für Video-on-Demand, Telefonie, Internet, aber auch den Datenaustausch z. B. zwischen Ärzten und Krankenhäusern einsetzen lässt. Durch den Verkauf des Kabelnetzes an große Investoren „hat diese Technologie Schwung bekommen, und wir erwarten Investitionen von vielen Milliarden, um das Netz rückkanalfähig zu machen."

Im Netzwerkmanagementcenter von Arcor werden alle Telekommunikationsdienstleistungen rund um die Uhr überwacht.

Kontakte knüpfen über Ferienjobs

Als Weber bei Alcatel angefangen hat, hatte er „relativ wenig Ahnung davon, wie so ein Industrieablauf vor sich geht." Generell fehle dem Physiker der „ganze kommerzielle Background, da muss er bereit sein zu lernen". Ferienjobs in der Industrie wären eine gute Gelegenheit, erste Kontakte zu knüpfen, aber er erhält kaum Bewerbungen dafür. Das große Plus der Physiker sieht er in der „Verarbeitungskultur von Problemen". Der Physiker sei es gewohnt, mit Unwägbarkeiten umzugehen. „Das war schon in der Diplom- und Doktorarbeit so. Tagtäglich steht man vor einem Problemberg und weiß erstmal nicht, in welche Richtung es weitergeht." Von den 75 Mitarbeitern, für die er verantwortlich ist, sind etwas über zehn Physiker. „Physiker setze ich vor allem ein, wenn es darum geht, verschiedene Aspekte zu beleuchten und den Blick fürs Ganze zu haben." Die Telekombranche hat den Physikern seiner Überzeugung nach einen gewaltigen Schub gebracht, „in der Branche wird das Profil des Physikers immer stärker gefordert. Sie müssen sich aber darüber im Klaren sein, dass sie meistens auch im Wettbewerb mit Nachrichtentechnikern stehen."

Ein Blick in den online-Stellenmarkt der Telekommunikationsunternehmen untermauert diese Aussage eindrucksvoll. Bei den Herstellern von Komponenten und Systemen, wie Siemens oder Alcatel SEL, sucht man vergeblich nach Anzeigen, in denen ausschließlich Physikerinnen und Physiker gesucht werden. Fast immer steht bei dem geforderten Studienabschluss an erster Stelle Elektrotechnik/Nachrichtentechnik. Dies gilt in gleicher Weise für die Netzbetreiber wie Deutsche Telekom oder Arcor, die für Physiker aber auch interessante Aufgaben bereit halten.

Mit der Signalübertragung auf Glasfasern hat Thomas Kühne, 29, bei Arcor allerdings nichts zu tun. Er entwickelt virtuelle Privatnetze, so genannte VPNs, die es Geschäftskunden ermöglichen, zwischen ihren verschiedenen Standorten sicher zu kommunizieren, das heißt geschützt vor Zugriffen aus dem öffentlichen Internet. Als Kühne vor eineinhalb Jahren bei Arcor angefangen hat, bestand seine Hauptaufgabe zunächst darin, diese VPNs so zu erweitern, dass auch internationale Standorte eines Kunden mit einbezogen werden können. Es ging darum, die nötigen Produkte zu definieren und die Netze so vorzubereiten, dass „unser IP-Netz mit einem Frame-Relay-Netz reden kann". „Frame Relay ist eine andere Transporttechnologie", erklärt er, „die nicht auf Routern basiert, sondern auf Switches, ähnlich wie ATM." Was sich hinter all diesen Begriffen verbirgt, hat Kühne im Studium nicht gelernt. Vom Studium kann er vor allem die Arbeitsmethode und den gesunden Menschenverstand gebrauchen, den „man dort antrainiert bekommt". Ein Nachrichtentechniker kenne sich zwar viel besser mit den technischen Details aus, als Physiker habe er aber den Vorteil, dass er sich „ein bisschen davon zurückziehen kann, was auf der untersten Bitebene passiert und das ganze mal von oben betrachten kann." Seine grundlegende Begeisterung für Informationstechnologie und Telekommunikation

Telekommunikationsunternehmen

Bei den Unternehmen der Telekommunikationsbranche muss man unterscheiden zwischen den Netzbetreibern einerseits und andererseits den Unternehmen, die die Infrastruktur und die dafür benötigten Komponenten herstellen. Zu den großen Netzbetreibern gehören die *Deutsche Telekom AG* (www.telekom.de) mit ihrer Mobilfunktocher *T-Mobile* (www.t-mobile.de), *Arcor AG* (www.arcor.de), *D2-Vodafone* (www.d2-vodafone.de), *debitel* (www.debitel.de), *E-Plus* (www.eplus.de) und die *Mobilcom AG* (www.mobilcom.de). Bei den Technologieunternehmen sind unter anderem zu nennen *ADVA AG Optical Networking*, Berlin (www.advaoptical.de), *Acterna GmbH*, Eningen (www.acterna.de), *Alcatel SEL*, Stuttgart (www.alcatel.de), *Infineon Technologies AG, Fiber Optics*, Berlin (www.infineon.com), *Lucent Technologies Network Systems GmbH*, Nürnberg (www.lucent.de), *Philips Business Communications GmbH*, Eschborn (www.pbc.philips.de), *Siemens AG*, Unternehmensbereiche ICN und ICM, München (www.siemens.de) sowie *T-Systems Nova Innovationsgesellschaft GmbH*, Darmstadt (www.t-systems.de). Informationen zu Unternehmen und Forschungsinstituten findet man auch auf den Seiten der vom BMBF geförderten „Deutschen Plattform zum Test optischer Netztechniken und Komponenten" KomNet (www.hhi.de/komnet/).

hat er bereits ins Studium mitgebracht. Bei Jugend Forscht hatte er sich mit einem Programm zur Berechnung elektronischer Landkarten beteiligt, später zu Hause mit einem „kleinen LAN-Rechnernetz herum experimentiert" und am Max-Planck-Institut für Biophysikalische Chemie in Göttingen „die Rechner so ein bisschen gemanagt".

Dass Kühne dann nach der Promotion zuerst ins Produktmanagement zu Olympus nach Hamburg gegangen ist, hängt mit seinem zweiten Standbein zusammen, der Optik. Während der Diplom- und der Doktorarbeit beschäftigte er sich mit der Ultrakurzzeitspektroskopie von Molekülen. Damals, 1998, „ist der Arbeitsmarkt gerade besser geworden. Kollegen von mir, die ein, zwei Jahre früher fertig geworden sind, haben schon arg gesucht", erinnert er sich. Er wollte nun „ein bisschen mehr Gefühl für Marktgesetze bekommen", aber schon nach einem Jahr fehlte ihm der engere Bezug zur Technik und zur Entwicklung. So entschied er sich zu einem Wechsel in die Telekombranche. Nach wie vor beschäftigt er sich mit der internationalen Erweiterung der Firmennetze, speziell mit der Möglichkeit, sich aus dem Ausland per Laptop und Modem in das Firmennetz einzuwählen. Im Labor werden die Netze im kleinen nachgebaut. „Da stehen halt keine Laser wie früher, sondern Router, aber von der Methodik her ist das der Arbeit am Institut sehr ähnlich."

Kühnes Kollege Michael Balzhäuser arbeitet bei Arcor in der Sprachnetzentwicklung und beschäftigt sich mit Kapazitätsberechnungen sowie der Dimensionierung und Optimierung des Sprachnetzes. Wie andere Telekommunikationsunternehmen auch, hat Arcor ein eigenes Fernnetz, ist aber für den Anschluss zum Kunden auf das Ortsnetz der Deutschen Telekom angewiesen. Die Regulierungsbehörde für Telekommunikation und Post schreibt die Anzahl der geografisch verteilten möglichen Übergänge zum Netz der Deutschen Telekom vor. „Es gibt in Deutschland 293 mögliche Übergänge", erklärt Balzhäuser, „und wir stehen vor der Aufgabe, die Anzahl der genutzten Übergänge zu optimieren. Je mehr Übergänge wir nutzen, desto höher sind auf der einen Seite die Kosten für den Aufbau des Netzes, desto geringer aber auf der anderen Seite die *interconnection* Kosten, die wir an die Telekom abführen müssen." Täglich erhält Balzhäuser eine Vielzahl von Daten auf den Tisch, beispielsweise wie viele Minuten an einem der Übergänge in welche Richtung telefoniert wurden oder wie viele Call-by-Call-Minuten von Frankfurt nach Hamburg anfielen. Mit Methoden aus der Statistik und der Datenanalyse, die „sehr ähnlich sind zu denjenigen, die ich während Diplom- und Doktorarbeit zur Auswertung von Messspektren eingesetzt habe", schließt Balzhäuser von den heutigen Verkehrsflüssen auf künftige Flüsse und ermöglicht damit den notwendigen Vorlauf für den Ausbau des Netzes. Hinzu kommen Vorgaben des Marketings, die die zukünftige Entwicklung der Arcor-Produkte wie Call-by-Call, Preselection oder Internet-by-Call prognostizieren.

Erfahrene Softwareanwender sind gefragt

Promoviert hat der 32-jährige Balzhäuser am Forschungszentrum Jülich und dabei Halbleiterdetektoren für die Neutronendosimetrie prozessiert. Als er Mitte 1998 fertig war, bewarb er sich „in Richtung Halbleiterei, zum anderen hat sich aber auch Telekommunikation angeboten, weil die Zeitungen voll waren mit Stellenanzeigen". Der Physiker, der ihn eingestellt hat, hat ihn noch „gewarnt", dass eine Tätigkeit in der Telekommunikation ein weitestgehender Abschied von physikalischen Themen sei. Aber das hatte Balzhäuser auch so erwartet: „Ich war froh und dankbar, auch mal wieder etwas anderes zu sehen, ohne Groll auf die Physik sah ich das als Bereicherung an." Physiker werden in seinem Umfeld „sehr stark eingestellt, weil sie auf der Softwareseite relativ erfahrene Anwender sind". Heute verbringt er den Tag meistens am Schreibtisch vor dem Rechner und genießt die flachen Hierarchien in einem Unternehmen, dessen Zentrale in Eschborn seit 1998 auf das Doppelte gewachsen ist. Die Struktur sei daher sehr ähnlich der einer Arbeitsgruppe an der Uni: „Sehr viele junge Leute, ein guter Mix aus Berufsanfänger und erfahrenen Experten."

Die Prognosen sagen eine Fortsetzung des Booms in der Telekommunikation voraus. Der Trend gehe zur Integration von Sprach- und Datennetzen, im Jargon Voice-over-IP oder Voice-over-ATM genannt, erklärt Balzhäuser. Heute hat ein Betreiber in der Regel physikalisch getrennte IP-, ATM- und Sprachnetze. Um zum Beispiel den Sprachverkehr auf einem IP-Netz zu übertragen, müsste er priorisiert werden, denn das „Päckchen-Verschicken" der Internetdienste ist für die Telefonie nicht geeignet. Physikerinnen und Physiker werden zweifellos ihren Beitrag dazu leisten, dass auch dieses Problem gelöst wird. Und neue Rekorde für die Übertragungsrate über eine Glasfaser werden auch nicht auf sich warten lassen.

„Im Vordergrund stehen die konkreten Kenntnisse, die ein Bewerber mitbringt"

Interview mit Stefan Pianski, Personalberater bei Siemens, Information and Communication Networks

Für welche Aufgaben suchen Sie Physiker?
In aller Regel für die Hardware-Entwicklung. Das sind zum Beispiel bei der optischen Übertragungstechnik Aufgaben in der Vorfeldentwicklung, in der Baugruppenentwicklung oder im Systemtest. Wir haben aber auch schon Physiker im technischen Vertrieb eingestellt.

Wie viele Physiker sind in den Unternehmensbereichen Information und Kommunikation beschäftigt?
Da wir die Mitarbeiter nicht nach der Ausbildung klassifizieren, sondern nach den Einsatzbereichen, kann ich Ihnen da keine genaue Zahl nennen. Ich schätze aber, dass ca. 5 % aller rund 80 000 Mitarbeiter in den Bereichen *Information and Communication Networks* sowie *Information and Communication Mobile* Physiker sind.

Wie viele Physiker würden Sie gerne pro Jahr einstellen?
Diese Frage kann ich nicht beantworten. Im Vordergrund stehen für uns die konkreten Kenntnisse und Erfahrungen, die ein Bewerber für eine bestimmte Aufgabe mitbringt. Daher ist es zweitrangig, ob ein Bewerber von der Ausbildung her Physiker oder Elektrotechniker ist.

Welche Stärken und Schwächen haben Physiker verglichen mit Nachrichtentechnikern?
Stärke und Schwäche zugleich ist die eher grundlagenorientierte Ausbildung der Physiker. Wenn die Physiker beispielsweise in der Vorfeldentwicklung zu stark vertreten sind, dann ist diese Ausbildung eine Schwäche, weil dann das Produkt in den Hintergrund tritt. Umgekehrt ist es, wenn wir zuwenig Physiker in den Teams haben. Daher versuchen wir, eine gesunde Mischung aus eher grundlagenorientierten Physikern und den klassischen Ingenieuren zu erreichen.

Welcher Stellenwert hat die Promotion?
Der Titel allein hat keine Bedeutung und wird auch nicht bezahlt. Wir bewerten und honorieren die Erfahrungen und das Know-how, die jemand während der Promotion gesammelt hat, beispielsweise bei Projekten oder Industriekooperation, oder ob jemand Budgetverantwortung hatte.

Was bietet Siemens einem Physikabsolventen?
Eine ganze Menge. Das Einstiegsgehalt liegt in der Regel in der Größenordnung von 40 000 Euro, bei einer 35-Stunden-Woche. Dazu

kommen umfangreiche zusätzliche Leistungen wie Firmenpension, Vorzugspreis zum Erwerb von Siemens-Aktien. Was das Thema Personalentwicklung angeht, bieten wir alle Möglichkeiten eines großen internationalen Konzerns. Das fängt bei Trainings und Weiterbildungen im Bereich Technik und Software an und geht bis hin zur Qualifizierung für Führungsaufgaben. Wir unterstützen auch Aufbaustudiengänge, wo das im Interesse des Unternehmens und im Sinne der eigenen Weiterentwicklung liegt. Als Mitarbeiter muss man sich fragen „Wo stehe ich heute und wo möchte ich mich hinentwickeln?". Dann stehen einem hier viele Möglichkeiten offen.

Bits statt Baryonen

In der IT-Branche sind Physikerinnen und Physiker gern gesehen – wer mehr als Programmieren will, muss teamfähig sein

An die Wand ihres Büros hat Britta Lifka ein Szenenfoto aus „Raumschiff Enterprise“ geheftet. Es zeigt den glatzköpfigen Captain Picard mit seiner Crew. Darunter steht das abgewandelte Motto der Science-Fiction-Serie: Wage Dich dahin, wo keine Frau zuvor gewesen ist. Die Collage ist nur ein Abschiedsgeschenk von ehemaligen Kollegen. Aber die Dialoge in Lifkas Büro klingen tatsächlich wie Botschaften von einem anderen Stern:

„Ich denke wir haben ein Konsistenzproblem. Dieser Track hat in verschiedenen Releases verschieden viele File-changes.“

„Ist das unten schon bekannt?“

„Nein!“

„Das müssen wir kontrollieren.“

Britta Lifka, 30, arbeitet als Managerin in dem Softwareunternehmen LHS Sema Telecoms. Ihr Universum, das sind Assemblies und Quellcodes, relationale Datenbanken und Unix-Plattformen, und ihr Heimatplanet, das ist die Physik. Vor fünf Jahren absolvierte sie ihre Physik-Diplomprüfungen an der Universität Mainz. Jobs für Physiker gab es nur wenige. „Es sah ziemlich mau aus“, erinnert sich Lifka. Nach mehrwöchiger Suche erhielt sie ein Angebot von LHS.

Dann kamen Internet und Handy, und alles wurde anders. Aus EDV wurde IT, aus Softwareprogrammen „Lösungen“, und überall klebt ein „e“ für *electronic* oder „m“ für *mobile*. Der Arbeitsmarkt steht Kopf: Die CeBIT veranstaltete im Jahr 2001 eine Jobbörse, auf der mehr als hundert IT-Unternehmen um Absolventen buhlten. Die 20 000 Unternehmen, die in Deutschland Software entwickeln oder anpassen, suchen händeringend nach Spezialisten, drei Viertel der Firmen stellen Akademiker ein. Das Fraunhofer-Institut für Systemtechnik und Innovationsforschung ermittelte einen Bedarf von 28 000 Softwareentwicklern zur sofortigen Einstellung und 55 000 zur Einstellung in den nächsten Monaten, „konservativ geschätzt“. Ein Jahr später klingen die Prognosen etwas zurückhaltender. Einige Firmen sind pleite gegangen, und die ersten Entlassungen machten

Schlagzeilen. Doch noch immer fehlen hochqualifizierte Mitarbeiter, und von dem Mangel profitieren nicht nur Informatiker: Jedes fünfte IT-Unternehmen mit Akademikern beschäftigt auch Physiker.

Wer die Angebote von LHS studiert, kommt allerdings schnell ins Schleudern. Da wird etwa ein *Architect for Software Engineering* gesucht, ein *Project Manager Software Engineering* oder einfach ein *Software Engineer*. „In der ganzen Branche werden äußerst viele Titel generiert", sagt Britta Lifka. Auf ihrer Visitenkarte steht schlicht „Mana-

Das Softwarehaus SAP beschäftigt mehr als 10 000 Mitarbeiter, darunter 10–15 % Physikerinnen und Physiker. Mit ihm suchen zahlreiche IT-Unternehmen weiterhin nach Fachkräften. Ein paar sind allerdings auch Pleite gegangen.

ger". Auch hinter dieser Bezeichnung kann sich in der einen Firma eine Führungskraft verbergen, in der anderen ein Programmierer. Die Job-Beschreibung sollte man sich genau ansehen oder einfach der Personalabteilung seine Interessen mitteilen, rät Lifka.

LHS Sema Telecoms verkauft unter anderem eine Software, mit der Telefongesellschaften und Netzbetreiber wie Vodafone, e-Plus oder T-Mobil die Gesprächsdaten verarbeiten, Kundenprofile verwalten und Telefonrechnungen erstellen. Ob man eine SMS-Nachricht über das Handy verschickt, eine WAP-Seite aufruft oder einfach nur telefoniert, LHS ist häufig mit von der Partie. Als Britta Lifka vor fünf Jahren ins Unternehmen kam, hatte LHS 160 Mitarbeiter. „Ich war kein wirklicher Computerfreak", sagt sie. Im Physikstudium hatte Lifka Pascal programmiert, für einen Professor ein Physikbuch in LATEX gesetzt. Auf die Stelle bei LHS bewarb sie sich eher spontan, „ich wollte auf jeden Fall etwas Angewandtes machen." Die Firma suchte einen Mitarbeiter für die Dokumentation der Online-Hilfen – „für alles was man sieht, wenn man F1 drückt".

Heute residiert das Unternehmen in der Otto-Hahn-Straße in Dreieich bei Frankfurt auf vier Etagen eines Büroblocks, gegenüber der Lise-Meitner-Straße und neben der Einsteinstraße. Britta Lifka, die in ihrer Freizeit Motorrad fährt und E-Bass in einer Band spielt, leitet nach einer Zwischenstation im Customer-Support seit zwei Monaten die 16-köpfige Gruppe für Assembly und Datenbanken. Das

Team stellt Updates der Software zusammen und organisiert die Auslieferung. Wenn die Kollegen von der Kundenbetreuung eine neue Version für einen Kunden anfordern, besorgt sich die Assembly-Gruppe die einzelnen Programm-Komponenten von den Entwicklungsabteilungen, kompiliert den Quellcode und testet das Programm. „Das ist knifflig", sagt Lifka, schließlich müsse die Software auf vier verschiedenen Unix-Plattformen – HP, Sun, Compaq und IBM – laufen.

Ihren Alltag verbringt die Managerin mit Email-Schreiben, Telefonieren und in Meetings. Sie trifft sich mit Kollegen vom Customer Support, wo die Fehlermeldungen eingehen, und diskutiert mit den Entwicklern, welche Aufgaben Priorität haben. Die tägliche Arbeit des Teams wird von Teamleitern koordiniert, die ihr unterstellt sind. Daher braucht Lifka nicht alle Details der Datenbank-Programmiersprache SQL zu kennen. Aber sie kann mitreden; die Grundlagen lernte sie in einer Schulung. Zur Vorbereitung auf den Manager-Posten besuchte sie Kurse in Personalführung, Projektmanagement und Präsentation.

Solche Karrieren sind unter Physikern in der IT-Branche keine Ausnahme. Sie leiten Projekte und übernehmen Managementaufgaben, ohne jemals längere Zeit am Quellcode programmiert zu haben. Die einschlägigen Begriffe sollten sie freilich kennen, von relationalen Datenbanken über objektorientierte Programmierung bis zu Sprachen wie XML und Java. Viel wichtiger sind aber die *soft skills*: Ergebnisse präsentieren, im Team arbeiten, mit Vorgesetzten zurechtkommen und Kunden beraten. Die Promotion kann dafür hilfreich sein. Wer gemeinsam mit anderen ein Experiment zusammengeschraubt hat, bringt gute Voraussetzungen mit. Aber es gibt auch die Eigenbrötler. „Den Physikern sagt man nicht gerade kommunikative Fähigkeiten nach", meint Lifka. Im Bewerbungsgespräch versuche sie herauszufinden, ob jemand eher ein Bastler oder ein Koordinator sei. Die Koordinatoren sind im Support und Projektmanagement gut aufgehoben, die Bastler finden ihre Erfüllung in der Entwicklung, wo das Programmieren im Vordergrund steht.

Christoph Jünger, 35, kann beides. Er ist ein Bastler mit Koordinationstalent, der außerdem kommunizieren kann. Seine sympathische Physiker-Ruhe passt eigentlich gar nicht zum Image der hektischen Branche. Jüngers Arbeitgeber, die Brokat AG, wird am Neuen Markt gehandelt. Aber er schaut längst nicht mehr jeden Tag auf den Kurs. Der Preis der Brokat-Aktie hatte sich nach der Emission Ende 1998 vorübergehend verzehnfacht und lag Anfang 2001 wieder in der Nähe des Ausgabepreises. Die Mitarbeiter von Brokat bekommen jedes Jahr einige Optionsscheine. „Ich sehe das als langfristige Geldanlage," sagt Jünger wie so viele, die man in diesen Tagen nach ihrem Depot fragt. Brokat entwickelt unter anderem Software für Internet-

Banking und Bezahlen per Handy sowie Anwendungen für Bankgeschäfte und den Aktienhandel. Das Unternehmen wurde 1994 von fünf Hochschulabsolventen, darunter ein Physiker, gegründet. Anfang 2001 machte die AG einen Jahresumsatz von 100 Millionen Euro, beschäftigte 1400 Mitarbeiter weltweit und kaufte selber fleißig Firmen auf. Auf der CeBIT leistete sich Brokat einen eigenen Pavillon, gleich neben Siemens.

Christoph Jünger hat in Karlsruhe über theoretische Hochenergiephysik promoviert. Kein Zuckerschlecken war das, „einmal habe ich vier Wochen nach einem Vorzeichenfehler gesucht." Mit einem Kollegen wartete er die Unix-Rechner und stellte auch die erste Website des Instituts ins Netz. So fand er den Zugang zur IT-Branche. Nach drei Jahren „Quarks&Co" wollte Jünger in die Praxis: „Ich bin doch eher ein technikbegeisterter Physiker." Brokat entdeckte er im Netz, das junge Unternehmen suchte einen Kundenberater für Online-Banking-Software.

Keine WG-Atmospäre mehr

„In meiner Anfangszeit gab es Bier und Pizza, wenn die Mitarbeiter nach 20 Uhr noch im Büro waren", erinnert sich Jünger. Das war vor vier Jahren. Inzwischen gilt zwar noch keine tariflich geregelte 38-Stunden-Woche, aber die Arbeit wird längst nicht mehr als Wohngemeinschaft zelebriert. „Wir haben die Startup-Wehen überwunden", sagt die Leiterin der Personalabteilung, Marion Dedora. Wenn jemand 50 Überstunden angesammelt hat, bekommt er schon mal auf dem kurzen Dienstweg einen freien Tag. „Unsere Leute genießen die Freiheit, den Vormittag mal im Fitnessstudio zu verbringen und dann halt abends länger zu bleiben."

Christoph Jünger arbeitet mal 40, kurz vor Entwicklungsschluss auch mal 50 oder 60 Stunden. Aber an den Wochenenden verbringt er viel Zeit mit seiner Frau, fährt Rennrad über die schwäbische Alb oder hängt am Gleitschirm in den Alpen. Seit Brokat zwei Unternehmen an der amerikanischen Westküste aufgekauft hat, sitzt er nicht selten nach 18 Uhr in Videokonferenzen, um mit den amerikanischen Kollegen die Entwicklung abzustimmen. Jünger leitet inzwischen das 5-köpfige Programm-Management-Team, das die Entwicklung des Herzstücks der Brokat-Software koordiniert. Dabei handelt es sich um eine Software-Plattform – den *application server* –, die als Infrastruktur für alle darauf aufsetzenden Anwendungen fungiert. Internet, SMS, Call Center und WAP sind über den application server mit Datenbanken, Servern und anderen „Back-Office-Systemen" verknüpft. Kauft ein Kleinanleger zum Beispiel Aktien über sein Handy, muss die personalisierte Website seiner Direktbank entsprechend aktualisiert werden. Wenn er am nächsten Tag im Call Center anruft, sollten die Kundenberater über den Vorgang Bescheid wissen. Per SMS wird er über die Kursentwicklung auf dem Laufenden gehalten.

Die Programm-Manager bei Brokat vermitteln zwischen den Entwicklern der Kernsoftware, den Anwendungsprogrammierern und den Produktmanagern, die die Wünsche der Kunden im Blick haben. „Ich bin dafür verantwortlich, dass das Produkt zum festgelegten Zeitpunkt in einer vernünftigen Qualität an der Rampe steht", sagt Jünger. Nach anderthalb Jahren in der Kundenberatung wechselte er in die Entwicklung. Das Fachwissen lernte er von Kollegen, aus Büchern und über das Internet; für Fortbildungen blieb keine Zeit. Physiker sind hier als Generalisten gefragt, die sich schnell einarbeiten und eine komplexe Aufgabe strukturiert angehen können. Das Wissen in der Softwarebranche veraltet zu schnell, um es in einem 5-jährigen Spezialstudium lernen zu können. Da hilft es schon eher, den Verstand an Quantenchromodynamik zu schärfen und die Frustrationsschwelle mit Vorzeichensuche heraufzusetzen.

Da vorn' is 'ne Physik-Absolventin mit C++ - Kenntnissen!!!

„Eine der größten Herausforderungen", sagt Jünger, „ist die massive Skalierbarkeit," das Anpassen der Software für große Nutzergruppen. Die Standard-Lösungen aus dem Internet-Banking lassen sich nicht ohne weiteres auf Mobilfunkanwendungen übertragen. Kaum eine Bank hat 20 Millionen Kunden wie T-Mobil oder Vodafone. Diese Kunden wollen parallel und quasi in Echtzeit bedient werden. Wer mit dem Handy im Supermarkt bezahlt, möchte nicht fünf Minuten auf die Authentifizierung warten. „Service like Air", Information und Dienstleistung wie die Luft zum Atmen, so lautet die Vision. Sie mag die Designer des neuen Brokat-Logos inspiriert haben, das wie eine Pusteblume aussieht. Der m-Commerce über das Handy soll den nächsten großen Wachstumsschub bringen. Das Handy ist sicherer als das Internet, und über die Telefonrechnung kann man Leistungen bequem in Rechnung stellen. „Mit *mobile payment* haben wir ein sehr heißes Eisen im Feuer", sagt Brokat-Sprecher Rainer Hill. Im Jahr 2003 wird im Mittel jeder Deutsche ein Mobiltelefon besitzen, schätzt der Interessenverband der IT-Branche, BITKOM. Dagegen wird „nur" jeder zweite das Internet nutzen.

Da muss Pioniergefühl aufkommen, wenn man die Schnittstellen der neuen Welt gestaltet. Aber Jünger ist kein Typ, der übermäßig ins Schwärmen gerät. „Hier ist viel Dynamik drin," sagt er, aber ansonsten betrachtet er die Sache ganz pragmatisch: Die Arbeit ist spannend, mit den Kollegen versteht er sich gut, und das Gehalt stimmt auch. Wieviel Geld man bei Brokat verdient, ist von der Personalabteilung nicht zu erfahren. „Ich glaube, Brokat zahlt marktgerechte Gehälter," sagt Marion Dedora, die für das Jahr 2001 260 neue Mitarbeiter sucht.

Zusatzleistungen sollen den Brokat-Mitarbeitern – Durchschnittsalter 31 Jahre – das Leben versüßen, darunter Nackenmassage am Arbeitsplatz, Abholdienst für schmutzige Wäsche, Verpflegungsgutscheine, Aktienoptionen und Zuschüsse für das Fitnessstudio, das direkt gegenüber liegt. Das Bürohaus ist topmodern, und in den Konferenzräumen hängt Acryl auf Leinwand von Stuttgarter Malern zum Verkauf, mit Titeln wie „Phantastische Welt" und Preisen über 4000 Mark. Nur ein firmeneigener Kindergarten fehlt noch. Dafür zeigt Brokat auf der Job-Website schon mal Babyfotos von Mitarbeiter-Nachwuchs.

Nachtrag: Ein paar Monate nach den Interviews bei Brokat ist der einstige Shooting Star pleite. Am 23. November 2001 meldete Brokat Insolvenz an. Die Firma habe sich beim Kauf der amerikanischen Unternehmen übernommen, liest man in der Zeitung. Anruf bei Christoph Jünger – niemand geht ans Telefon. Anruf bei der Vermittlung. „Herr Jünger ist nicht mehr bei uns, hier ist kaum noch jemand." Brokat wurde in Einzelteile zerlegt und an andere Softwarehäuser verkauft. Die meisten Mitarbeiter haben sich zuvor nach einem neuen Job umgesehen.

Von derartig nichtlinearer Unternehmensdynamik bleibt man beim größten Softwarehaus Europas, SAP, verschont. Das Unternehmen wird als „Physikersenke" apostrophiert, 10 bis 15 Prozent der Belegschaft haben Physik studiert. Wer in seinen Bannkreis gerät, bleibt hängen. Die jährliche Personalfluktuation liegt bei 4 Prozent. In Deutschland beschäftigt SAP 10 500 Mitarbeiter, davon 9000 in Walldorf und St. Leon-Rot, einige Kilometer außerhalb von Heidelberg. Zwischen 1997 und 2001 wurde die Belegschaft verdoppelt. Von der Kantine blickt man auf Kräne und Bulldozer, die auf den Äckern der Rheinebene Platz schaffen für mehr Glas, Stahl, Rechenpower und – Physiker.

Kaffee trinken heißt bei SAP: Ideen austauschen

Für Heidelberger Physikstudenten, die nach dem Abschluss in der Stadt bleiben möchten, gehört SAP zu den ersten Adressen. „Man hört halt nur Gutes und weiß ungefähr, wie die Atmosphäre ist", sagt Uta Horstmann, die in Heidelberg vor drei Jahren in theoretischer

Tieftemperaturphysik promoviert hat. Sie entwickelt bei SAP eine neue Finanzsoftware und passt diese für Telekommunikationsunternehmen an. Die dafür notwendige Programmiersprache ABAP hat sie in der dreimonatigen Schulung für SAP-Einsteiger erworben, ebenso Grundkenntnisse in Betriebswirtschaft und Buchhaltung.

Den Begriff „Programmierknecht" hört die 30-jährige Physikerin gar nicht gerne: „Das sagen die, die SAP nicht kennen". Der Arbeitsalltag sei „Teamwork pur", und mit dem eigentlichen Kodieren verbringe sie weniger als die Hälfte der Zeit. Die Mitarbeiter des 15-köpfigen Teams stellen in Zusammenarbeit mit „Pilotkunden" die Spezifikationen der Software auf und erarbeiten in mehreren Wochen ein Design. Dann beginnt das Programmieren. Uta Horstmann sitzt mit zwei Kollegen in einem Büro über der Vorstandsetage. Sie kümmert sich unter anderem darum, dass eine Telekommunikations-Firma mehrere Dienste eines Kunden, etwa Festnetz- und Mobiltelefonie sowie Online-Surfen, über eine einzige Rechnung abwickeln kann. Klingt trivial, ist es aber nicht. Wiederum steht Skalierbarkeit an oberster Stelle. Die Software muss Millionen von Kunden verwalten können und außerdem fit sein fürs Internet.

Das meiste Know-how ist bei SAP vorhanden und unbürokratisch zu bekommen. Wenn Uta Horstmann etwas über die Funktionsbausteine zur Stornierung wissen möchte, trifft sie sich kurzerhand mit einer Kollegin in der Kaffeeecke und diskutiert die Details. Kaffee trinken heißt bei SAP: Ideen austauschen. Auf den Etagen durchquert man offene Bereiche mit Topfpalmen und Bistrotischen. Viele Tische sind besetzt, es herrscht eine Atmosphäre wie im Studentencafé. Die heißen Getränke sind kostenlos, um das Spülen der Tassen kümmert sich Küchenpersonal.

Benefits und Bonbons sind bei den größeren IT-Unternehmen gang und gäbe. Mitarbeiter von SAP äußern sich über die kleinen Aufmerksamkeiten und die Unternehmenskultur mitunter zufriedener als über ihre Bezahlung. Jeder Angestellte bekommt diverse Versicherungen geboten, kann nach drei Jahren einen Dienstwagen zu günstigen Leasingkonditionen bestellen und darf mittags kostenlos in der Kantine speisen. Die Küche ist vorzüglich, viele Neulinge nehmen ein paar Kilo zu, heißt es.

Einziger Nachteil für manche: Mit Physik hat die Arbeit bei SAP herzlich wenig zu tun. Das gilt auch für LHS, Brokat und die meisten anderen IT-Unternehmen. Uta Horstmann findet das manchmal etwas schade. „Für mich war Physik schon in der Schule interessant, und ich konnte mir eine Karriere in der Wissenschaft vorstellen." Sie schrieb ihre Diplomarbeit in theoretischer Teilchenphysik, weil sie das Standardmodell verstehen wollte, absolvierte ein Praktikum bei Hitachi in Japan und fuhr auf dem Forschungsschiff „Polarstern" zur Antarktis. Sie wollte sich aber nicht zu sehr spezialisieren und entschied sich gegen das Habilitieren. Bei SAP langweilt sich Horstmann bis jetzt noch nicht. Aber sie könnte sich auch vorstellen, einmal etwas ganz anderes zu machen. Vielleicht sogar ein Unternehmen zu gründen? „Wenn ich eine gute Geschäftsidee hätte, würde ich das sofort machen."

So denkt eine Minderheit unter den Physikern. Meinungsforscher des Berliner Trendence-Instituts fanden heraus, dass die meisten Physikabsolventen lieber in einem etablierten Unternehmen arbeiten würden. Nur jeder vierte kann sich für ein Startup erwärmen, bei den Informatikern ist es jeder dritte. Die Zahl der Physiker, die nicht nur in einem Startup arbeiten wollen, sondern sogar eines gründen, dürfte noch viel niedriger sein. Einer von ihnen ist Ulrich Bass, 36, der sein Unternehmen nicht wie Bill Gates in einer Garage gestartet, sondern gleich die ganze obere Etage eines Autohauses in Neu-Isenburg bei Frankfurt angemietet hat. Anfangs bestand die Firma aus drei Personen, zwei davon bilden den Vorstand. Bass zeichnet als Vorstandsvorsitzender und kümmert sich um Finanzen, Personal, interne Strukturen, Controlling und Qualitätsmanagement. „Das ist natürlich noch zu viel," sagt er, „wir suchen Leute ohne Ende."

Sein Partner ist Experte für Netzwerksicherheit, ihre Firma nennen sie Securenetworking. Die Geschäftsidee: Securenetworking installiert Firewalls in Unternehmen und überwacht diese rund um die Uhr über das Internet. „Vor vier Jahren hatten zehn Prozent der amerikanischen Unternehmen eine Firewall," sagt Bass, „heute sind es 85 Prozent." Deutschland stehe noch ganz am Anfang. Oft werden Firewalls einmal installiert und dann kaum gewartet, schon gar nicht rund im die Uhr. Bei Securenetworking sollen sieben Angestellte im Schichtdienst je 50 Firewalls überwachen, um bei Hackerangriffen sofort reagieren zu können. Viel Zeit ist außerdem für Recherche eingeplant. Die Mitarbeiter sollen über die neuesten Techniken der Hackerszene Bescheid wissen.

Ulrich Bass, der einen Ohrring trägt und Selbstgedrehte raucht, ist vielleicht ein typischer Existenzgründer, auf jeden Fall war er ein untypischer Physikstudent. Nach dem Realschulabschluss, Note 3,6, machte er eine Lehre als Werkzeugmacher, Schwerpunkt: Reliefdruck von Faltschachteln. Dann entschloss er sich, das Abitur nachzuholen, und absolvierte ein dreijähriges Fernabitur in Baden-Württemberg, abends und am Wochenende. Die Abschlussprüfungen in elf Fächern waren „härter als die Physik-Diplomprüfungen". Eine Teilnehmerin erlitt einen Nervenzusammenbruch, 84 von 100 hatten vorzeitig aufgegeben. Bass bestand als Zweitbester, mit 2,6. Physik studieren wollte er „wegen der intellektuellen Herausforderung". Vorlesungen besuchte er selten, meist lernte er aus Büchern oder in der Lerngruppe. Um schneller zum Ziel zu kommen, ging Bass in die USA. Nach acht Semestern hatte er den Master of Science in der

Tasche. Wurde der Titel in Deutschland anerkannt? Bass macht eine abwehrende Handbewegung: „Die Deutschen sind zu zettelfixiert."

Der Schritt in die Selbstständigkeit kostete Überwindung. „Man sieht sich ja schnell unter der Brücke oder im sozialen Aus, das hat mich am Anfang gestresst." Bass wollte Schulungen in C++, Windows NT und Word anbieten. Die EDV interessierte ihn, weil man sich schnell einarbeiten und das Gelernte auch anwenden konnte. Didaktische Fähigkeiten brachte er aus dem Internat mit, in dem er während des Studiums Nachhilfe gegeben hatte. Er druckte Visitenkarten und bastelte eine Website – vor sieben Jahren noch keine Selbstverständlichkeit. „Meine ersten Kunden habe ich durch Zufall getroffen, wirklich in Kneipen," erinnert er sich. Aber das erste Jahr war zäh. Der Gewinn vor Steuern lag bei 30 000 Mark. Dann buchte ihn die Stadt Reutlingen für Schulungen ihrer Mitarbeiter, später fragten die Rechenzentren in Baden-Württemberg an, die Aufträge nahmen zu. Bass begann zu koordinieren und ließ andere für sich arbeiten, auf Honorarbasis. Wie man das abrechnet und versteuert, hatte er sich bei Bekannten abgeguckt.

Mit dem Fachkräftemangel in der IT-Branche wurde es immer schwieriger, die Mitarbeiter länger als ein paar Monate zu halten. Nach sechs Jahren verkaufte Bass die Kundenkontakte und den Namen „Dienstleistung im Prozess". Die Existenzangst hatte er längst

Die Top 10 der Standard-Software-Unternehmen in Deutschland (2000)

	Umsatz in Mio. €	davon im Inland	Mitarbeiterzahl
SAP AG, Walldorf	6268	1316	24178
Microsoft GmbH, Unterschleißheim*)	1117	1117	1200
Oracle Deutschland GmbH, München	511	511	1900
Software AG, Darmstadt*)	417	110	2846
SER Systeme AG, Neustadt/Wied	186	61	1234
DePfa IT Services AG, Mainz	150	139	924
CA Computer Associates GmbH, Darmstadt	134	134	700
Nemetschek AG, München	129	95	1151
Intershop Communications AG, Jena*)	123	41	1218
Brokat AG, Stuttgart+)	120	42	1013

Eine ausführliche Liste der 25 führenden Softwarehäuser steht im Internet unter www.luenendonk.de/html/marktanalysen-listen.html. Die TOP 500 IT-Unternehmen in Deutschland sind unter www.germantop500.de abrufbar.

*) Daten teilweise geschätzt
+) Brokat hat am 23. November 2001 Insolvenz angemeldet

Aufnahmekriterium für diese Liste: Mehr als 60 Prozent des Umsatzes werden mit Standard-Software-Produktion, -Vertrieb und -Wartung erwirtschaftet.

überwunden: „Ich wusste soviel über Rechner und Netzwerke, dass ich überall unterkommen konnte." Außerdem hatte der passionierte Mountainbiker gelernt zu trennen: „Sich einen Tag pro Woche wirklich frei zu nehmen, sonst ist man schnell ausgebrannt." Mit Securenetworking gründet Bass nun seine zweite Existenz. Dass junge Internetfirmen reihenweise in Konkurs gehen, ficht ihn nicht an. Er hat einen Physikabschluss und vor allem Lebenserfahrung. „Ich habe mein Studium mit dem Gedanken angefangen, dass mir nach dem Abschluss die Welt zu Füßen liegt", sagt Bass, „das war natürlich naiv, aber heute ist es ein bisschen so."

Ob Startup oder Big Player, IT-Unternehmen nehmen Physiker und Physikerinnen mit Kusshand. Das ist schön für die Bewerber, muss aber nicht so bleiben. Der Verein Deutscher Ingenieure beginnt schon vorsichtig gegenzusteuern: Eine Auswertung der Stellenanzeigen zeige, dass der Bedarf an Informatikern nicht mehr so schnell zunimmt wie in den vergangenen Jahren und die Zahl der Studienanfänger in Informatik überproportional steigt. Zwischen 1995 und 2001 haben sich die Studienanfängerzahlen in Informatik fast verdreifacht.

Manche Unternehmen werden weniger Physiker einstellen, wenn es genug Informatiker gibt. „Physiker sind Ersatzinformatiker", sagt unverblümt der Personalmanager eines Software- und Beratungshauses auf der CeBIT, „wenn sie die bessere zweite Wahl sind, ist es gut, wenn sie ‚nur' zweite Wahl sind, haben sie ein Problem." Meist ist es eine Frage der Unternehmenstradition, ob Physiker in einem Unternehmen Fuß fassen, siehe SAP. Die Erfahrung zeigt: Physiker stellen Physiker ein.

Das bestätigt sich vielleicht am deutlichsten beim Softwarehaus „science + computing", das 1989 in Tübingen von sieben Astrophysikern gegründet wurde. Das Unternehmen erstellt Softwarelösungen für Crash-Tests und Fahrtwind-Simulationen. BMW, Audi und DaimlerChrysler stehen auf der Kundenliste. Heute arbeiten 130 Mitarbeiter in der Firma – die Hälfte hat Physik studiert. Den Tübingern ist die Symbiose von Physik und IT gelungen: Gerade wurde in Zusammenarbeit mit der Physikfakultät ein kleines Observatorium auf dem Dach des neuen Firmengebäudes in Betrieb genommen.

„Keine Programmierknechte"

Interview mit Jochen Keller, Leiter Personalmarketing bei der SAP AG in Walldorf.

Jedem IT-Unternehmen fehlt Personal. Warum sollten die begehrten Fachleute gerade bei SAP arbeiten?

Die größten Firmen der Welt greifen auf eine Software zurück, die von der SAP in Walldorf „gestrickt" wird. Das sind Unternehmen, die im Wettbewerb bestehen müssen und hohe Anforderungen haben. Dies alles in eine Software zu integrieren ist ein hochinteressanter

Job, sei es auf technologischer oder auf betriebswirtschaftlicher Seite. Abgesehen vom fachlichen Reiz hat die SAP trotz ihrer Größe eine sehr gute Unternehmenskultur – sicher leistungsorientiert, aber mit vielen Freiräumen. Wer hier mal reingeschnuppert hat, ist schnell begeistert.

Außer man arbeitet als Programmierknecht.

Leider entsteht draußen oft der Eindruck, dass Software-Entwicklung mit Programmieren gleichzusetzen sei. Richtig ist: Das Programmieren ist Handwerkszeug, aber wer bei uns anfängt, wird erst einmal sehr vielseitig ausgebildet. Die meisten neuen Mitarbeiter nehmen in den ersten vier Monaten an einer intensiven Schulung teil. Natürlich muss man auch programmieren und die Entwicklungstools kennenlernen. Wenn man sich aber als Entwickler etabliert hat, nach zwei bis drei Jahren, dann wird man seine Programmiertätigkeit nach und nach verringern. Unser Ziel ist es, dass jeder auch an der Spezifikation, der Konzeption und dem Test der Software mitarbeitet. Von „Knechten" kann man in keiner Weise sprechen.

Für welche Aufgaben stellen Sie Physiker ein?

Vorzugsweise für die Softwareentwicklung und den Support, wo ein strukturiertes Vorgehen notwendig ist. Dort suchen wir Mitarbeiter mit Programmiererfahrung – die bringen Physiker, Mathematiker und auch manche Chemiker mit. Die meisten arbeiten in der Anwendungsentwicklung, zum Beispiel an Lösungen für den Einkauf oder das Controlling. Da kommen dann noch betriebswirtschaftliche Inhalte hinzu, die man aber in kürzester Zeit erlernen kann. Das technologische Fundament ist uns in vielen dieser Bereiche wichtiger als das betriebswirtschaftliche.

Werden Physiker zurzeit gerne genommen, weil es an Informatikern mangelt?

Bei der SAP war es schon immer Tradition, Physiker einzustellen, auch als wir ein kleines Unternehmen waren. Das hängt auch damit zusammen, dass die Vorstände teilweise aus der Physik kommen und dass wir mit Physikern gute Erfahrungen machen. Sie nähern sich der Betriebswirtschaft sehr pragmatisch.

Welche Zusatzqualifikationen sind nützlich?

Wenn ein Physiker im Studium auch BWL-Kurse besucht hat, wird er zu diesem Gebiet natürlich einen schnelleren Zugang haben. Wenn er sehr gut englisch kann, ist er für mehr Bereiche relevant als jemand mit rudimentären Sprachkenntnissen. Aber mit einem soliden Fundament an technologischem Wissen – das ist entscheidend – gibt es eine Reihe von Einstiegsmöglichkeiten.

Ist eine Promotion hilfreich?
Wir bewerten eine Promotion nicht per se höher. Es kommt immer darauf an, was man gemacht hat. Wer in der Promotion viel mit IT zu tun hatte, kann mehr zur SAP mitbringen, und das ist sicher von Vorteil.

Wie hoch ist das Einstiegsgehalt?
Das bewegt sich zwischen 38 000 und 46 000 Euro Bruttojahresgehalt. Darin finden sich eine Reihe moderner Gehaltsbestandteile und Zusatzleistungen wieder. Zum Beispiel wird man am Unternehmenserfolg beteiligt, was in den vergangenen Jahren einem dreizehnten Monatsgehalt entsprach. Es gibt Mitarbeiterbeteiligungsprogramme und ein sehr gutes Versorgungssystem.

Versuchen die Bewerber angesichts der mangelnden Fachkräfte zu pokern?
Nicht so direkt, aber es gibt sicherlich eine verschärfte Konkurrenzsituation. Es ist ja nicht nur die IT-Branche, die IT-Mitarbeiter sucht, sondern auch strategische Unternehmensberatungen. Banken und Versicherungen rekrutieren aus dem gleichen Stock.

Da gehen Ihre Maßstäbe bei der Bewerberauswahl etwas herunter?
Der Markt ist zwar eng, aber es ist *Policy* des Hauses, die Standards beizubehalten.

Sind 50-Stunden-Wochen bei SAP die Regel?
Die Regel sind fünf Tage, nicht Samstag und nicht Sonntag. Aber in diesen fünf Tagen kann es gut sein, dass man die vertraglich vereinbarten 40 Stunden auch mal übersteigt. Wir haben keine Zeiterfassung, und Überstunden werden nicht aufgeschrieben. Nach Absprache innerhalb des Teams kann man dann auch mal unbürokratisch einen Tag zu Hause bleiben.

Teamwork und flache Hierarchien sind ein Markenzeichen von SAP. Wie kann man da Karriere machen?
Wir geben unseren Mitarbeitern keine Perspektiven in Form von Karriereplanung. Natürlich gibt es bei uns Managementpositionen, und die werden in der Regel von internen Mitarbeitern besetzt. Aber man kann auch den Spezialistenweg gehen, ohne schlechter gestellt zu sein. Karrieren verlaufen auch horizontal. Man wechselt zum Beispiel in ein neues Projekt, ein spannendes neues Gebiet, oder man geht in die Beratung, wenn einem das Reisen nichts ausmacht.

Wanted: helle Köpfe

Laser- und Optikfirmen bieten Physikern ein breites Aufgabenspektrum

„Ich war ein Bastelphysiker", charakterisiert sich Oliver Sohr selbst, „an der Uni habe ich meine Apparatur selbst zusammengebaut, die Elektronik selbst gelötet und die Programme selbst geschrieben". Angesichts des häufig diffusen Berufsbildes der Physiker nennt er sich ein „seltenes Beispiel" dafür, dass das Physikstudium genau auf die spätere Tätigkeit in der Industrie hinführt. „Thematisch mache ich fast genau das weiter, was ich während der Promotion gemacht habe – für mich ein Idealverlauf". Von der Diplomarbeit in Kaiserslautern bis zu seiner heutigen Tätigkeit in der Forschung und Technologieentwicklung bei Schott Glas in Mainz ist der 35-jährige Oliver Sohr der Raman-Spektroskopie treu geblieben. Bereits seine Doktorarbeit an der Freien Universität Berlin wurde von Schott finanziert. Beim Herstellen der 8 m großen Spiegel für das Very Large Telescope in Chile tauchte das Problem auf, dass sich bei dem über Monate hinziehenden Abkühlen unerwünschte Temperaturgradienten einstellen und zu „eingefrorenen" mechanischen Spannungen führen könnten. Schott war daher auf der Suche nach einem Verfahren, um die Temperatur zerstörungsfrei im Glasinnern zu messen. Sohr setzte auf den Raman-Effekt und baute ein „Thermometer" auf, das bis zu einer Temperatur von 1600 °C funktionierte. Damit war die Aufgabe zwar vom wissenschaftlichen Standpunkt her gelöst, die Apparatur erforderte aber Laborbedingungen und war zu groß, als dass man damit in der Produktionshalle vor Ort hätte messen können. Das Interesse von Schott an einer direkten Umsetzung seiner Arbeit flaute dadurch erst mal ab. Dennoch kann er eine Promotion mit Industriefinanzierung nur empfehlen. Ihm war es wichtig, eine konkrete Aufgabe „mit einer Anwendung dahinter" zu haben, und etwas nicht nur aus „esoterischen Gründen" zu machen.

Der Markt hinter wissenschaftlichen Großteleskopen mag überschaubar und klein sein, der Markt der optischen Technologien insgesamt wächst hingegen auf hohem Niveau mit zweistelligen Zuwachsraten. Licht steht, glaubt man den Experten, als „universelles

Werkzeug" erst am Anfang einer Erfolgsstory, und dem vergangenen „Jahrhundert des Elektrons" folgt nun das „Jahrhundert des Photons". Die Glasfasertechnik für Internet und Telefonie, der Industrieroboter zum Laserschweißen, die Scannerkasse im Supermarkt, die Digitalkamera – allesamt wären sie ohne den vor 40 Jahren erfundenen Laser und eine Vielzahl an optischen Komponenten nicht denkbar. Nachdem die traditionsreiche deutsche Optik-Industrie, die auf berühmte Persönlichkeiten wie Ernst Abbe, Otto Schott und Carl Zeiss zurückgeht, in den 60er Jahren ihre Vormachtstellung verlor, hat sie in den 90er Jahren wieder kräftig aufgeholt. Vor zwei Jahren haben sich Vertreter aus Industrie, Wirtschaftsverbänden und Wissenschaftsorganisationen zusammengetan, um in einem Strategieprozess die „Deutsche Agenda Optische Technologien für das 21. Jahrhundert" zu erarbeiten. Die in der Agenda festgehaltenen Handlungsempfehlungen an Wirtschaft, Wissenschaft und Politik sollen die Voraussetzungen dafür schaffen, dass Deutschland gemeinsam mit den USA und Japan in der ersten Liga mitspielen kann.

Im Forschungs- und Technologiezentrum von Schott in Mainz sind zahlreiche Physiker beschäftigt.

Durch den Boom an hochreinen optischen Materialien für Lithographie-Anwendungen in der Mikroelektronik wurde Schott zum zweiten Mal auf Sohrs Arbeiten aufmerksam. Bei der heute im Einsatz befindlichen UV-Lithographie werden die Chipstrukturen mit Laserlicht der Wellenlänge 248 nm durch spezielle Belichter, so genannte Stepper, auf die Halbleiter-Wafer übertragen. Der Wasserstoffgehalt der in den Steppern verwendeten Linsen beeinflusst, wie sich nach und nach herausstellte, entscheidend die Altersbeständigkeit der optischen Komponenten unter Laserbeschuss. Das Schott-Forschungszentrum war daher auf der Suche nach einer geeigneten Analytik und Sohr wies nach, dass er mit seiner Raman-Spektroskopie den Wasserstoffgehalt schnell und mit der geringsten Nachweisgrenze messen konnte. Da sich die Arbeitsgruppe an der Freien Universität inzwischen aufgelöst hatte, wechselte er mitsamt der Apparatur Anfang 2000 zu Schott.

Heute ist Oliver Sohr unternehmensweit der Ansprechpartner für Raman-Spektroskopie und hat diese Methode bereits in verschiedenen Unternehmensbereichen eingeführt. Sein „Hauptkunde“ ist die Schott Lithotec AG, eine ausgegründete Aktiengesellschaft, die Lithographie-Gläser anbietet. Seine Ergebnisse tragen dazu bei, dass der Hydrolyseprozess der Glasherstellung weiter optimiert wird, zudem müssen neue Materialien für die kommenden Lithographieverfahren bei 193 und 157 nm entwickelt werden.

Wissenschaftliches Arbeiten in der Industrie

Ungewöhnlich findet Sohr, dass er mit einer wissenschaftlichen Apparatur in einem Industrielabor tätig ist – sein „Reich“, das Labor im Schott-Forschungszentrum auf der grünen Wiese am südlichen Stadtrand von Mainz, würde denn auch in jedes Universitätsinstitut passen. Der Nachteil daran ist allerdings, dass niemand außer ihm die Apparatur hochfahren und kalibrieren kann. Daher muss er den Übergang auf Industriestandard schaffen, damit auch Techniker und Laboranten Standardmessungen durchführen und den zunehmenden Strom an Proben aus der Produktion und der Entwicklung bewältigen können. „Richtig fachlich“ zu arbeiten hat er sich auch für die Zukunft vorgenommen. Allerdings muss er immer darum kämpfen, dass neben Routinemessungen das Potenzial des Verfahrens weiter ausgeschöpft werden kann.

Der Weg seines Bürokollegen zu Schott war weniger geradlinig. Matthias Brinkmann hat sich während Diplom und Promotion in Bochum mit Hochtemperatur-Supraleitern beschäftigt. Als er die Promotion 1997 abschloss, hatten sich die großen Elektro- und Elektronikunternehmen nach der anfänglichen Euphorie schon wieder weitgehend aus der Forschung mit Hochtemperatur-Supraleitern zurückgezogen. Zudem war der Arbeitsmarkt alles andere als rosig. An der Uni zu bleiben hätte die „harte Postdoc-Zeit“ bedeutet. Brinkmann erinnert sich: „Damals wurden viele Doktoranden fertig, denen man nach dem Diplom gesagt hatte: Jetzt macht erstmal weiter mit der Promotion, danach gibt es schon wieder Stellen. Jetzt waren wir bei der Promotion angekommen, und es hieß wieder, wir sollten erstmal Postdoc machen, dann würde es schon wieder Stellen geben. Irgendwann habe ich das nicht mehr geglaubt“. Daher suchte er möglichst rasch den Absprung von der Uni und schaffte es nach einigen Bewerbungen und Absagen, mit dem Einstieg in ein Trainee-Programm bei der damaligen Hüls AG „einen Fuß in die Tür der Industrie“ zu bekommen. Ein halbes Jahr lang hat er sich bei dieser Chemie-Tochter des Veba-Konzerns (heute e.on) mit Mess- und Regelungstechnik beschäftigt, parallel dazu aber weiterhin Bewerbungen geschrieben. Dann fing der Arbeitsmarkt an „zu kippen": „Auf einmal merkte die Industrie, dass Physiker durchaus gebraucht werden, und ich war in der damals skurrilen Situation, plötzlich gleich drei Angebote zu haben".

Er entschied sich vor dreieinhalb Jahren für das Angebot von Schott und stieg als „Wissenschaftlicher Referent Physikalische Grundlagen" im Forschungszentrum ein. Früher war er überzeugt davon, dass man als Physiker in der Industrie nur eine Chance hat, wenn man genau auf eine Stelle passt. Nun machte er bei Schott aber die Erfahrung, dass Leute gesucht werden, die ein fundiertes physikalisch-technisches Grundverständnis und analytische Fähigkeiten mitbringen und dadurch in der Lage sind, sich immer wieder auf neue, sich ständig verändernde Forschungsthemen einzustellen.

„Bekannte Schulphysik" mit tückischen Details

Zunächst beschäftigte sich Brinkmann mit einem klassischen Grundlagenthema der Glasindustrie, dem Wärmetransport in heißen Gläsern während der Herstellung. „Im Prinzip könnte man denken, dass das ein ganz alter Hut ist". Die „große Komplikation" liegt aber darin, dass während der Glasherstellung bei Temperaturen zwischen 500 und 1500 °C neben der mikroskopisch diffusiven Wärmeleitung auch die makroskopische Wärmestrahlung im semitransparenten Glasinneren berücksichtigt werden muss. Aufbauend auf diesen Mechanismen entwickelte Brinkmann als Alternative zur Raman-Thermometrie von Oliver Sohr ein Infrarot-Messverfahren, mit dem sich die Wärmestrahlung von heißem Glas sogar während der Produktion und berührungslos messen lässt. Numerische Auswerteverfahren erlauben es dann, daraus die erwünschten Tiefen-Temperaturprofile abzuleiten. Im Prinzip ist das alles „bekannte Schulphysik" und Brinkmann hätte nie gedacht, dass „ich mit dem, was ich zum Vordiplom gelernt habe, nochmal Geld verdienen werde". Aber die Herausforderung lag in der Numerik: Um das Differentialgleichungssystem mit Finite-Element-Methoden in beliebiger Geometrie zu lösen, suchte sich der 33-Jährige Kooperationspartner an Universitäten, allerdings nicht bei Physikern, sondern bei Ingenieuren und angewandten Mathematikern.

Nach zwei Jahren war dieses Thema für ihn abgeschlossen. Ingenieure und Techniker haben seither die Methode übernommen, und Brinkmann tritt nur noch als Coach im Hintergrund auf. Inzwischen beschäftigt er sich im Rahmen der „Innovationsoffensive neue Zukunftsfelder" mit Spezialgläsern für Mikrooptiken zur Signalübertragung, Sensorik, Endoskopie oder Displaytechnik.

Eine wesentliche Facette seiner Tätigkeit ist klassisches Forschungsmanagement: Kooperationen suchen mit Hochschulen, deren Sprache er verstehen muss. Brinkmann definiert das zu bearbeitende Problem und transferiert die abgegebene Lösung in die „Industriewelt". Den großen Unterschied zwischen Hochschule und Industrie sieht er „überspitzt" darin, dass die meisten Unis wenig Geld für Sachmittel, aber „preiswerte Arbeitskräfte" hätten, das heißt Diplomanden und Doktoranden. Daher würden zum Beispiel viele Institute mit selbst geschriebener Software arbeiten. „Das können wir uns in der Industrie nicht leisten", sagt Brinkmann, „für das Geld, das ein Schott-Mitarbeiter zum Entwickeln einer individuellen Software-Lösung benötigt, kann man viel kommerzielle Software kaufen, auch wenn

Mithilfe von automatisierten Messsystemen bestimmen Physiker und Ingenieure bei Lambda Physik die Parameter und Strahleigenschaften von Excimerlasern für die Halbleiterlithographie.

diese nicht hundertprozentig auf das Problem passt". Zudem sei die Kontinuität und Dokumentation bei selbst geschriebener Software nicht gewährleistet. Daher muss er seine Kooperationspartner an den Universitäten häufig davon überzeugen, auch auf kommerzielle Software umzusteigen.

Demnächst steht für Matthias Brinkmann die Entscheidung an, wie es für ihn bei Schott weitergehen soll. Im zentralen Forschungsbereich von Schott bieten sich sowohl die „klassische" Linienkarriere mit Organisations- und Personalverantwortung an als auch eine reine Expertenkarriere mit entsprechenden fachlichen Aufgaben.

Uwe Stamm hat diese Weichenstellung schon lange hinter sich: Der 42-jährige promovierte Physiker ist seit dem Frühjahr 2001 einer der beiden Geschäftsführer der XTREME technologies GmbH, eines Joint Ventures der Lambda Physik AG in Göttingen und der Jenoptik

Laser, Optik, Systeme GmbH in Jena. Ziel des Unternehmens ist es, Lichtquellen für die Lithographie im extremen Ultraviolett (EUV) bei 13,5 nm Wellenlänge herzustellen. Verglichen mit seiner bisherigen Tätigkeit als Leiter des Geschäftsbereichs Wissenschaft und Medizin bei Lambda Physik findet Stamm die neue Aufgabe „noch viel spannender". Sie erfordere eine gehörige Portion Optimismus, denn sicher ist heute nur, dass die gegenwärtig eingesetzte UV-Lithographie bei der Wellenlänge von 157 nm ausgereizt sein wird und immer kleinere Chipstrukturen neue Lithographieverfahren notwendig machen. Nach der Roadmap der Halbleiterhersteller könnte das 2008 der Fall sein, aber Stamm weiß aus seiner Erfahrung bei Lambda Physik, dass es auch ganz anders kommen kann: Für die 248-nm-Laser gab es frühe Vorhersagen, dass diese Laser bei Strukturgrößen von 1 μm in die Produktion gehen würden. „Darüber kann man heute nur lachen", sagt Stamm, denn in die Produktion gingen diese Laser erst 1997 bei Strukturgrößen von 0,25 μm. Dazwischen lag eine „lange, lange Durststrecke" für die Unternehmen, die die neue Technologie entwickelt hatten.

Heute ist weder mit Sicherheit vorherzusagen, ob die EUV-Technologie tatsächlich die Lithographie der Zukunft sein wird, noch, wie die EUV-Strahlung ausreichender Leistung am billigsten erzeugt werden kann. Zur Diskussion steht die EUV-Erzeugung aus einer elektrisch angeregten Gasentladung ähnlich wie bei einem Excimer-

Die Laser- und Optikbranche in Deutschland

Die Laser- und Optikbranche in Deutschland blickt auf eine lange Tradition zurück und umfasst zahlreiche Unternehmen unterschiedlichster Größe, wobei die Zuordnung zu Laser oder Optik nicht eindeutig ist. Unter den Laserherstellern sind unter anderen zu nennen *Jenoptik Laser, Optik, Systeme GmbH*, Jena (www.jenoptik-los.de), *Lambda Physik AG*, Göttingen (www.lambdaphysik.de), *Linos AG*, Göttingen (www.linos.de), *LPKF Laser & Electronics AG*, Garbsen/Hannover (www.lpkf.de), *Polytec*, Waldbronn (www.polytec.de), *Rofin-Sinar-Laser GmbH*, Hamburg (www.rofin.com), *TOPTICA Photonics AG*, Martiensried/München (www.toptica.de), *TuiLaser AG*, Germering (www.tuilaser.de) und *Trumpf Lasertechnik GmbH*, Ditzingen (www.trumpf-laser.de). Zu den klassischen Optikunternehmen zählen *Agfa Gaevert*, München (www.agfa.com/optics/de/), *Carl Zeiss GmbH*, Oberkochen und Jena (www.zeiss.de), *Leica Microsystems*, Jena (www.leica-microsystems.de), *Osram GmbH*, München (www.osram.de), *Osram Opto Semiconductor GmbH*, Regensburg (www.osram-os.de), *Philips GmbH*, Hamburg (www.philips.de/licht/) und *Schott Glas*, Mainz (www.schott.de). Einen Überblick über Forschungsinstitute und Unternehmen bieten auch die Seiten der vom Bundesministerium für Bildung und Forschung geförderten Kompetenznetze Optische Technologien (www.kompetenznetze.de): Bayern Photonics (www.bayern-photonics.de), Bildverarbeitung Thüringen, OpTec Berlin Brandenburg (www.optecbb.de), OpTech-Net e.V. (www.optech-net.de), OptoNet Jena (www.optonet-jena.de), PhotonicNet (www.photonicnet.de). Weitere Informationen gibt es bei der Deutschen Gesellschaft für angewandte Optik (www.dgao.de). Eine Kurzfassung der im Artikel erwähnten „Deutschen Agenda für optische Technologien im 21. Jahrhundert" findet sich unter www.optischetechnologien.de.

Laser oder aus einem laser-induzierten Plasma. Da die Anforderungen der Industrie an die notwendige Leistung der EUV-Strahlquellen in der Vergangenheit ständig gestiegen sind und unklar ist, welcher der beiden Ansätze diese Anforderungen bei vertretbaren Kosten erfüllen kann, wird XTREME beide Technologien entwickeln. Stamm ist ungeachtet dieser vielen offenen Fragen zuversichtlich und gerät ins Schwärmen, wenn er an die Einsatzmöglichkeiten der künftigen EUV-Quellen denkt: „Die neue Technologie ist unheimlich spannend, und neben der Lithographie wird es viele neue Applikationen geben, die wir heute noch gar nicht übersehen können. Das ist so wie zu den frühen Zeiten des Excimer-Lasers".

Künftig wird Stamm zwischen Göttingen und Jena pendeln, „eine halbe Woche hier, eine halbe Woche da", wenn er nicht, wie häufig, in Sachen EUV unterwegs in der Welt ist. Jena ist ihm seit langem vertraut, in den 80er-Jahren hat er dort studiert und promoviert. Dann kam die Wende und neben der ins Auge gefassten Universitätslaufbahn ergaben sich reizvollere Alternativen: „In Jena wurde damals sehr viel umstrukturiert, die wissenschaftlichen Inhalte traten in den Hintergrund", erinnert sich Stamm, „da sah ich mich wie viele meiner jüngeren Kollegen nach neuen Herausforderungen um, an Orten in der Welt, die vor der Wende unerreichbar waren". Zu Lambda Physik kam er 1991. Seither war er Produktmanager für Laser für wissenschaftliche Anwendungen, Entwicklungsleiter für Festkörperlaser, später Leiter der gesamten Forschung und Entwicklung. Vor dem Börsengang von Lambda Physik im Herbst 2000 wurde Stamm Leiter des Geschäftsbereichs Wissenschaft und Medizin. Sein Arbeitsplatz in Göttingen befindet sich nach wie vor in der lichtdurchfluteten, mit hellgrauem Stein verkleideten Zentrale von Lambda Physik. Unweit davon ist ein neues Fertigungsgebäude entstanden, in dem unter Reinraumbedingungen Laser für die UV-Lithographie montiert werden.

Das Gerät ist das Ergebnis

Unter den Mitarbeitern von XTREME sind etliche Physiker zu finden. Die Stärke der Physiker sieht Stamm in der Forschung und Entwicklung, wenn es darum geht, durch neue Ansätze und Konzepte vorgegebene Parameter wie Leistung oder Bandbreite eines Lasers zu erreichen. Dass daraus ein Industriegerät wird, garantieren die Ingenieure – sie stehen für die Zuverlässigkeit der Geräte. Physiker seien dafür zu innovativ: „Die ändern ständig etwas, haben immer neue Ideen und bessere Lösungen". Er erinnert sich an seinen Einstieg bei Lambda: Die Entwicklungsaufgabe ähnelte der Tätigkeit an der Universität, außer „dass im Ergebnis Geräte entstehen sollten. An der

Uni ist es wichtig, das wissenschaftliche Ergebnis zu erzielen. Man baut etwas auf, macht das Experiment, und hinterher reißt man's wieder ein. Hier baut man etwas auf, das dann wieder und wieder gebaut wird."

In Jena ist neben der bereits erwähnten Jenoptik AG mit ihren Tochterunternehmen die Carl Zeiss GmbH der große Arbeitgeber für Physikerinnen und Physiker. Carl Zeiss ist wie Schott Glas ein Unternehmen der Carl-Zeiss-Stiftung, einer unternehmerisch tätigen Stiftung, die auf Ernst Abbe zurückgeht. „Früher, zu DDR-Zeiten", sagt der Taxifahrer auf dem Weg vom Bahnhof zur Carl-Zeiss-Promenade, „war Jena Zeiss und Zeiss war Jena. Sogar die Schreiner, die die Holzkisten für den Versand gezimmert haben, waren Zeissianer". Davon kann heute keine Rede mehr sein. Nach der Wende und der Wiedervereinigung von „Zeiss Ost" in Jena mit „Zeiss West" in Oberkochen kam es zu einem dramatischen Personalabbau in Jena. Aber bereits Mitte der 90er-Jahre gab es wieder eine „Einstellungsoffensive", bei der zahlreiche Akademiker, meist direkt von der Hochschule, eingestellt wurden.

Einer von ihnen ist der 30-jährige Dirk Mühlhoff. Studiert hat er in Aachen, wo er fast seinem Hang zur Elementarteilchenphysik nachgegeben hätte. Aber dann erkannte er, dass sein eigener Beitrag dort nicht fassbar wäre. „Ich komme aus der Landwirtschaft und bin gewohnt, etwas in Händen zu haben, zu sehen, was ich geschaffen habe". Als Hiwi am Fraunhofer-Institut für Lasertechnik (ILT) schweißte Mühlhoff Kühlkörper zusammen, testete Laserdioden und sah, dass seine Ergebnisse Relevanz für die Industrie haben, dass es „Leute gibt, die das interessiert". Noch während der sich anschließenden Diplomarbeit über ein neues Laserprinzip am ILT führte ihn das Laborbesichtigungsprogramm der Deutschen Physikalischen Gesellschaft zu Zeiss nach Jena, wo ihm das Forschungszentrum auf Anhieb gefiel und er wusste: „Da will ich arbeiten". Zurück in Aachen schrieb er eine Bewerbung, wurde eingeladen und erhielt nach dem Auswahlverfahren ein Angebot für das Nachwuchskräfteprogramm, „das war der Joker, den man da ziehen konnte". Sechs Wochen, bevor er im April 1996 die Diplomarbeit abgab, hatte Mühlhoff bereits den Arbeitsvertrag in der Tasche.

Der Wechsel vom äußersten Westen der Republik nach Jena ging reibungslos vonstatten: „Wir waren von allem nur positiv überrascht und fühlen uns sauwohl hier", erinnert sich Mühlhoff. Als Teilnehmer des Nachwuchskräfteprogramms sollte er auf Führungsaufgaben vorbereitet werden; in mehrtägigen Seminaren alle drei Monate lernte er all das, was einem Naturwissenschaftler fehlt, wenn er in ein betriebswirtschaftliches Umfeld kommt. Dazu gehören Personal- und Projektführung, effektive Kommunikations- und Präsentationstechniken, Umgang mit amerikanischen und fernöstlichen Geschäftspartnern und als „Sahnehäubchen" ein Abend mit Benimmregeln, „wie das so geht mit dem Hummer".

Als technische Aufgabe übernahm Mühlhoff schon kurz nach dem Einstieg die Projektleitung für die Entwicklung eines Diagnosegerätes zur Untersuchung des Augenhintergrunds. Es sollte auf der Fluoreszenz eines spezifischen Stoffes beruhen, der im Zusammenhang mit der altersbedingten Degeneration der Makula, des für das Scharfsehen wichtigen „gelben Flecks" auf der Netzhaut, auftritt. Völlig neu für ihn war es, sich in die Arbeitsweise eines Arztes einzudenken. „Wir nennen das die Knopfologie. Das Gerät kann von der technischen Performance noch so gut funktionieren, wenn der Knopf an der falschen Stelle sitzt, wird es nicht angenommen". Kaufen kann man das Gerät heute nicht: Die Geschäftsleitung hat nach den klinischen Tests entschieden, die Entwicklung einzustellen – nicht aus technischen Gründen, sondern aus Gründen der Marktakzeptanz. Die Community war sich nicht einig über den Zusammenhang zwischen dem Auftreten des detektierten Stoffes und der Makuladegeneration. Mühlhoff fand das zwar „etwas enttäuschend", aber sehr lehrreich.

Seit eineinhalb Jahren leitet Mühlhoff eines der beiden Labore im Forschungszentrum Jena. Sowohl in Oberkochen als auch in Jena gibt es jeweils zwei Labore; passend zu den Geschäftsbereichen von Zeiss in Jena beschäftigt sich Mühlhoffs Labor mit Medizintechnik und Mikroskopie, das andere mit Mikroinspektionssystemen für die Halbleiterindustrie. Mit den 20 Mitarbeitern, sieben davon Physiker, trifft er sich jeden Morgen um 9 Uhr bei der Frühstücksrunde, einem festen Bestandteil des Tages. Zuvor hat Mühlhoff mit dem Fahrrad seine kleine Tochter in den Kindergarten gebracht und ist ins Unternehmen geradelt. Der massive, mehrstöckige Firmensitz beherbergt ein „senkrechtes Gewerbegebiet". Zahlreiche Fremdfirmen, die Fachhochschule Jena sowie das Max-Planck-Institut für chemische Ökologie sind Untermieter, im Gebäude verteilt befinden sich Produktions- und Entwicklungsstätten. Die langen dunklen Gänge sind mit massiven Feuerschutztüren und Sicherheitsschleusen unterbrochen, die Säulen zur Orientierung wie ein Schachbrett mit Buchstaben und Ziffern gekennzeichnet. Der Paternoster zwischen den Etagen schult die Entscheidungsfreudigkeit.

Die Vermarktung steht im Mittelpunkt

Nach der Sanierung der vergangenen Jahre herrscht nun wieder Aufbruchsstimmung in Jena, und bei Zeiss gilt es, durch neue Geschäftsfelder zu wachsen. Das hierfür eingeleitete „Screening“, die systematische Suche nach neuen, zukunftsträchtigen Geschäftsoptionen, hat Mühlhoff so stark gereizt, dass er im vergangenen Jahr parallel zu seiner Aufgabe als Laborleiter ein Projekt für digitale Projektionssysteme, „im Volksmund Beamer genannt“, übernahm. Das sei der entscheidende Umschwung zu einer anderen Arbeitsweise gewesen, weg von technischen, hin zu strategischen und betriebswirtschaftlichen Inhalten. „Wenn man für solche Projekte Geld vom Vorstand möchte“, erläutert Mühlhoff, „dann wird immer unterstellt, dass man die technischen Probleme schon irgendwie lösen wird, diese Zuversicht scheint beim Top-Management grundsätzlich vorhanden zu sein“. Probleme werden eher bei der Vermarktung gesehen, auf solche für Physiker ungewohnte Fragen muss man Antworten liefern können.

Inzwischen ist aus den so genannten *Optical core engines* für Beamer – „alles was an Metall und Glas drin ist“ – ein junges Geschäftsfeld von Zeiss entstanden, das von ehemaligen Mitarbeitern des Forschungszentrums betrieben wird und für das Zeiss händeringend nach Mitarbeitern sucht. Von den Bewerbern wünscht sich Mühlhoff, dass sie mehr von Optik verstehen: „Häufig meinen Absolventen, sie verstünden etwas von Optik, wenn sie mal irgendwo einen Laserstrahl durchgefädelt haben“. Dies sei zwar besser als gar nichts, aber zuwenig, wenn es um abbildende optische Systeme geht. Von daher ist das Forschungszentrum auch darauf eingestellt, die Absolventen weiter auszubilden, denn digitale Projektionssysteme ist ein Gebiet, das nicht gelehrt wird. Ohnehin zähle bei der Bewerberauswahl die Persönlichkeit am stärksten, „die meisten Bewerber sind erstaunt, dass wir auf die fachlichen Aspekte eher beim Mittagessen zu sprechen kommen.“ Meist werden zwar Promovierte eingestellt, die Promotion ist aber keine Einstellungsvoraussetzung, Mühlhoff selbst ist das beste Beispiel dafür, dass eine Karriere auch ohne das „Dr.“ vor dem Namen möglich ist.

Bei den klassischen Anwendungen der optischen Technologien dürfen die Biowissenschaften nicht fehlen. Vor hundert Jahren begnügten sich Pasteur und Koch noch mit einem einfachen Mikroskop als Hilfsmittel bei der Suche nach Krankheitserregern. Im Zeitalter der Gentechnik sind die Methoden feiner geworden, beruhen aber noch immer oft auf optischen Technologien. Martin Kühner leistet als Physiker seinen Beitrag dazu. Noch ist er einer von Mühlhoffs Mitarbeitern, aber er wird das Labor bald verlassen und ein neues Labor aufbauen. Allzu viele Details über das neue Labor möchte er nicht verraten, zu neu ist das Feld für Zeiss und zu dynamisch entwickelt sich der Markt. Nur so viel: Es geht um Analysemethoden und -geräte für Biomoleküle (insbesondere DNA-Sequenzen) mithilfe der Fluoreszenz, die in der Pharmaindustrie eingesetzt werden. Bis die Entscheidung für ein neues Labor fiel, beschäftigte sich Kühner neben technischen Fragen vor allem mit den notwendigen Rahmenbedingungen dafür, ein solches Analysegerät erfolgreich zu vermarkten.

Das Rüstzeug hierfür hat er sich parallel zu seiner Promotion in der experimentellen Biophysik an der TU München angeeignet. Neben der Doktorarbeit über Lipidschichten hat er den in München angebotenen Studiengang Diplom-Wirtschaftsphysiker abgeschlossen, da ihm der „Physikfokus ein bisschen eng" war. Eigentlich ist das ein auf zwei Jahre angelegtes Vollzeitstudium, aber er hat es in 3,5 Jahren nebenher durchgezogen. Dieser Abschluss hat ihm im Nachhinein seine Aufgabe wesentlich erleichtert, eine Voraussetzung ist er aber nicht, denn bei vielen Dingen ist es so, dass „sie eigentlich so sein müssen, wenn man mal ein bisschen mit gesundem Menschenverstand nachdenkt". Darüber hinaus hat Kühner an einem internen Fortbildungsprogramm für Führungskräfte teilgenommen und dabei zum Beispiel gelernt, wie man einen Business-Plan aufstellt. Nun wird er Mitarbeiter bekommen und ein „internes Start-up" leiten, bei dem es zunächst darum gehen wird, die anvisierte technische Lösung auch konkret zu realisieren. Sein Arbeitstag ist zur Hälfte von Besprechungen in kleineren und größeren Runden geprägt, daneben ist er viel unterwegs auf Messen, besucht Anwender – die potenziellen Kunden – und Experten, denn „wenn Sie etwas Neues machen, dann kennen Sie die Regeln noch gar nicht, dafür müssen Sie erst ein Gefühl bekommen." Besonders reizvoll an seiner Tätigkeit findet er, dass er zwischen den Welten eines Biologen und eines Ingenieurs vermitteln kann und muss.

Seinen persönlichen Interessen Mikroskopie und *life science* ist Kühner seit seinem Einstieg bei Zeiss treu geblieben. Anfangs hat er sich mit einem Auslesegerät für so genannte Mikrotiterplatten beschäftigt, die in der Pharmaindustrie eingesetzt werden. Auf diesen Platten befinden sich typischerweise 384 kleine mit Wassertröpfchen gefüllte Vertiefungen, in denen chemische Reaktionen ablaufen, die sich über Absorptions-, Fluoreszenz- oder Lumineszenzmessungen detektieren lassen. Um Absorptionsmessungen zuverlässig durchführen zu können, muss man eine Beleuchtungs- und Detektionsoptik entwerfen, die den je nach Substanz unterschiedlichen Meniskus an der Wasseroberfläche ausgleicht. Mitgebracht für diese Aufgabe hat Kühner das „Gefühl für die biologisch relevanten Substanzen" sowie die Kenntnisse über die Mikroskopie. Für die Optikrechnungen gibt es Standardprogramme, mit denen man relativ leicht die ersten

Rechnungen durchführen kann. Wenn es aber exakter sein muss, ein Gerät konstruiert werden soll, dann macht das in der Regel nicht mehr ein Physiker, sondern ein speziell ausgebildeter Optikingenieur. „Aber als Physiker spricht man auch dessen Sprache", betont Kühner.

Die Optik führt im Physikstudium ein Schattendasein. Dirk Mühlhoff weiß aus eigener Erfahrung, dass man zwar lernt, wie ein Mikroskop funktioniert, aber „nur als zweilinsiger Aufbau". Die Autoren der Agenda optische Technologien fordern denn auch, dass die Optik in den Studiengängen Physik aufgewertet wird. Das Vorhandensein ausreichend qualifizierter Fachkräfte sei eine wichtige Voraussetzung dafür, dass Deutschland verlorenen Boden wiedergutmachen kann. Auch bei der Jobbörse sowie mehreren Podiumsdiskussionen auf der Messe „Laser 2001" in München wurde deutlich, dass Fachkräfte gesucht werden. Gute Aussichten also für Physikerinnen und Physiker – zweilinsiger Aufbau hin oder her.

„Physiker sind universeller einsetzbar"

Interview mit Marcus-C. von Pock, Personalleiter Carl Zeiss Oberkochen

Für welche Aufgaben stellt Carl Zeiss Physiker ein?
Hier am Standort Oberkochen stellen wir Physiker in den Unternehmensbereichen Halbleitertechnik, Medizintechnik, Industrielle Messtechnik sowie im Servicebereich Forschung und Technologie ein. Daneben gibt es natürlich den Standort Jena, dort werden Physiker in den Bereichen Optisch-elektronische Systeme, Mikroskopie, Mikroelektronische Systeme, Servicebereich Forschung und Technologie eingestellt. Von der Qualifikation her stellen wir Physiker vor allem mit den Schwerpunkten Optik, Messtechnik und zusätzlichen Kenntnissen in Biologie, Medizin und Elektrotechnik ein.

Wieviel Physiker sind derzeit etwa bei Zeiss beschäftigt?
Carl Zeiss beschäftigt weltweit ca. 300 Physiker.

Wie viele Physiker würden Sie pro Jahr gerne neu einstellen?
Wir möchten weiterhin sehr gute Physiker einstellen, wobei es schwierig ist, eine konkrete Zahl zu nennen.

Welche Zusatzqualifikationen sind hilfreich?
Kenntnisse in Projektmanagement und Betriebswirtschaft sowie Präsentationskenntnisse.

Finden Sie derzeit ausreichend qualifizierten Nachwuchs?
Im Rückblick war es noch vor zwei Jahren relativ einfach, gut qualifizierte Physiker zu bekommen. Heute ist es schwieriger, der Markt

wird enger und es gibt viele andere Unternehmen, die einen ähnlichen Bedarf haben wie Carl Zeiss. Hier hilft uns unser guter Ruf, den wir über Jahrzehnte aufgebaut haben.

Wie sieht der typische Einstieg aus?
Die neuen Mitarbeiter werden in Projektteams eingebaut und bekommen Arbeitspakete übertragen. Dabei werden sie von erfahrenen Mitarbeitern oder Projektleitern betreut. Dies gilt sowohl in den Geschäftsbereichen als auch im Bereich Forschung und Technologie.

Wie sieht die typische Weiterentwicklung aus?
Schulung im Projektmanagement und -leitung gehören zu einem Standardpaket in der Grundausbildung. Als nächsten Schritt übernehmen die Mitarbeiter eigene Projekte in den einzelnen Bereichen als Projektleiter.

Wo sehen Sie Vor- und Nachteile von Physikern verglichen mit Ingenieuren?
Ein Physiker ist von seiner Ausbildung her universeller einsetzbar. Viele Stellenanzeigen sind gleichermaßen für Physiker und Ingenieure ausgeschrieben, um eine größere Bewerberanzahl anzusprechen. Ob wir dann einen Physiker oder einen Ingenieur einstellen, hängt letzten Endes von den Qualifikationen des Bewerbers ab.

Quereinsteiger mit Quantenmechanik

Physiker können nicht alles, aber ziemlich viel – ein Besuch bei vier Exoten

Im Nachhinein hält Andreas Kuhlmann manche seiner Ideen für ziemlich naiv. Zum Beispiel, dass er Physik studieren wollte, um in der Umwelt- und Abrüstungsbewegung mitreden zu können. Oder dass er nach dem Physikstudium kurzerhand in der SPD-Zentrale anrief, um nach einem Job in der Europa- und Umweltpolitik zu fragen. Aber es hat sich gelohnt. Heute ist Kuhlmann persönlicher Referent des SPD-Generalsekretärs, der Schatten von Franz Müntefering. Er begleitet seinen Chef auf Dienstreisen, bereitet Parteisitzungen vor und ist einmal in der Woche bei Vorstands- und Präsidiumssitzungen mit dem Kanzler dabei. Ein Physiker im Zentrum der Macht.

Gelten Physiker vielen schon als Exoten, so ist Kuhlmann als Politikmanager mit Physik-Diplom geradezu eine Rarität. Aber auch in anderen physikfernen Sparten trifft man die Quereinsteiger mit Quantenmechanik im Kopf. Da ist Ralf Bönt, gelernter Autoschlosser, promovierter Teilchenphysiker und inzwischen Schriftsteller (siehe Interview auf Seite 118). Oder Kai de Weldige, der beim Stifterverband für die deutsche Wissenschaft ein Vermögen von 250 Millionen Mark verwaltet. An der Kunsthochschule für Medien hält Jochen Viehoff Vorlesungen über Quantencomputer und fotografiert Horror-Süßigkeiten für Kunstausstellungen. Es gibt physikdiplomierte Zen-Meister und Leistungssportler, Kommunikationstrainer und Filmregisseure. Sie tauchen in keiner Statistik auf, und von ihnen soll hier die Rede sein. Als Rezept für die eigene Karriere taugen sie freilich kaum. „Wenn ich zurückblicke", sagt Andreas Kuhlmann stellvertretend für viele, „könnte man meinen, es war ein schlüssiger Lebenslauf. Aber ich habe das nie so empfunden, eher von Zufälligkeiten geprägt."

Das Büro von Franz Münteferings persönlichem Referenten liegt im fünften Stock des Willy-Brandt-Hauses. Etwas seitlich, irgendwo hinter der getönten Glasfront. Um neun Uhr morgens sieht die SPD-Parteizentrale ganz friedlich aus. Der Berufsverkehr ist vorbei, die Sonne wärmt den hellen Sandstein und ein paar Kameraleute stehen gelangweilt vor dem Haupteingang. Bis ein weißer Lieferwagen heranbraust, das Halteverbot ignoriert, und acht Männer und Frauen mit Leitern und Eimern herausstürmen. Flink entern zwei von ihnen die Balustrade im ersten Stock und entrollen ein Banner. „Atomkonsens ist Volksverdummung. AKWs bleiben am Netz, WAA läuft weiter." Die anderen gießen Zement in eine Abgussform vor der Glastür. „Erinnerung an die Krebsopfer deutscher Atompolitik".

Wo ist der Physiker? Links. Andreas Kuhlmann, persönlicher Referent von Franz Müntefering, zusammen mit dessen Büroleiter Kajo Wasserhövel kurz vor der SPD-Präsidiumssitzung.

Emails für die SPD-Welt

Der Protest gilt dem Atomkonsens, den der Bundeskanzler und Industrievertreter am Abend unterzeichnen werden. Müsste jetzt nicht Franz Müntefering im Foyer erscheinen und mit den Protestlern diskutieren? Oder Andreas Kuhlmann, der Physiker, schließlich geht es um Plutonium und α-Strahlung? Weit gefehlt. Kuhlmann schickt gerade Emails in die SPD-Welt und bekommt von alledem nichts mit. Es scheint ihn auch nicht besonders zu interessieren. Dabei war er in der Schulzeit und als Zivi selbst in Umweltgruppen aktiv. Heute, im anthrazitgrauen Anzug und mit grau in grau gemustertem Schlips wirkt er etwas nostalgisch, wenn er sich an diese Zeit erinnert. „Sandoz, Tschernobyl, Saurer Regen – die ganze Umweltverschmutzung war viel mehr Thema als heute." Auch später im Studium: „Rio, Rio, Rio: jede Regionalzeitung hat über Rio geschrieben, das kann man sich heute nicht mehr vorstellen."

Nicht, dass der 33-Jährige zum abgehobenen Parteifunktionär mutiert wäre. Nur sein Politikverständnis hat sich verändert. „Zu einer geschlossenen Partei gehört auch, dass man Mehrheitsentscheidungen akzeptiert und nach außen vertreten kann," sagt Kuhlmann. Wenn nach eingehender Diskussion der Atomausstieg mit einer Frist von 30 Jahren beschlossen wird, dann ist das der Demokratieprozess, wie er in der Bundesrepublik stattfindet. „Wer in einem Unternehmen arbeitet, vertritt doch auch die Unternehmensposition." Das klingt ihm dann aber doch etwas sachlich. „Ich habe hier auch politisches Herzblut," fügt er schnell hinzu.

Mit 23 trat Kuhlmann in die SPD ein, hätte aber auch bei den Grünen landen können. Zunächst war er nur eine Karteileiche. Das Physikstudium in Bonn, Heidelberg und Oregon ließ wenig Raum für eine kontinuierliche Arbeit im Ortsverein. Erst während der Diplomarbeit am Institut für Umweltphysik der Universität Heidelberg ließ sich Kuhlmann im Ortsverein Neuenheim blicken und wurde auch prompt zum Schatzmeister gewählt. Doch die Ochsentour der gewählten Mandatsträger war nicht seine Sache.

Immer wieder kommt Kuhlmann auf Personen zu sprechen, die ihn geprägt und gefördert haben. Da war Ingeborg Levin, Umweltphysikerin an der Universität Heidelberg, „die nachvollziehen konnte, was ich im Kopf hatte", nämlich Naturwissenschaft und politisches Engagement zu verbinden. Und da war Malte Faber, Professor für Umweltökonomie in Heidelberg. Sie unterstützten den jungen Physikstudenten beim Organisieren einer Vortragsreihe über Umweltthemen. Nach der Diplomarbeit überlegte Kuhlmann zu promovieren. Doch der Anruf in der Bonner SPD-Zentrale führte ihn auf einen anderen Weg. Er ging mit einem Stipendium nach Brüssel und arbeitete für die SPD als wissenschaftlicher Berater des Umweltausschusses.

„Als Physiker war man schon ein Schmetterling", erinnert sich Kuhlmann. Man ist kritischer und stellt andere Fragen, verlässt sich nicht nur auf das für Politiker eingedampfte Destillat einer Umweltstudie oder Sozialerhebung, das *executive summary*. Ein Kommissionsreferent, der dem vermeintlichen Greenhorn die geplanten Grenzwerte für die neue Trinkwasser-Richtlinie erläuterte, formulierte wesentlich vorsichtiger, nachdem er Kuhlmanns Hintergrund kannte. Doch als dieser in den Sozialausschuss wechselte und am Beschäftigungspakt mitarbeitete, war der Heimvorteil verspielt. Weniger die Inhalte zählten, als das Organisieren von Mehrheiten.

Vor der Bundestagswahl 1998 schickten die europäischen Sozialdemokraten Andreas Kuhlmann in die „Kampa", das Wahlkampfteam der SPD nach amerikanischem Vorbild. An der Magnettafel von Kuhlmanns großzügig geschnittenem Büro hängt ein Foto aus diesen Tagen, ein Gruppenfoto wie von einer Physikertagung: hundert fröhlich wirkende Menschen, die etwas bewegen wollen. In dieser Zeit lernte Kuhlmann Franz Müntefering kennen. Als Müntefering vom Verkehrsministerium in die Parteizentrale wechselte, bot er dem sympathischen Physiker den Posten des persönlichen Referenten an. „Wenn der erste Generalsekretär der SPD mit diesem Angebot auf einen zukommt, kann man nicht Nein sagen."

Morgens um viertel vor acht trifft sich Andreas Kuhlmann mit Franz Müntefering, dessen Büroleiter Kajo Wasserhövel sowie dem Pressesprecher. Dieser erläutert die Presselage und „man geht durch, was gestern war und heute ansteht." Die Runde diskutiert die große Linie genauso wie den Kleinkram. Angela Merkel hat ihre Vorstellungen von einer neuen Sozialen Marktwirtschaft in der „Welt" publiziert, Müntefering möchte präpariert sein. Andreas Kuhlmann soll einige Statistiken aus dem Haus besorgen und aufbereiten lassen. Bei Münteferings Rundreise durch Sachsen hat sich eine Genossin beschwert, weil eine Anfrage an die Zentrale nicht zufriedenstellend beantwortet wurde. Kuhlmann klärt das. Am Vortag waren die sächsischen Kommunalwahlen. Die Runde diskutiert die Ergebnisse. In Berlin stehen Landtagswahlen bevor. Welche Argumente zur Zuwanderung, zur Arbeitslosigkeit, zur Gentechnik sind schlagkräftig?

Schneller als Joschka

Fühlt er sich dabei nicht als Getriebener, als Mädchen für alles? Andreas Kuhlmann wehrt ab. Er versteht sich als Dienstleister, der auch inhaltliche Impulse gibt: „Mein Rat wird gehört, ich kann Anstöße geben, meine Meinung ist gefragt." Selbst wenn es negative Seiten gäbe, Kuhlmann ist zu sehr Diplomat, als dass er sie benennen würde. Und der Reiz an dem Job? „Es ist schon das engere Zentrum der Macht." Er lacht etwas verlegen über diese Formulierung. „Man hört jede Woche, was Schröder sagt, sitzt zehn Meter von ihm entfernt. Manchmal verliert man das Bewusstsein dafür. Aber in Momenten, in denen ich Abstand gewinne, ist es ein extrem spannender Prozess." Man ahnt, dass solche Momente eher selten sind, wenn er sagt: „Das letzte Wochenende war einigermaßen ruhig." Der Frage, wie viel Privatleben noch bleibt, weicht Kuhlmann lieber aus. Immerhin hatte er Zeit, für den Berliner Marathon zu trainieren. Vorne dabei war er nicht, aber fünf Minuten schneller als Joschka Fischer. Das zählt.

Kai de Weldige hatte mit dem „Stifterverband für die Deutsche Wissenschaft" schon zu tun, als er gerade mal laufen konnte. Das Wissenschaftszentrum in Bonn, die Seminarstätte des Verbands, war sein Spielplatz. Auf den Platten vor dem Eingang spielte er Rollhockey. Forschungsförderung war ihm eine vertraute Vokabel. Sein Opa hatte vor Jahren eine Abteilung beim Stifterverband geleitet, und eine Sachbearbeiterin bei der Deutschen Forschungsgemeinschaft (DFG), gleich um die Ecke, sollte seine Schwiegermutter werden. Als Diplomand am Institut für Physikalische Chemie der Universität Bonn hatte de Weldige dann direkt mit der DFG Kontakt. In der Forschungsförderung zu arbeiten konnte er sich gut vorstellen.

Aber der 34-Jährige mit dem Kurzhaarschnitt und der schmalen eckigen Brille möchte der Reihe nach erzählen. Wie er das Physikstudium der Elektrotechnik vorzog, weil aus vielen Bereichen etwas geboten wurde: Technik, Praktika und Theorie-Vorlesungen. Wie er im Nebenfach Nuklearmedizin und Reaktorphysik studierte, weil ihn die Plattheit bei der Diskussion über die Kernkraft ärgerte. Und wie er nach der Diplomarbeit über Rastertunnelmikroskopie schließlich am Max-Planck-Institut für Eisenforschung in Düsseldorf landete, von wo er sich nach der Promotion auf eine Stellenanzeige beim Stifterverband bewarb. Vielseitigkeit heißt der rote Faden in seiner Biographie. „Wenn ich mich für eine Sache interessiere, komme ich auf andere Dinge und denke: das ist aber auch interessant." Kai de Weldige wollte kein Fachidiot werden.

Am Eingang des Stifterverbandes in Essen-Werden wurden die Geldgeber auf Messingtafeln verewigt. Von A wie Allianz bis V wie Volkswagen sind alle namhaften Konzerne aus Deutschland vertreten. Sie unterstützen den Stifterverband mit 20 Millionen Euro im Jahr. Der Stifterverband wurde 1920 zur Forschungsförderung gegründet. Heute finanziert der gemeinnützige Verein unter anderem Wettbewerbe zur Hochschulreform, Stiftungsprofessuren und Auslandsstipendien sowie die Initiative „Wissenschaft im Dialog".

Kai de Weldige hat sein Büro mit Bildern von Louis Armstrong und einem Jazz-Kalender verschönert. Auf dem Regal steht eine Jazz-Combo aus Miniaturfiguren. Die Big Bands der 20er und 30er Jahre faszinieren ihn. Weniger der Bebop mit seinen chaotisch anmutenden Improvisationslinien. Wahrscheinlich passt das zum inneren Rhythmus eines Menschen, der fast 40 Stiftungen gleichzeitig verwaltet und sich die Hälfte der Arbeitszeit um die Einführung einer neuen Verwaltungssoftware kümmert. Kai de Weldige wägt seine Worte. Er spricht von „unserem Prinzip Universität", von seiner „Familiengründungsphase" und der „Lernphase". Seinen Ausstieg aus der Uni-Laufbahn nennt er die „Abkehr vom akademischen Prinzip", seinen Charakter „wissensfixiert, nicht berufsfixiert". Es ist die Sprache der DFG-Anträge. Er sagt aber auch: „Die Tätigkeit als DFG-Referent selbst wäre mir zu einseitig gewesen."

De Weldige ist bei einer Tochtergesellschaft des Stifterverbands angestellt, der Stiftungsverwaltung GmbH. Von den 8000 bis 9000 Stiftungen in Deutschland betreut die Stiftungsverwaltung 330. Dafür beschäftigt sie 35 Juristinnen, Betriebswirte, Naturwissenschaftler und Buchhalter. De Weldige, der auch im Betriebsrat aktiv ist, kümmert sich um die Stiftungen mit naturwissenschaftlichen Zielen. Hinter seinem Schreibtisch stehen 37 Aktenordner im Regal, für jede Stiftung einer. „Ich bin für jede Stiftung ein kleiner Geschäftsführer", erklärt de Weldige, dessen Name im niederländischen „der Gewaltige" bedeutet.

Eine seiner Stiftungen ist die Dyckerhoff-Stiftung. Als das Unternehmerehepaar Dyckerhoff beschloss, zwei Millionen Mark anzulegen und mit den Zinsen die Zementforschung zu fördern, wandten sich die Eheleute an die Stiftungsverwaltung. Abzüglich Verwaltungskosten stehen 25 000 Euro pro Jahr für gemeinnützige Zwecke zur Verfügung. Die beiden Geschäftsleute hatten konkrete Vorstellungen. Sie wollten mit dem Geld das Forschungszentrum des Verbandes der Deutschen Zementindustrie sowie den einschlägigen Fachbereich der Technischen Universität Clausthal unterstützen. In diesem Fall koordiniert de Weldige alles Übrige: Die Rechtsabteilung muss eine Satzung schreiben, die Steuerabteilung die Gemeinnützigkeit beim Finanzamt beantragen. Er beruft in Absprache mit den Dyckerhoffs ein Kuratorium aus Wissenschaftlern, das die Stiftung inhaltlich berät. Einmal im Jahr lädt er zur Kuratoriumssitzung ein, erstellt die Tagesordnung, leitet die Sitzung, schreibt das Protokoll. Und das für 36 weitere Stiftungen. Oft haben die Stiftungsverwalter auch mit den ganz Großen zu tun. Mit Deutsche Bank-Chef Breuer, Alcatel-Vorstand Bernhardt oder dem ehemaligen Bahn-Manager Heinz Dürr. Denn in ihren Stiftungen finden die Konzernchefs und Mäzene ein Stück Selbstverwirklichung, zu den Kuratoriumssitzungen erscheinen sie persönlich. „Man muss einfach die Scheu ablegen", rät de Weldige, da hilft ein gesundes Selbstvertrauen.

Umarmung vom Preisträger

„Manche kommen auch nur an und sagen: ich möchte Wissenschaft fördern, was kann ich tun?" Mit diesen Stiftern berät er nicht nur, ob das Geld als Preis, als Studienstipendium, für Forschungsprojekte oder als Druck- oder Reisekostenzuschuss vergeben werden soll. Er schlägt auch einen Forschungsbereich vor und entscheidet mitunter über Förderanträge, die von Wissenschaftlern beim Stifterverband eingereicht werden. Eine machtvolle Position, immerhin verwaltet er insgesamt 125 Millionen Euro Stiftungskapital, von dem etwa 5 Prozent Zinsen jährlich ausgegeben werden. „Man muss aufpassen, dass die Gelder am Ende nicht willkürlich verteilt werden," gibt de Weldige zu. Bei größeren Summen lässt er DFG-Gutachter über die Anträge entscheiden. Die DFG unterstützt den Stifterverband bei der Begutachtung, weil sie selbst von vielen Stiftungen Geld bekommt. Fördergelder um 5000 Euro sind allerdings zu niedrig, um dafür Gutachter zu bemühen. Hier entscheidet de Weldige eigenständig. „Es ist eine Annäherung an die Ideallösung", sagt er.

Das macht die Arbeit aber auch spannend. De Weldige liest das Physik Journal, *Nature*, „Bild der Wissenschaft" und „Spektrum", um über aktuelle Forschungsthemen informiert zu sein. Er pflegt die Kontakte zu seiner ehemaligen Forschungsgruppe am Max-Planck-Institut für Eisenforschung und an der Universität Bonn. Außerdem knüpft er ein immer dichteres Netz zu DFG-Referenten, Sachbearbeitern in der Max-Planck-Gesellschaft oder Pressereferenten der Fraunhofer-Gesellschaft. Die großen Förderorganisationen, darunter auch der Deutsche Akademische Austauschdienst, die Alexander-von-Humboldt-Stiftung und die VW-Stiftung, veranstalten regelmäßig mehrtägige Treffen für die jüngeren Mitarbeiter. „Interdisziplinär, Transdisziplinär oder was sonst", steht dann zum Beispiel auf dem Programm. Wichtiger als die inhaltliche Diskussion ist oft der Spaziergang nach dem Essen oder das gemeinsame Bier am Abend. Wie in den Spezialgebieten der Physik gibt es hier eine überschaubare Szene mit allem was dazu gehört: Hierarchien und Platzhirschen, Gurus und Gönnern, und Traumjobs.

Der Traumjob für einen Stiftungsmanager wäre wohl die Position des Geschäftsführers der Volkswagenstiftung mit 1,9 Milliarden Euro Stiftungskapital. Kai de Weldige beantwortet die Frage nach seinen beruflichen Träumen ganz nüchtern: „Man ist hier prädestiniert, um bei einer gemeinnützigen Stiftung Geschäftsführer zu sein." Daran denkt er aber noch lange nicht. „Seit fünf Jahren gab es keinen Tag, den ich als Routine empfunden hätte." Die Arbeit soll anerkannt werden und Spaß machen. „Ich möchte hier täglich rausgehen und das Gefühl haben, etwas Sinnvolles gemacht zu haben. Etwas, das in mein Weltbild passt." Der Wissenschaft helfen. „Wenn ich jungen Wissenschaftlern am Telefon sage: ‚Sie haben hier einen Preis gewonnen', dann würden die mich am liebsten umarmen. Das befriedigt einen."

≓

Äußerlich wirkt Jochen Viehoff wie ein Gegenpol zu Kai de Weldige. Er wechselt mitten im Satz das Thema, lässt seinen Assoziationen freien Lauf und entzieht sich jeder Chronologie. Statt Hemd und Krawatte trägt er T-Shirt und Trekkinghose. Viehoff arbeitet als künstlerisch-wissenschaftlicher Mitarbeiter – „Küwi" – an der Kölner Kunsthochschule für Medien. Kein Künstler wie er im Buche steht, sondern ein Künstler und Fotograf mit Promotion in theoretischer Teilchenphysik und Programmierkenntnissen in Fortran 90, C++ und Java. Im Innern bewegen Viehoff die gleichen Motive wie de Weldige und viele andere Physiker, die der akademischen Laufbahn abschwören: „Ich hätte mich spezialisieren müssen auf ganz kleine Rädchen, die man bewegen wird."

Keine Aktenordner, sondern Umzugskisten, Plastiktütchen und bunte Pappschachteln stapeln sich in einer Ecke des Büros. Viehoff zieht eine transparente Tüte mit einem Lutscher hervor. Im Stiel schwappt eine rote Flüssigkeit. Der Kopf aus Pressbrause hat die Form eines Totenkopfes. Drückt man den Lolli, kommt die rote Flüssigkeit aus den Augen. „Horrorsüßigkeiten", sagt Viehoff, *„extreme candy, disgusting sweets."* In Deutschland verboten, in Amerika und Asien bei Kindern beliebt. „Ich ess das nicht", versichert der Künstler-Physiker, „ich fotografiere". Gemeinsam mit dem Kunsthistoriker im Nachbarbüro plant er eine Ausstellung der Exponate samt Makrofotografien im Museum für angewandte Kunst in Köln.

Viehoff ist nicht durchgeknallt, er ist – man ahnt es – vielseitig. Auf dem 20-Zoll-Bildschirm seines Mac öffnet er ein Java-Applet mit einem Portrait Arnold Schwarzeneggers mit Sonnenbrille. Auf Knopfdruck fressen sich Inseln in das Portrait, die langsam größer werden. Nach und nach kommt ein Totenkopf zum Vorschein. Der morbiden Bildtransformation liegt ein Monte-Carlo-Algorithmus zugrunde, der auf dem Ising-Modell zur Beschreibung des Ferromagnetismus basiert. Die Mauskoordinaten auf dem Bildschirm steuern die Temperatur und ein äußeres Magnetfeld in der Simulation. Die Pixel des Portraits und des Totenkopfes sind die beiden Eigenzustände der Spins. Je nach Temperatur und Magnetfeld zerfällt Schwarzenegger großflächig oder wie ein Bildschirmrauschen – fertig ist der *Image-Mixer.* Mit wenigen Parametern komplexe Systeme zu steuern, das ist das Ziel. „Ich infiltriere die Kunsthochschule mit einigen physikalischen Grundideen", schmunzelt Viehoff.

Zwanzig Prozent seiner Arbeitszeit stehen ihm für eigene künstlerische Projekte zur Verfügung. In der übrigen Zeit organisiert er eine Vortragsreihe über *self-modifying Media,* mit Gästen wie dem Robodog-Designer Frederic Kaplan von Sony und dem Hirnforscher Peter Cariani aus Harvard, unterrichtet eine Handvoll Studenten in der Programmiersprache Java und hält Vorträge über Quanteninformation und DNA-Computer. Vielen Quantenoptikern würden sich die Nackenhaare der reinen Wissenschaft sträuben. „Es geht um die Idee, die Ansätze des Andersdenkens," entgegnet Viehoff, „dass man sich von eingefahrenen Wegen trennen kann." Und darin ist er vom Selbstverständnis der Grundlagenforscher gar nicht weit entfernt. Schließlich hat er selbst sechs Jahre nichts anderes gemacht. Sofort kann Viehoff umschalten auf sein Promotionsthema, das Proton-Spin-Problem. Auf nicht-perturbative Beiträge aus dem QCD-Vakuum, Flavour Singulett Matrix Systeme und die Quench-Näherung.

Der kreative Prozess

In einer internationalen Forschergruppe hat er Simulationen für Parallelrechner geschrieben, die eigens für das Lösen von 3×3-Matrizen konstruiert worden waren. Die Krönung einer langjährigen Computerbegeisterung. „Ich war einer der ersten Freaks", erinnert sich der Medienkünstler. Auf einem ZX81 mit 16 Kilobyte Speichererweiterung ließ er einen Flugsimulator laufen. Das Laden des Programms von Kassette dauerte 20 Minuten. Eigentlich wollte Viehoff Mathematik studieren. Das Interesse an der Physik erwachte wieder, als er Albert Einstein in Dürrenmatts „Die Physiker" spielte, mit Geige und Revolver. Eine Einstein-Biographie weckte sein Interesse für die Interpretationen der Quantenmechanik. In seinem Heimatort Wuppertal studierte Viehoff Physik und Philosophie. Und er begann zu fotografieren und richtete sich im Keller seines Elternhauses eine Dunkelkammer ein. Den ersten Auftrag verdankt der junge Doktorand seinen Internetkenntnissen. Er sollte das Wuppertaler Tanztheater von Pina Bausch für die neue Homepage fotografieren. Die Leidenschaft für die Kunst war geweckt. Heute erscheinen Bücher mit seinen Bildern, und Kulturmagazine aus Japan, Brasilien und den USA bestellen bei ihm.

Dem frisch promovierten Physiker-Fotografen wurden Postdocstellen in Alaska und Kalifornien angeboten. Er interessierte sich für eine Stelle in der Stauforschung und besuchte sogar einen Career Day in der IT-Branche. Als einziger in Jeans und Hemd, aber das spielte 1998 schon keine Rolle mehr. „Ich war sehr unentschlossen", sagt Viehoff. Dann sah er die Stellenanzeige der Kunsthochschule für Medien. „Das war ein Volltreffer." An der KHM studieren 220 junge Künstler bei rund 40 Professoren und 30 Assistenten. Viehoff und seinem Prof geht es um mehr als das Programmieren von netten Tools für die Bildverarbeitung. Die Entwicklung von neuen Mensch-

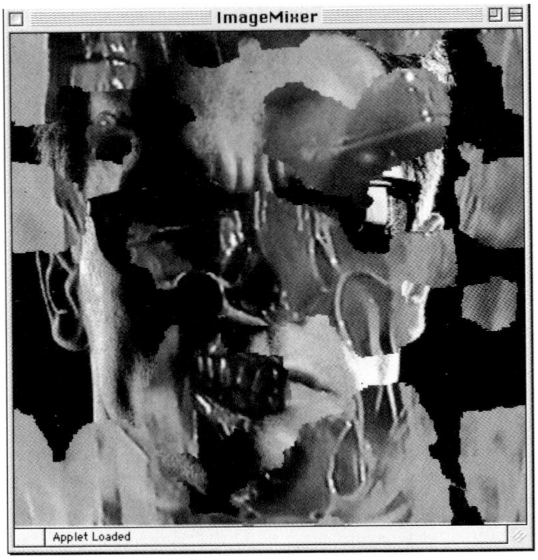

Physik für Künstler: Im ImageMixer wird aus Arnold Schwarzenegger ein Totenkopf. Die Bildtransformation beruht auf dem Ising-Modell.

Maschine-Schnittstellen sowie selbstmodifizierende Kreativ-Software sind ihre Steckenpferde. Und weil das nach einigen Erklärungsversuchen immer noch schwer zu verstehen ist, bekommen Viehoffs blaue Augen etwas Beschwörendes, und seine ruhige Stimme klingt ungeduldig. „Die Entwicklung des Computers ist desillusionierend!" schimpft er, „Das ist doch von-Neumann-Turing-Architektur von vor 50 Jahren." Ganz zu schweigen vom Internet, „es ist so unglaublich starr!" Deshalb das Interesse an Biocomputern, die ihre eigene Software oder sogar Hardware verändern. Die Faszination für Quantencomputer mit ihren Superpositionszuständen. Sind solche Maschinen nicht ziemlich indeterministisch und unberechenbar? „Natürlich! Das ist der kreative Prozess".

Das Fernziel heißt „funktionale Emergenz". Aus einfachen Strukturen soll Neues entstehen, das den Künstler in seiner Kreativität unterstützt. Architekten, zum Beispiel, verzichten bei ihren Grundentwürfen auf den Computer, weil die feste Funktionalität der Programme schon die Ästhetik festlegt. Das kann jeder nachvollziehen, der mit der Maus freihändig einen Kreis gezeichnet hat. Sie greifen zu Papier und Bleistift, wenn sie ihre ersten Skizzen entwerfen. Ein Blatt Papier und ein Stift, „mit dieser Schnittstelle sind wir unendlich vertraut." Wie könnte eine Rechenmaschine aussehen, die den Architekten einen eigenen Stil entwickeln lässt? „Wenn wir das wüssten, wären wir fein raus", sagt Viehoff.

Jochen Viehoff, der Künstler. Kai de Weldige, der Stiftungsverwalter. Andreas Kuhlmann, der Politikmanager und Ralf Bönt, der Schriftsteller. Ob sie wurden was sie sind, weil sie Physik studierten? Oder studierten sie Physik, weil sie schon vorher eigene Wege gingen? Es ist die Frage nach der Henne und dem Ei. Vielleicht aber auch der Beweis, dass Physiker eben doch fast alles können.

„Die Gemeinsamkeit ist die Formalisierung der Welt"

Interview mit Ralf Bönt, gelernter Autoschlosser, promovierter Physiker, Schriftsteller.

In welcher Vorlesung kamen Sie auf die Idee, Schriftsteller zu werden?
Ein spontaner Entschluss war es nicht. Es gab allerdings ein Überraschungsmoment: Während der Promotion habe ich sehr viel gelesen. Als ich eines Tages meinen Schreibtisch aufräumte, fand ich ein Prosagedicht, das ich vor Jahren geschrieben hatte und nun mit den Augen eines geübten Lesers betrachtete. Und es gefiel mir sehr gut. Ich habe zwei Jahre darüber nachgedacht, was das bedeuten könnte. Dann schrieb ich meine ersten Erzählungen – 20, 30 Seiten – und schickte sie an Verlage. Das Feedback war positiv.

War Ihnen die Physik nicht kreativ genug?
Die Physik und die Lebenswelt des akademischen Physikers waren mir zu einseitig.

Ganz ähnlich wie dem Protagonisten in Ihrem Roman „Icks".
In Icks sind durchaus Splitter meiner Biographie verarbeitet. Ich habe in theoretischer Teilchenphysik promoviert, Icks auch. Aber der Roman ist nicht autobiographisch.

Icks sehnt sich nach einem normalen Leben mit normalen Freunden, einem normalen Sexualleben, einer normalen Wohnung und so weiter. Das kann man als Physiker doch auch haben.
Das schon, aber bei einer akademischen Laufbahn ist es auf jeden Fall schwieriger. Auf dem vorgezeichneten Karriereweg muss man alle zwei Jahre seinen Wohnort ändern. Da wird es mit dem Sexualleben leicht schwierig. Im Ernst: Mir war das zu radikal. Ich war mir schon während der Promotion sehr sicher, dass ich eine Familie haben wollte. Die Aussicht auf eine Professur habe ich auf vielleicht 50:50 eingeschätzt: zu wenig, um alles andere dafür zurückzustellen.

Bereuen Sie im nachhinein, Physik studiert zu haben?
Keineswegs. Manchmal packt mich noch die Faszination an der Physik. Meistens, wenn ich von Laien befragt werde und länger als fünf Minuten erzählen darf. Dann komme ich schon ins Schwärmen. Außerdem habe ich die wesentlichen Fähigkeiten, die ich zum Schreiben brauche, im Physikstudium ausgebildet.

Nämlich...?
Die große Gemeinsamkeit ist die Formalisierung von Welt. Man schreibt komplexe Zusammenhänge in Schriftsymbolen nieder. Auch äußerlich gibt es Parallelen: Wenn ein Physiker sich eine bestimmte Theorie erarbeitet, fängt er irgendwann an, mit der Theorie

zu spielen und merkt, dass er sie verstanden und durchdrungen hat. Und so ist es mit einem Roman auch.

Ein Beispiel?
Bei Icks gibt es das Motiv des Hausbaus. Seine Mutter hat immer über den Krieg gesagt: Wir kamen nach Hause und das Haus war weg. Später baut der Vater ein neues Haus für die Familie. Das ist die Großtat im Deutschland der 70er Jahre. Das Buch schließt ab mit der Feststellung von Icks' Frau, dass sie selber jetzt ein Haus möchte, weil ein Kind da ist. Ich merkte beim Schreiben nach und nach, wie sich der „Hausbau“ vom Wort zum Zeichen entwickelte, und dann zu einer ganzen Welt. Das war anfangs gar nicht geplant.

Zum Schreiben braucht man außer den Zeichen Sprachgefühl.
Das hatte ich vorher schon, in der Jugend. Wenn ich Briefe schrieb, dann kam auch etwas zurück. Manche Leute wunderten sich. Neben einer Handvoll schreibender Physiker gibt es übrigens sehr viele Juristen, die Schriftsteller sind. Diese beiden Gruppen haben eine brutal genaue Sprachausbildung. Wenn man ein *Paper* liest in der Physik, muss man jeden Satz auseinandernehmen. Physiker nutzen die Sprache als reines Kommunikationsmittel, so wie der Maler die Farbe benutzt.

Gibt es ein Rezept, wie man Schriftsteller wird?
Auf jeden Fall sollte man nicht gleich anfangen, einen Roman zu schreiben, sondern erst mal versuchen, Erzählungen und kürzere Geschichten in Literaturzeitschriften zu publizieren. Dabei muss man ein professionelles Verhältnis zum Text entwickeln. Viele Anfänger sind zu sehr in ihre Texte verliebt. Wenn sie etwas aufgeschrieben haben, wollen sie nicht mehr daran rühren oder darüber diskutieren.

Der Entschluss einen Roman zu schreiben, ist das ein Moment der Erleuchtung?
Es reift. Man braucht einen langen Atem. Ich hatte mein Thema im Kopf: Generationenkonflikte im Nachkriegswestdeutschland, das waren meine beiden ersten beiden Bücher. Ich versuchte dann natürlich schon, eine Handlung zu finden, die abbildet, was ich für exemplarisch hielt. Auf jeden Fall muss man Frustrationstoleranz mitbringen, bis es zum Verlagsvertrag kommt.

Hat Ihr Verlag viel an Ihren Manuskripten geändert?
Inhaltlich wollte das Lektorat so gut wie nichts ändern. Aber ich sollte in den Monolog von Icks Absätze einbauen. Das hat mich sechs Wochen gekostet, denn der Text war schon durchkomponiert. Aber

auch da gibt es Naturgesetze. Wenn man wie ich am Phonetischen entlang schreibt, kann man nicht einfach so Absätze machen. Ich musste an den entsprechenden Stellen den Text etwas ändern.

Und wie waren die Kritiken?
Die waren schon ganz gut, soweit ich mich erinnere.

Super Gefühl, oder?
Anfangs war ich erstaunt, wie gut die Kritik ist. Die haben mich verstanden, dachte ich. Dann sind meine Ansprüche an die Kritik gestiegen. Irgendwann merkte ich, dass die Kritiker sich untereinander bekriegen. Wenn die ZEIT etwas schreibt, muss die FAZ, dann die NZZ irgendwie das Gegenteil schreiben. Egal ob Gut oder Böse, es kann auch beides gut oder schlecht sein. Nach einer Weile schaltet man dann auch ein bisschen ab.

Wer interessiert sich außer den Kritikern für den 150-seitigen Monolog eines promovierten Physikers namens Icks?
Spontane Affinität habe ich eher von Männern erlebt. Manches Mal gab es eine enthusiastische Reaktion, egal ob sie nun studiert hatten oder nicht. Auf Lesungen glucksen die Damen gerne bei Seite drei, wenn nicht, moniere ich das. Wobei „Icks" eine Literatur ist, die nicht in der Bahnhofsbuchhandlung verkauft wird. Insofern ist die akademische Welt den meisten Lesern schon irgendwie bekannt. Und sie steht ja auch nur für die Ambitionen des Nachkriegsdeutschlands.

Die Eltern von Icks kommen nicht so gut weg. Reden Ihre Eltern noch mit Ihnen?
Das Buch wurde ja in Bielefeld erfolgreich auf die Bühne gebracht und in den Zeitungen erwähnt. Aber meine Eltern sind wohl eine Privatangelegenheit. Wenn ein Kritiker in Zürich schreibt, das Buch sei autobiographisch, obwohl er mich noch nie getroffen hat, kann ich darüber nur lächeln.

Gab es auch ein Feedback von Ihren früheren Kollegen?
Mein Diplomvater hat mein Buch gelesen und sich detailliert und erstaunt geäußert, sehr positiv. Ansonsten habe ich nicht mehr viele Freunde in meinem Alter in der Physik. Dazu ist es zu lange her, und ein Grund aufzuhören war ja auch, dass ich keine hatte.

Was unterscheidet die Literaturszene von der Physik-Community?
Beide sind sehr ähnlich. Ich hätte es anfangs nicht gedacht, aber die Literaturszene ist mindestens so homogen wie die der Physiker, man ist genauso unkörperlich. In der Physik konnte man ein Gespräch auf einer Konferenz in Korfu freitags unterbrechen und montags auf

der nächsten Konferenz in Hamburg weiterführen, als hätte man sich gerade mal eine Zigarette angesteckt. So ist es in der Literatur auch. Bestimmte Partys auf der Buchmesse sind wichtig. Ich gehe schon seit zwei Jahren nicht mehr hin.

Wie geht es mit Ihnen weiter?
Ich habe ein paar Anfragen vom Theater und vom Hörfunk. Ich schreibe aber momentan an meinem nächsten Buch. Auch das Fernsehen würde mich eines Tages mal interessieren. Zum Beispiel gucke ich ab und zu den Tatort, meine Frau liebt den. Ich bin immer wieder schockiert über die absolut dämlichen Skripte. Am Ende passt nichts zusammen. Man ist halt von den Bildern geleitet, nicht von der Sprache. Ich müsste umlernen.

Sind sie zufrieden?
Wie meinen Sie?

Wirtschaftlich zum Beispiel.
Wirtschaftlich nicht, das wäre gelogen. Ich kann mich nicht mit einem Akademiker vergleichen. Aber es prosperiert. Ich bin in den schwarzen Zahlen, beileibe keine Selbstverständichkeit in der Kunst.

Die IT-Branche reizt Sie nicht?
Es gibt eine Menge, was mich interessieren würde, angefangen von Friedensforschungsinstituten bis hin zu den klassischen Stationen im Wirtschaftsleben, wo man mit abstraktem Denken eine Menge Geld verdienen kann. Das wäre eine Mischung aus etwas Kommunikativem und der inklusiven Horizonterweiterung. In vielen Jobs würde mir aber die Freiheit fehlen. Camus hat zu Recht gesagt: Der Schriftsteller ist doch weniger der Soldat als der Freischärler.

Das Studium

Das Physikstudium in Deutschland war bis Ende der 90er-Jahre vergleichsweise übersichtlich. An 55 Universitäten studierte man Physik mit dem Abschluss Diplom-Physiker, an 27 Fachhochschulen und Gesamthochschulen Physikalische Technik mit dem Abschluss „Diplom-Ingenieur". Beide Studiengänge sind heute zwar nach wie vor weit verbreitet. Doch eine Reihe von weiteren Studiengängen und Abschlüssen mit Schwerpunkt Physik sind hinzugekommen. Das Spektrum reicht vom Studiengang Wirtschaftsphysik an der Universität Ulm über den Bachelor of Science in Computational Physics an der Universität Stuttgart bis zum Master of Science in Environmental Physics an der Universität Bremen. Diese Vielfalt hat Vor- und Nachteile.

Zum einen lassen sich individuelle Wünsche besser berücksichtigen. Wer in die Softwarebranche gehen möchte, aber das Informatikstudium zu einseitig findet, der wählt vielleicht das Physikstudium mit Informatikausrichtung, wie es seit dem Wintersemester 2001 etwa von der Universität Heidelberg angeboten wird. Zum anderen schafft die Vielfalt der Abschlüsse Verwirrung. Was kann ein Master of Science in Environmental Physics oder ein Bachelor of Science in Computational Physics? Welche Fähigkeiten beherrscht der Bachelor of Science in Engineering Physics der Fachhochschule Münster? Vor diesen Fragen stehen nicht nur Arbeitgeber, die einen Absolventen mit Physikkenntnissen einstellen wollen, sondern auch Studienanfänger. Dieses Kapitel gibt eine Übersicht und leistet Hilfestellung, den besten Studiengang für die eigenen Interessen auszuwählen.

Historie

In den 80er-Jahren erfreute sich das Physikstudium einer wachsenden Beliebtheit. Wie in anderen Fächern auch nahm die Zahl der Studenten von Jahr zu Jahr zu (siehe Abb. 1). Das lag nicht nur an den geburtenstarken Jahrgängen und der wachsenden Studierfreudigkeit der Abiturienten. Auch auf dem Arbeitsmarkt kamen die 2000 bis 3000 Physik-Absolventen pro Jahr gut unter. Insgesamt waren Mitte der 80er-Jahre weniger als 1000 Physiker mit Universitäts- oder Fachhochschulabschluss arbeitslos gemeldet, eine Quote von weniger als zwei Prozent.

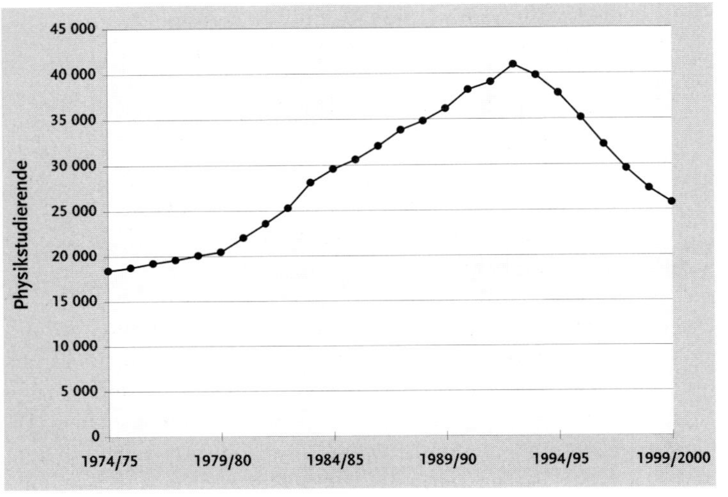

Abb. 1: Bis zum Wintersemester 1992/93 stieg die Zahl der Physikstudierenden kontinuierlich an. Geburtenschwache Jahrgänge und steigende Arbeitslosigkeit sorgten danach für einen Rückgang, der sich wegen niedriger Anfängerzahlen noch ein paar Jahre fortsetzen wird.

Anfang der 90er-Jahre wendete sich das Blatt. Die Physiker-Arbeitslosigkeit stieg (siehe Abb. 2). 1994 suchten fast 4000 Physiker einen Job, jeder zweite war unter 35 Jahre alt. Frisch gebackene Diplom-Physiker schrieben Dutzende von Bewerbungen, bevor sie zu einem Vorstellungsgespräch eingeladen wurden. Unternehmen begannen zu sparen und reduzierten als erstes ihre Forschung, die klassische Domäne der Physiker. Sogar der damalige Präsident der Deutschen Physikalischen Gesellschaft riet zeitweise davon ab, Physik zu studieren – eine Fehleinschätzung, wie man im Nachhinein weiß. Denn die boomende Telekommunikationsbranche, die Internet-Euphorie und der Computerhype bescherten den Unternehmen einen neuen Aufschwung, von der Halbleiterindustrie über die Softwarebranche bis zur Informationstechnologie (IT). Informatiker, Ingenieure und Physiker waren wieder gefragt. Ende der 90er-Jahre kam die Quit-

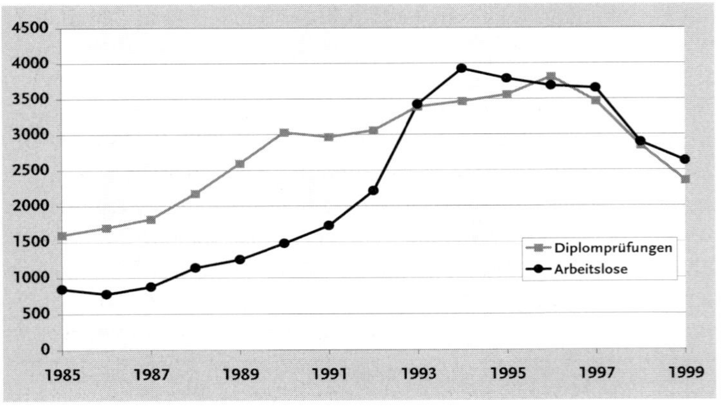

Abb. 2: Der „Schweinezyklus" des Physikstudiums: Als die Physiker Mitte der 80er Jahre auf dem Arbeitsmarkt gefragt waren, begannen viele Studenten mit dem Physikstudium. Als sie fertig waren, war der Arbeitsmarkt gesättigt, die Arbeitslosigkeit stieg. Heute sind Physiker wieder begehrt.

tung für die zögerliche Einstellungspolitik zu Beginn des Jahrzehnts: Die Absolventenzahlen waren stark zurückgegangen (siehe Abb. 2), die Industrie beklagte den Mangel an Fachkräften.

Dieser Rückgang blieb auch an den Universitäten und Fachhochschulen nicht ohne Folgen. Studenten fanden paradiesische Studienbedingungen vor: kleine Übungsgruppen, gute Betreuung, freie Auswahl bei der Diplomarbeit. Die Gehälter für Doktoranden wurden erhöht, damit nicht alle Nachwuchswissenschaftler in die Industrie abwanderten. Doch die Arbeitsgruppen an den Universitäten rutschten von der Studentenschwemme und überfüllten Hörsälen ins andere Extrem. Plötzlich mangelte es an Diplomanden, Stellen blieben unbesetzt, Doktoranden brachen ihre Dissertation ab, weil sie verlockende Angebote aus der Industrie bekamen, Ministerien drohten mit Kürzungen, weil die Zuschüsse von den Studentenzahlen abhängen. Im Wintersemester 2000/2001 waren etwa 25 000 Studierende im Fach Physik eingeschrieben, 1992/93 waren es rund 40 000.

Neue Studiengänge

Um das Jahr 2000 begannen die Experimente mit den neuen Studiengängen. Auf Druck der Politik werden in den Naturwissenschaften vielerorts die Abschlüsse „Bachelor of Science“ und „Master of Science“ eingeführt, wie man sie unter anderem aus den Vereinigten Staaten kennt. Ziel ist es, die Hochschullandschaft in Deutschland mit internationalen Abschlüssen kompatibler zu machen. Für Studenten aus dem Ausland soll dadurch der Wechsel an eine deutsche Universität oder Fachhochschule erleichtert werden. Die Physikfachbereiche der Universitäten betrachten diese Entwicklung mit Sorge. Sie fürchten einen Qualitätsverlust der Physikausbildung. Diese Diskussion ist noch nicht abgeschlossen (siehe auch den Abschnitt über neue Studiengänge auf Seite 142). Es ist aber vorherzusehen, dass der Abschluss zum Master of Science immer häufiger anzutreffen sein wird, zunächst jedoch weniger einheitlich geregelt als der Abschluss zum Diplom-Physiker. Viele Fachbereiche experimentieren.

Wie sich die Studentenzahlen und der Arbeitsmarkt entwickeln werden, darüber lässt sich nur spekulieren. Seit dem Studienjahr 1997/98 (Wintersemester 1997/98 und Sommersemester 1998) steigt die Zahl der Erstsemester wieder leicht an (siehe Abb. 3). Dass sie zu ihrem alten Höchststand zurückkehrt, ist allerdings unwahrscheinlich. Der Wettbewerb um neue Studenten bleibt demnach bestehen. Gleichzeitig verbessern sich die Aussichten auf eine Karriere in der Wissenschaft, da eine Reihe von Professoren in den nächsten Jahren in Ruhestand geht. Auch die Schulen stehen vor einer Pensionierungswelle und suchen Lehrer. Bis 2013 werden 350 000 von 750 000 Lehrern in Deutschland in den Ruhestand gehen. 300 000 Stellen müssen neu besetzt werden. Die Zahl der Lehramtsstudenten im Fach Physik ist unterdessen stark zurückgegangen. Daher wird es an Physiklehrern in den nächsten Jahren mangeln. In der Industrie ist die Aussicht nicht ganz so deutlich, wie man zum Beispiel am Auf und Ab der Halbleiterindustrie sehen kann.

Aus Absolventenstudien und Umfragen sowie aus der Erfahrung von Hochschullehrern und Studierenden lässt sich vor allem eine Lehre ziehen: Physik studieren sollte man aus Interesse und Spaß am Fach. Wer nur die Karriere als Forschungsmanager oder Entwicklungschef im Blick hat, tut sich mit den Inhalten womöglich schwer.

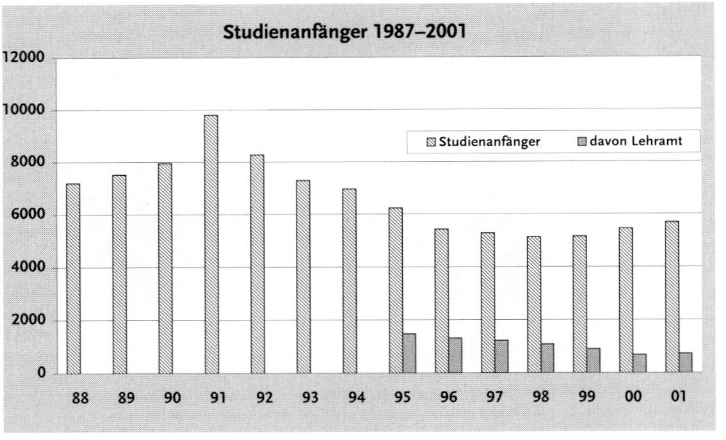

Abb. 3: Anfang der 90er Jahre erreichte die Zahl der Studienanfänger im Fach Physik ihren Höhepunkt (auch aufgrund der Wiedervereinigung). Nach einem starken Rückgang bis zum Tiefpunkt im Studienjahr 1997/98 steigen die Anfängerzahlen wieder leicht an. Die Zahl der Lehramtsstudenten sinkt vorerst weiter.

Andererseits schadet der Blick über den Tellerrand nicht. Ein Praktikum während des Studiums ist häufig schon die Eintrittskarte für den späteren Beruf. Welcher Physikstudiengang den eigenen Interessen am weitesten entgegenkommt, welche Spezialisierungen und welche Abschlüsse möglich sind, was die Promotion bringt und wie man im Ausland studiert, davon handeln die folgenden Abschnitte.

Der Diplomstudiengang an Universitäten

Voraussetzungen

Physik studieren kann jeder mit Abitur (über Ausnahmen informieren Merkblätter der Universitäten). Bei den niedrigen Studentenzahlen unterliegt die Zulassung zum Physikstudium derzeit keinen Beschränkungen. Physik und Mathematik als Leistungskurse im Abitur sind eine hilfreiche, aber nicht notwendige Voraussetzung für das Physikstudium. Auch wer etwa Physik und Englisch als Leistungskurse hatte, wird das Physikstudium meistern können und dafür möglicherweise einen Vorteil bei der Lektüre von englischen Aufsätzen und Fachbüchern haben – und darum kommt man im Physikstudium nicht herum. Allerdings sollte man sich auf ein hohes Tempo in der Mathematikvorlesung gefasst machen. Wer Physik nach der elften Klasse abgewählt und in Mathematik nicht aufgepasst hat, wird sich mit dem Einstieg in das Physikstudium schwer tun.

Das Physikstudium besteht in den ersten beiden Jahren bzw. vier Semestern zu einem guten Drittel aus Mathematikvorlesungen und -übungen. Manche Universitäten bieten vor dem Studienbeginn einen mehrtägigen Intensivkurs in Mathematik an. Dieser Kurs ist hilfreich, um die wichtigsten Grundbegriffe zu lernen oder aufzufrischen. In der regulären Vorlesung ist das Wissen aus dem Leistungskurs Mathematik nach ein paar Stunden abgehakt, und es geht für alle aufs Neuland.

Bewerbung

Die Vergabe der Studienplätze erfolgt nicht durch die Zentralstelle für die Vergabe von Studienplätzen (ZVS). Dadurch ist der Einstieg in das Physikstudium denkbar einfach: Man schickt zunächst einen Zulassungsantrag an die Hochschule. Diese „Bewerbung" ist eher eine Formsache und hat mit einer Bewerbung für ein Stipendium, einen Preis oder einen Arbeitsplatz wenig gemein. Die Hochschule prüft lediglich, ob man die formalen Voraussetzungen für das Studium erfüllt. Daher sind dem Zulassungsantrag beglaubigte Kopien des Abiturzeugnisses beizufügen. Einige Universitäten bieten die Antragsformulare zum Download im Internet an. Meist findet man sie über den Link „Studium" auf der Einstiegsseite der Universität.

Fristen

Zwei Fristen sind für Studienanfänger wichtig, die Bewerbungsfrist und die Immatrikulationsfrist. Die Bewerbungsfrist ist der Tag, bis zu dem man den Zulassungsantrag einreichen muss. Das Datum variiert je nach Hochschule von Mitte Juni bis Mitte Oktober für das Wintersemester. An vielen Fachhochschulen und Universitäten entfällt die Bewerbungsfrist, und man kann die Unterlagen jederzeit einreichen. Innerhalb der Immatrikulationsfrist schreibt man sich an der Universität in den gewünschten Studiengang ein. Dazu muss man in der Regel persönlich erscheinen (Personalausweis nicht vergessen).

An rund 20 von insgesamt 55 Physikfachbereichen der Universitäten ist der Beginn des Physikstudiums nur zum Wintersemester möglich, weitere 10 empfehlen den Einstieg zum Wintersemester. Das Wintersemester dauert in der Regel vom 15. Oktober bis zum 15. Februar, das Sommersemester vom 15. April bis zum 15. Juli. Je nach Bundesland und Universität kommt es zu Abweichungen.

Fernstudium

www.fernstudium-physik.de

Wer von der Bundeswehr oder dem Zivildienst nicht ausgelastet ist und sich per Internet auf das Physikstudium vorbereiten möchte, kann sich den Früheinstieg ins Physikstudium (FiPS) anschauen. Dieses Angebot des Physik-Fachbereichs der Universität Kaiserslautern umfasst den Unterrichtsstoff in Physik und Mathematik der ersten beiden Semester. Die FiPS-Teilnehmer erhalten wöchentliche Übungsaufgaben und Vorlesungsskripte. Sie führen interaktive Bildschirmexperimente durch und müssen zu einigen Kompaktkursen nach Kaiserslautern kommen. Wer die FiPS-Kurse anschließend von anderen Universitäten auf das Pflichtpensum anrechnen lassen

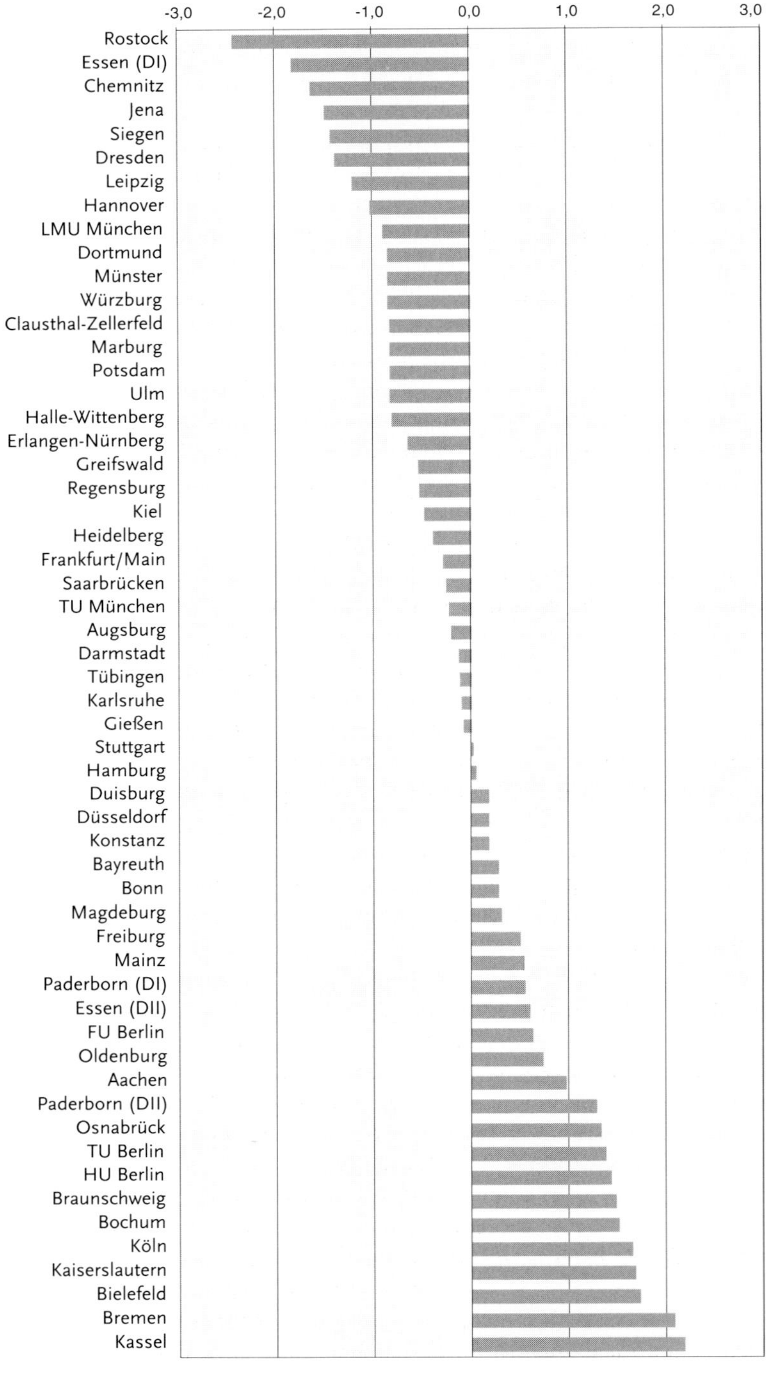

Abb. 4: Das Physikstudium in Deutschland dauert im Durchschnitt 11,8 Semester. Gezeigt ist die jeweilige Abweichung von diesem Mittelwert. Die Studiendauer variiert demnach von 9,4 Semestern an der Universität Rostock bis zu 14 Semestern an der Universität Kassel. Ärgerlich werden lange Studienzeiten, wenn sie auf mangelnde Praktikumsplätze oder knappe Prüfungstermine zurückzuführen sind.

möchte, sollte sich beim jeweiligen Dekanat erkundigen, ob dies möglich ist. Kein Fernstudium, aber eine Art Schnupperkurs wird von einigen Universitäten unter dem Titel „Saturday Morning Physics" angeboten: Physikvorlesungen für Oberstufenschüler am Samstag morgen.

www.satmorphy.de

Diplom-Studiengang

Der klassische Physik-Diplomstudiengang wird in Deutschland zum Studienjahr 2002/2003 an 53 Universitäten angeboten. An weiteren zwei Universitäten, Paderborn und Siegen, wurde der Diplomstudiengang auf Druck der Landesregierung zum Wintersemester 2001/02 bzw. 02/03 durch einen Bachelor-Masterstudiengang ersetzt (siehe Seite 142). In jeder größeren Universitätsstadt kann man Physik studieren. In ihrer Struktur unterscheiden sich die Studiengänge kaum. In der Regel legen die Studenten nach vier Semestern Grundstudium, also zwei Jahren, das Vordiplom ab. Der folgende Abschnitt heißt Hauptstudium. Nach typischerweise zehn Semestern beginnt die einjährige Diplomarbeit, nach durchschnittlich zwölf Semestern, sechs Jahren, ist man fertig. Wer das Pflichtpensum zügig absolviert, kann auch schon nach acht Semestern das Diplom in der Tasche haben. Empfohlen wird ein 8-semestriges Studium mit einem Jahr Diplomarbeit, insgesamt also 10 Semester Studiendauer.

Allgemeines

Das Physikstudium ist in den ersten Semestern relativ stark verschult. Der Studienplan legt recht genau fest, welche Vorlesungen und Übungen absolviert werden müssen. Mit Schule hat das Studium dennoch nur wenig gemein. Die Studierenden können den Vorlesungen auch fernbleiben und den Stoff aus dem Lehrbuch lernen. Entscheidend für die Zulassung zur Vordiplomsprüfung sind allein die Leistungsscheine, die man für erfolgreich gelöste Übungsaufgaben oder Klausuren erhält. Wichtig und sinnvoll ist die Teilnahme an den vorlesungsbegleitenden Übungsgruppen, in denen die Lösungen unter der Anleitung von wissenschaftlichen Assistenten des Professors, meist Doktoranden oder Studenten in höheren Semestern, diskutiert werden.

Im Grundstudium wird das Anfängerpraktikum absolviert, in dem die Studierenden Experimente in Kleingruppen durchführen. Im Hauptstudium verringert sich das Pflichtpensum. Man besucht außer den Pflichtkursen Spezialvorlesungen und Seminare mit 5 bis 20 Teilnehmern. Hier bahnt sich meist auch der Kontakt mit den Forschungsgruppen an, in denen man schließlich die Diplomarbeit anfertigt. Das Physikstudium ist während des Semesters sehr arbeitsintensiv. In den Semesterferien hat man im Vergleich zu Jurastudenten und Geisteswissenschaftlern wenig zu tun, da kaum Hausarbeiten anfallen. Die Zeit lässt sich sinnvoll nutzen, um den Vorlesungsstoff zu wiederholen, als „Hiwi" in einer Forschungssgruppe zu jobben oder in einer Firma Praxiserfahrung zu sammeln. Zwei Monate Semesterferien im Frühjahr und drei Monate im Herbst lassen allerdings auch genug Zeit, um mal in Urlaub zu fahren oder ein Buch zu lesen.

Studiendauer

Die Studiendauer variiert von Fachbereich zu Fachbereich. Abbildung 4 zeigt die durchschnittliche Studiendauer an den verschiedenen Universitäten. Ein zügiges Studium kann bei der Bewerbung in der Industrie von Vorteil sein. Allerdings sollte man nicht krampfhaft versuchen, das Studium im Schnelldurchlauf zu absolvieren. Wenn sich der Abschluss verzögert, weil man für ein Jahr im Ausland war oder ein halbes Jahr ein Praktikum gemacht hat, ist das halb so schlimm. Auslands- und Praxiserfahrung zählen in der Industrie mehr, als wenn ein Bewerber das Diplom schon mit 24 Jahren in der Tasche hat. Und für die Forschung kann es von Vorteil sein, den einen oder anderen Vertiefungskurs zusätzlich besucht zu haben. Ärgerlich wird es, wenn sich das Studium in die Länge zieht, weil der eine oder andere Pflichtkurs nur jedes zweite Semester angeboten wird oder die Plätze im Anfängerpraktikum begrenzt sind.

Grundstudium

Mathematik ist die Grammatik der Physik. Daher dominieren in den ersten beiden Semestern des Physikstudiums die Mathematikveranstaltungen. Die Abbildung auf Seite 131 zeigt den typischen Studienplan des Grundstudiums. Üblich sind im ersten Semester eine Vorlesung zur Analysis – Differential- und Integralrechung – sowie eine Vorlesung zur Linearen Algebra – Vektorrechung, Matrizen, Tensoren –, jeweils mit vier Stunden pro Woche. Oft werden diese Veranstaltungen gemeinsam mit den Mathematikstudenten besucht. Manche Universitäten bieten auch extra Mathematikvorlesungen für Physiker an. Hinzu kommen wöchentliche Hausaufgaben, Übungen, in Form von Arbeitsblättern. Es ist sinnvoll, diese in Kleingruppen mit ein paar Kommilitonen zu diskutieren. Das erleichtert nicht nur die Arbeit, sondern schult nebenbei die Teamfähigkeit. Die Arbeitsblätter werden von Tutoren – meist Doktoranden oder wissenschaftlichen Hilfskräften – bewertet. Um den Leistungsnachweis („Schein") zu erhalten, muss ein bestimmter Anteil der Aufgaben korrekt gelöst werden.

Experimentalphysik

Ähnliche Übungen begleiten die Vorlesung in Experimentalphysik, die in den ersten Semestern mit 4 bis 6 Wochenstunden auf dem Programm steht. Hier werden ähnliche Themen behandelt wie im Leistungskurs Physik, natürlich auf höherem Niveau: im ersten Studienjahr Mechanik, Wärmelehre, Elektromagnetismus, Wellen und Optik, im dritten und vierten Semester meist Relativitätstheorie und Quantenmechanik, Atom- und Molekülphysik. In der Vorlesung werden Demonstrationsexperimente durchgeführt. Die Übungsaufgaben müssen nicht immer bis ins Detail durchgerechnet werden. Vielmehr sollen die Studenten ein Gespür für typische Größenordnungen bekommen und die Physik qualitativ verstehen.

Typischer Studienplan mit Abschluss Diplom-Physiker/in

Sem.	Experimentalphysik	Theoretische Physik	Praktika/ Diplomarbeit	Seminare	Mathematik/Wahlfach	Nebenfächer	Prüfungen
1	Mechanik, Wärmelehre 6+3				Analysis I 4+2 Lin. Algebra I 4+2	Einführung in die Chemie + Chemisches Praktikum 5 4	
2	Elektromagnet., Wellen 6+3		Anfänger-praktikum I 6		Analysis II 4+2 Lin. Algebra II 4+2 (empfohlen)		
3	Relativität, Quantenphysik 3+2	Mechanik 4+2	Anfänger-praktikum II 6		Analysis III (empfohlen) 4+2	oder Informatik III	
4	Atom- und Molekülphysik 5+2	Elektrodynamik 4+2					**Diplom-Vorprüfung**
5	Kern- u. Teilchenphysik 4+2	Quanten-mechanik 4+2	Fortgeschritt.-praktikum I 6	Seminar 2	Wahlfach physik. Richtung > 2	Nebenfach 4	
6	Festkörperphysik 5+2	Thermodynamik + Statistik 6	Fortgeschritt.-Praktikum II 6		Wahlfach physik. Richtung > 2	Nebenfach 4	
7	Weiterführende Vorlesungen, Spezialvorlesungen (empfohlen)		Miniforschung (empfohlen)	Seminar (empfohlen) 2		Nebenfach 4	**Mündliche Prüfungen**
8							
9			**Diplomarbeit**	**Instituts-seminare**			
10							**Diplomprüfung**

6+3 = 6 Stunden Vorlesungen + 3 Stunden Übungen pro Woche

Für die theoretische Physik sind fundierte Mathematikkenntnisse eine wichtige Vorausetzung. Daher beginnt die Vorlesung über theoretische Physik meist erst im dritten Semester, und zwar mit klassischer Mechanik. Hier stehen zum Beispiel die Planetenbahnen und der gedämpfte Oszillator auf dem Programm. Im vierten Semester folgt Elektrodynamik. Die Themen überschneiden sich mit den Inhalten der Experimentalphysik, sind allerdings stark mathematisiert. Einige Universitäten versuchen die Trennung zwischen Experimentalphysik und theoretischer Physik zu durchbrechen und bieten ab dem ersten Semester eine integrierte Veranstaltung an. Sie wird von zwei Professoren betreut, einem Theoretiker und einem Experimentalphysiker, die mitunter beide in der Vorlesung anwesend sind und sich auch während einer Doppelstunde abwechseln. In dieser Unterrichtsform wird die Physik stärker als Einheit präsentiert.

Nebenfächer

Neben den Vorlesungen in Mathematik und Physik werden ab dem ersten Semester Vorlesungen im Nebenfach angeboten, auch „Wahlfach“ oder „zweites Nebenfach“ genannt (neben Mathematik als erstem Nebenfach). Wie bei allen Vorlesungen ist die Teilnahme freiwillig – manche Studenten lernen lieber zuhause aus dem Lehrbuch. Das Lösen der Übungsaufgaben und oft auch das Bestehen einer Klausur sind jedoch Pflicht. Typische Nebenfächer für Physikstudenten sind Chemie und Informatik, von denen ein Fach meist vorgeschrieben, das zweite Fach empfohlen wird. Einige Universitäten gewähren größere Freiheiten bei der Wahl des Nebenfachs. Dort kann beispielsweise auch Betriebswirtschaft oder Philosophie belegt werden. Mitunter ist dafür eine Ausnahmegenehmigung des Dekans erforderlich.

Anfängerpraktikum

Charakteristisch für das Physikstudium ist das physikalische Praktikum. Dabei handelt es sich um eine Reihe von Versuchen aus verschiedenen Themenbereichen, die meist in Zweiergruppen durchgeführt werden. Beispiele für solche Experimente sind Licht-Beugungsversuche mit Gittern, Prismen und dem Doppelspalt, Transistorschaltungen und Wechselstrom-Gleichrichter, Pendelversuche und die Gravitationswaage, Dampfdruckmessungen und das Geiger-Müller-Zählrohr. Das Praktikum findet im Allgemeinen in zwei Semestern während des Grundstudiums statt, mitunter auch kompakt in den Semesterferien. Die Studierenden bereiten sich anhand eines Übungsheftes auf die Versuche vor. Ein Assistent fragt zu Beginn des Versuchs ab, ob man sich vorbereitet hat. Er bewertet auch die anzufertigenden Versuchsprotokolle und -auswertungen. In einem gut organisierten Praktikum mit engagierten Betreuern lernt man eine Menge und hat vor allem auch Spaß.

Vordiplom

Wer alle notwendigen Leistungsscheine beisammen hat, kann sich für die Vordiplomsprüfung anmelden. Achtung: Anders als in der Schule muss man sich an der Uni um viele Dinge selbst kümmern, etwa um die Einhaltung der Anmeldefristen und die Vorlage der Scheine und des Studienbuchs. Daher rechtzeitig im Dekanat nachfragen, bis wann die Scheine abzugeben sind und in welchem Zeitraum die Prüfungen stattfinden müssen. Üblich sind mündliche Prüfungen über eine halbe Stunde in Experimentalphysik und Mathematik sowie mündliche Prüfungen oder Klausuren im Nebenfach und in theoretischer Physik. Einige Fachbereiche lassen auch mehr Klausuren schreiben oder führen ausschließlich mündliche Prüfungen durch.

Diplom

Wer kein Vordiplom hat, bekommt auch kein Diplom. In das Diplomzeugnis gehen die Noten des Vordiploms jedoch nicht ein. Dennoch sollte man die Vordiplomsprüfungen nicht auf die leichte Schulter nehmen. Wenn mehrere Studenten um eine Diplomarbeit konkurrieren, guckt der Professor auch schon mal auf die Vordiplomsnote. Studenten mit sehr guten Noten im Vordiplom können sich zudem um ein Stipendium bei Organisationen wie der Studienstiftung des Deutschen Volkes oder der Fulbright-Kommission bewerben (siehe Seite 233). Wer durch die Prüfung fällt, kann sie mindestens einmal wiederholen. Wer mehrmals durchfällt, muss das Physikstudium unter Umständen an den Nagel hängen: Man wird zwangsexmatrikuliert.

Studienortwechsel

Das Vordiplom ist auch wichtig für Studienortwechsler. Wer eine andere Universität kennenlernen möchte, kann mit dem Vordiplom in der Tasche an jedem anderen Physikfachbereich in Deutschland weiterstudieren. Das erübrigt die Anerkennung von Scheinen und eventuelle Nachprüfungen. Nach dem Vordiplom ist daher der beste Zeitpunkt zum Wechseln. Warum überhaupt wechseln? Der spätere Arbeitgeber verbucht den Wechsel möglicherweise als Flexibilitäts-Bonus. Sinnvoll ist er auf jeden Fall, wenn man schon nach dem vierten Semester weiß, an welcher Universität die eigenen Spezialinteressen für das Hauptstudium und die Diplomarbeit am besten befriedigt werden. Die Mehrheit der Physik-Studierenden bleibt allerdings bis zum Diplom an einem Studienort, zum Teil unterbrochen durch ein oder zwei Auslandssemester.

Hauptstudium

Im Hauptstudium werden die Vorlesungen in Experimentalphysik fortgesetzt, meist mit Kern- und Elementarteilchenphysik im fünften und Festkörperphysik im sechsten Semester. Wer möglichst viel davon lernen möchte, sollte die begleitenden Übungen besuchen, auch wenn nicht mehr alle Scheine Pflicht sind. Denn durch passives Zuhören verinnerlicht man den Stoff selten. In der theoretischen Physik stehen Quantenmechanik (Pflicht) und Thermodynamik auf dem Programm.

Fortgeschrittenen-Praktikum

Ein weiterer Baustein des Studienplans ist das Fortgeschrittenen-Praktikum. Hier gibt es starke Unterschiede zwischen den Universitäten. Die eine Physikfakultät schwört auf Baukasten-Experimente, die wie im Anfängerpraktikum nur zusammenzustecken und einzuschalten sind, wenn auch etwas anspruchsvoller in der Theorie. In der anderen Fakultät stehen die Fortgeschrittenen-Versuche dagegen in den einzelnen Lehrstühlen und werden von der jeweiligen Forschungsgruppe eines Professors gepflegt und betreut. Am anspruchsvollsten, aber auch interessantesten sind sicherlich jene Experimente, die sich an aktuellen Forschungsgebieten orientieren und den Studenten noch etwas Freiraum lassen, eigene Ideen zu verwirklichen. Wie gut ein Fortgeschrittenen-Praktikum organisiert ist, erfährt man am besten von Studenten vor Ort.

Seminare

Für fortgeschrittene Studenten werden im Hauptstudium „Seminare“ angeboten. Diese Veranstaltungen werden üblicherweise von 5 bis 20 Studenten besucht, die reihum Vorträge zu einem ausgewählten Forschungsgebiet halten, zum Beispiel über aktuelle Experimente mit einzelnen Lichtteilchen oder neue Beobachtungen in der Neutrinophysik. Die Qualität dieser Seminare schwankt. Die betreuenden Dozenten oder Doktoranden sollten sich Zeit nehmen, die Themen mit den einzelnen Seminarteilnehmern zu diskutieren, und möglichst auch Feedback bei einem Probevortrag geben. Denn von einem gelungenen Vortrag profitieren später auch die Kommilitonen. Englische Originalarbeiten in der Bibliothek zu suchen und Vorträge halten zu können sind die Ziele der Seminare. Im Allgemeinen ist die Teilnahme an zwei Seminaren im Hauptstudium Pflicht. Leider werden Präsentationstechniken selten explizit geschult, und auch nicht jeder Professor oder Doktorand hält exzellente Vorträge, wie so manche Vorlesung belegt. Ein Zusatzkurs in Präsentationstechnik oder Rhetorik ist daher zu empfehlen, falls die Uni dies anbietet. Im Beruf gehören Präsentationen und Vorträge zum Handwerkszeug.

Wahlpflichtfach

Das Hauptstudium dient dazu, ausgewählte Themen zu vertiefen. Die Studierenden besuchen weiterführende Vorlesungen und Seminare, die zum Teil von anderen Fachbereichen angeboten werden. Man unterscheidet das „Wahl(pflicht)fach physikalischer Richtung“, zum Beispiel Halbleiterphysik, Plasmaphysik, Polymerphysik, Astrophysik, und das Nebenfach, auch Wahlpflichtfach genannt, zum Beispiel Materialwissenschaft, Mathematik, Geowissenschaft. Das Angebot richtet sich nach den Forschungsschwerpunkten der Universität. Wer eine Diplomarbeit in theoretischer Physik anfertigen möchte, kann im Nebenfach etwa Mathematik oder Informatik und im Wahlfach physikalischer Richtung theoretische Festkörperphysik belegen. Wer eine breitere Ausbildung anstrebt, kann an manchen Universitäten auch Wirtschaftswissenschaften, Philosophie oder sogar Rechtswissenschaft – etwa für künftige Patentanwälte – als Nebenfach wählen.

Die Möglichkeiten variieren stark von Universität zu Universität. Manche Fachbereiche lassen nur ein recht eingeschränktes Spektrum an Nebenfächern zu. Andere gestatten im Prinzip alles, zum Teil auf besonderen Antrag. Der Trend geht allerdings dahin, den Studierenden mehr Freiräume zu geben, zumal Physikstudenten in allen möglichen Bereichen unterkommen, sodass auch ein Nebenfach wie Physiologie im Einzelfall sinnvoll sein mag. Wer hier nicht bevormundet werden möchte, sollte vor der Wahl des Studienorts die Diplomprüfungsordnung anfordern oder im Internet einsehen. Im Nebenfach und im Wahlfach physikalischer Richtung sind in der Regel jeweils zwei Veranstaltungen mit Übungen oder Praktika (Schein obligatorisch) zu absolvieren. Die Inhalte werden in einer mündlichen Prüfung als Teil der Diplomprüfung abgefragt. Die Note geht in die Diplomnote ein.

Diplomarbeit

Bei einem straffen Studienplan hat man die notwendigen Leistungsscheine für das Diplom mitunter schon nach sechs Semestern beisammen und kann sich für die einjährige Diplomarbeit anmelden. Das lässt allerdings wenig Spielraum für weitere, freiwillige Vertiefungskurse und Spezialvorlesungen. Empfohlen wird daher der Beginn der Diplomarbeit nach einem 8-semestrigen Studium. In der Diplomarbeit sollen die Studenten zeigen, dass sie in der Lage sind, ein physikalisches Problem innerhalb einer vorgegebenen Frist mit wissenschaftlichen Methoden zu bearbeiten und die Ergebnisse systematisch darzustellen. Formal wird die Diplomarbeit von einem Professor betreut, mit dem man auch das Thema abspricht und der mit einem weiteren Gutachter die Diplomarbeit bewertet. In der Praxis übernehmen Doktoranden und Habilitanden die Betreuung während der Diplomarbeit, vor allem an größeren Lehrstühlen.

Themenauswahl

Die Themen für die Diplomarbeit sind breit gestreut. Sie entspringen den aktuellen Forschungsgebieten, auf denen der jeweilige Professor aktiv ist. Anders als die Versuche im physikalischen Praktikum dient die Diplomarbeit daher meist unmittelbar dem wissenschaftlichen Fortschritt. In der Atom- und Molekülphysik stabilisiert ein Diplomand beispielsweise einen Diodenlaser auf eine atomare Resonanzfrequenz. Dieser Laser wird von einem Doktoranden verwendet, um ein Molekülinterferometer zu bauen. In der Teilchenphysik baut ein Diplomand zum Beispiel einen Teil eines Elektronendetektors auf und simuliert die Teilchenspuren mit dem Computer. In der Regel ist der Diplomand nach Abschluss der Arbeit Koautor von einer wissenschaftlichen Veröffentlichung.

Bei den anhaltend niedrigen Studentenzahlen übersteigt das Angebot an Diplomarbeiten bei weitem die Nachfrage. Daher kann man sich in Ruhe mehrere Themen anschauen und aus diesen auswählen. Einige Angebote hängen am Schwarzen Brett der Fakultät oder der einzelnen Lehrstühle. Auch die Betreuer der Praktika, meist Doktoranden, wissen über mögliche Themen in ihren Arbeitsgruppen Bescheid. Die beste Quelle für einen ersten Überblick ist das Internet, wo häufig schon eine Kurzbeschreibung der Forschungsthemen geboten wird. Auf jeden Fall sollte man in den Arbeitsgruppen einmal persönlich vorbeischauen und sich das Experiment erklären lassen. Schließlich arbeiten die meisten Diplomanden mit ihren Betreuern ein Jahr intensiv zusammen. Da ist es wichtig, dass auch die persönliche Chemie stimmt. Noch besser ist es freilich, wenn man die Arbeitsgruppe zuvor schon als „Hiwi" kennengelernt hat. Dann kennt man auch die Erfahrungen anderer Diplomanden.

Während der Diplomarbeit besucht man kaum noch andere Veranstaltungen. Statt dessen nehmen die Diplomanden am Forschungsalltag des Lehrstuhls teil. Dazu gehören Kolloquien mit Vorträgen von Gastwissenschaftlern und oft ein Seminar, in dem Doktoranden und Diplomanden über den Fortgang ihrer Arbeit berichten oder aktuelle Veröffentlichungen diskutieren. Die Lektüre englischsprachiger Originalveröffentlichungen ist fester Bestandteil der Diplomarbeit. Ob man 35 oder 50 Stunden pro Woche arbeitet, hängt vom eigenen Engagement und der Arbeitseffizienz ab. Eine Stechuhr gibt es nicht, und es steht einem weitgehend frei, wie man sich die Arbeit einteilt. Dennoch steht man stärker unter Beobachtung, als es oft den Anschein hat. Denn der Professor und die Assistenten sehen in den Diplomanden immer auch potenzielle Doktoranden. Wer auf eine Doktorarbeit spekuliert und eine gute Note haben möchte, sollte die Diplomarbeit also nicht schleifen lassen. Hier kann man auch seine ersten Lektionen in Sachen Teamwork lernen. Die Lehrstühle sind allerdings sehr unterschiedlich organisiert. Manche Professoren berufen jeden Montag morgen ein Planungstreffen ein und kommen täglich ins Labor, andere bekommt man kaum zu Gesicht.

Diplomprüfungen

Die Diplomnote setzt sich zusammen aus der Note für die Diplomarbeit und den Noten in vier Prüfungen: theoretischer Physik, Experimentalphysik, Nebenfach sowie Wahlfach physikalischer Richtung. In der Regel sind die Prüfungen mündlich und dauern zwischen 30 und 60 Minuten. Abgefragt wird im Prinzip der Inhalt des gesamten Studiums. Dabei kommt es nicht darauf an, jede Formel auswendig aufzusagen, sondern wichtige Zusammenhänge zu kennen und Herleitungen skizzieren zu können. Ansonsten sind die mündlichen Prüfungen mit allen Unwägbarkeiten behaftet, die für mündliche Prüfungen generell gelten. Die Studenten-Fachschaft sammelt oft Prüfungsprotokolle und typische Fragen von Professoren. Die Studenten lernen in der Regel mehrere Wochen für die Diplomprüfung. Im Allgemeinen fällt kaum jemand durch. Die üblichen Diplomnoten in Physik sind gut bis sehr gut. Abbildung 9 auf Seite 146 zeigt die Verteilung der Diplom-Prüfungen auf die Universitäten.

Frauen in der Physik

17 Prozent der Studierenden im Fach Physik sind Frauen. Die Ursachen für die mangelnde Begeisterung reicht vom Physikunterricht in der Schule über die Erziehung im Elternhaus bis zu den Klischee-

vorstellungen in der Gesellschaft. Angesichts der zurückgehenden Studentenzahlen haben die Physikfachbereiche die Abiturientinnen als neue Zielgruppe entdeckt. Sie werben verstärkt auch bei jungen Frauen für das Physikstudium. An manchen Universitäten wurden Mentorinnenprogramme aufgelegt und Schnupperkurse für Schülerinnen eingerichtet. Ob solche Initiativen den Frauenanteil in der Physik vergrößern werden, wird sich zeigen. Immerhin lag der Frauenanteil unter den Studienanfängern im Wintersemester 2001/02 bei 23 Prozent. Eine offene Diskriminierung gibt es nicht, und auch dumme Sprüche von Dozenten gehören weitgehend der Vergangenheit an. Doch von den Habilitationen zu den Professuren nimmt der Anteil der Frauen ab, von 8 auf 3 Prozent (siehe Abb. 5). Erst wenn sich daran etwas ändert, wird man den Lippenbekenntnissen für einen höheren Frauenanteil Glauben schenken.

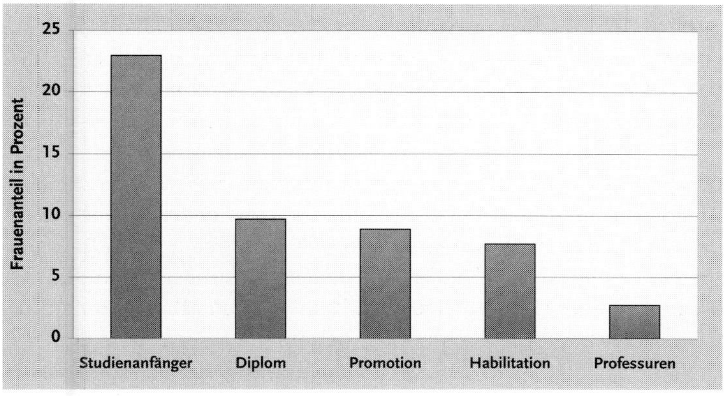

Abb. 5: Im Jahr 2000 waren nur 3 Prozent aller Physikprofessuren mit Frauen besetzt. Bei den Studienanfängern lag der Frauenanteil bei 23 Prozent. Der geringere Anteil beim Diplom liegt nicht an einer höheren Abbrecherquote der Frauen, sondern daran, dass vor einigen Jahren mehr Männer ein Physikstudium begannen.

Physikalische Technik an Fachhochschulen

Der Studiengang Physikalische Technik an Fachhochschulen ist stärker praxisorientiert als das Physikstudium an der Universität. Physikalische Technik ist nicht einfach ein verkürztes Physikstudium. Neben den Grundlagen der Physik stehen Fertigungsverfahren, Materialeigenschaften und Elektrotechnik auf dem Stundenplan. Die Studenten sollen lernen, physikalische Erkenntnisse für technische Produkte und Verfahren zu nutzen, zum Beispiel, um empfindliche Magnetfeldsensoren, Schweißverfahren mit Hochleistungslasern und verbesserte Kernspintomografen zu entwickeln. Der Abschluss des Studiengangs ist der „Diplom-Ingenieur (FH) der Physikalischen Technik“, auch „Physikingenieur“ genannt. In Deutschland wird der Studiengang Physikalische Technik an 23 Fachhochschulen angeboten (siehe Seite 196). Bis vor kurzem konnte man das Fach auch an den nordrhein-westfälischen Gesamthochschulen Duisburg, Essen,

Paderborn, Siegen und Wuppertal studieren. Diese Studiengänge, auch „DI" genannt, wurden eingestellt. Die Zahl der eingeschriebenen Studenten schwankt zwischen rund 500 an der Fachhochschule München und unter dreißig an der Fachhochschule Isny. Die FHs Isny und Wedel sind private Fachhochschulen und verlangen Studiengebühren. Insgesamt studieren in Deutschland mehr als 3000 Studenten mit dem Ziel Physikingenieur (siehe Abb. 6).

Studieninhalte

Das Studium an Fachhochschulen ist relativ stark verschult, die Inhalte sind weitgehend vorgegeben. Im dreisemestrigen Grundstudium werden breite mathematisch-physikalische Grundlagen vermittelt. Außerdem lernen die Studenten vielerorts Grundlagen des Maschinenbaus kennen, etwa Konstruktionstechnik, Technische Mechanik und Werkstofftechnik, sowie Grundlagen der Elektronik. Häufig werden auch Informatik und Chemie unterrichtet. Im Hauptstudium stehen konkrete Verfahren und Techniken auf dem Lehrplan, zum Beispiel Lasertechnik, Robotertechnik, Sensortechnik und Mikroprozessortechnik. Jede Fachhochschule setzt hier eigene Akzente, von der Umwelttechnik über die Biomedizintechnik bis zu Oberflächentechnik.

Praxissemester

Üblicherweise absolvieren die Studenten zwischen dem 5. und dem 7. Semester ein Praxissemester in einem Betrieb, zum Beispiel in der Forschung und Entwicklung eines Autoherstellers oder in der Fertigung einer Werkzeugmaschinen-Firma. Wer in ein Unternehmen im Ausland geht, hat die Auslandserfahrung gleich inklusive. Vier von fünf Studenten fertigen auch die Diplomarbeit in einem Betrieb an („externe Diplomarbeit"), betreut von einem Professor der Fachhochschule. Die Diplomarbeit dauert ein Semester. Die Gesamtstudiendauer variiert von Hochschule zu Hochschule. Gemittelt über alle Fachbereiche liegt sie bei 9,8 Semestern (siehe Abb. 7).

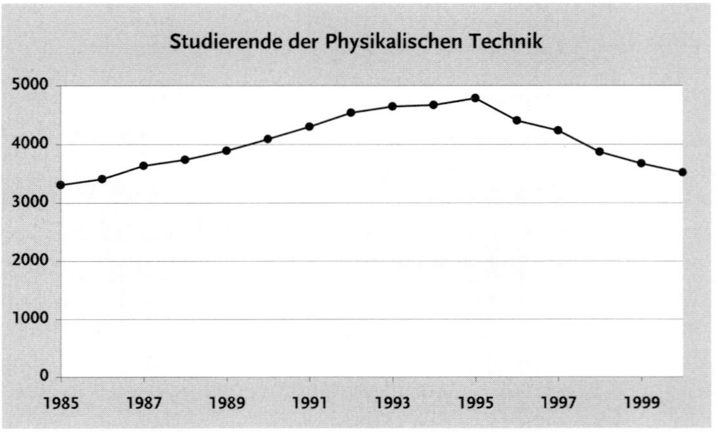

Abb. 6: Die Zahl der Studierenden im Fach Physikalische Technik an Fachhochschulen ist wesentlich geringer als die Zahl der Physikstudierenden an Universitäten, zeigt aber eine ähnliche Entwicklung (vergleiche Abbildung 1).

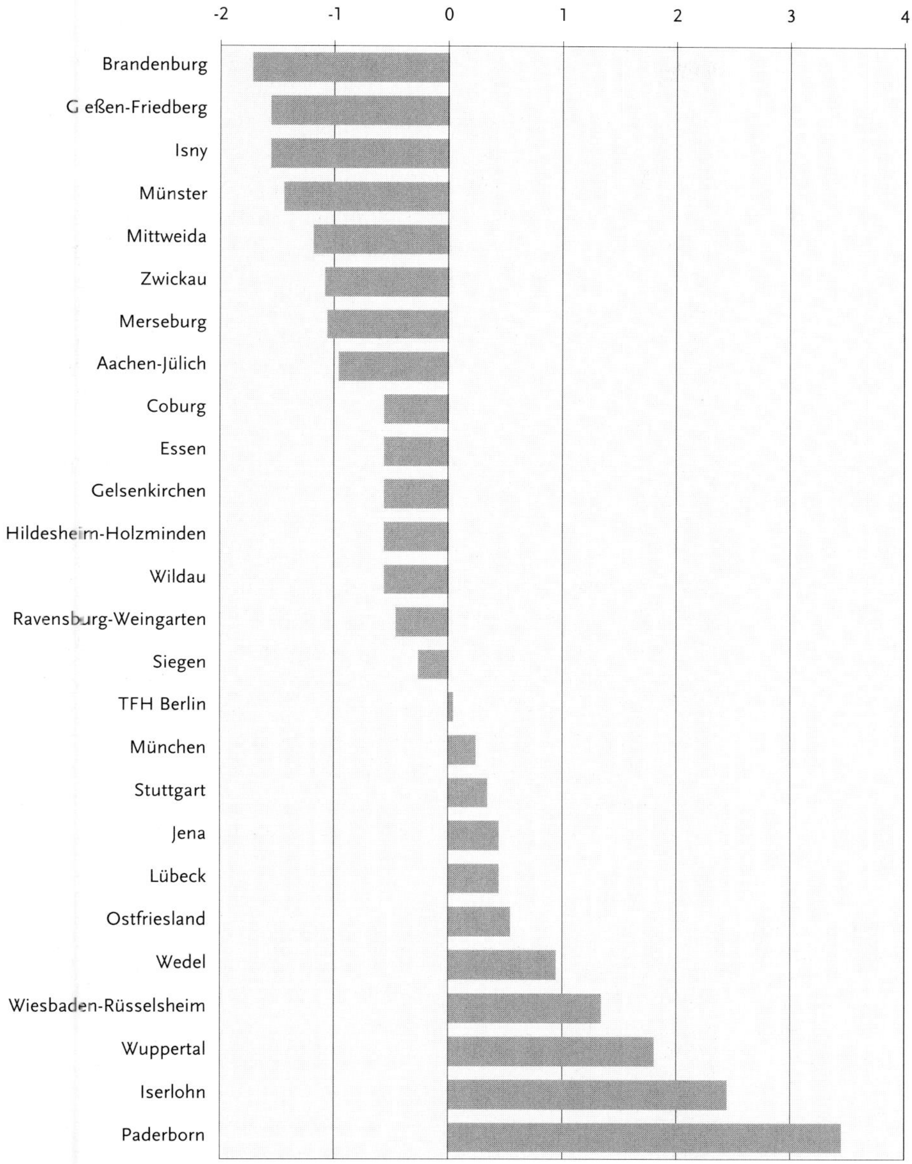

Abb. 7: Das Studium der Physikalischen Technik an Fachhochschulen und Gesamthochschulen dauert im Durchschnitt 9,8 Semester. Gezeigt ist die Abweichung von diesem Wert in Semestern (nicht von allen auf Seite 196 ff. aufgelisteten Fachhochschulen liegen Angaben vor). An den Gesamthochschulen Duisburg, Essen, Paderborn, Siegen und Wuppertal wird der Studiengang eingestellt.

Lehramt Physik

Das Lehramtsstudium in Deutschland ist eine Wissenschaft für sich. Jedes Bundesland hat die Ausbildung zum Lehrer etwas anders organisiert. Und wer in Bremen oder Hessen unterrichten darf, hat in Bayern oder Baden-Württemberg womöglich kaum Chancen auf eine Anstellung. Angesichts der sinkenden Lehrerzahlen haben sich die Bundesländer Mitte 2001 immerhin darauf geeinigt, Lehrern aus anderen Bundesländern weniger Hürden in den Weg zu stellen als bisher. Ihnen blieb nichts anderes übrig: Zwischen 2000 und 2013 geht fast die Hälfte aller 750 000 Lehrer in Deutschland in Pension. 300 000 Stellen müssen neu besetzt werden, schätzt der Deutsche Lehrerverband. Und ausreichend Nachwuchs ist nicht in Sicht (siehe Abb. 8). Daher wird sich der Wettbewerb um Lehrer verschärfen. Das gilt vor allem auch für die Physik, die an den Schulen eher unterbesetzt ist. Gute Aussichten also für künftige Physiklehrer.

Unterschiede in den Bundesländern

In den meisten Bundesländern wird schulartbezogen studiert, also Lehramt für Gymnasium, Realschule, Grund- und Hauptschule, Berufsschule, Sonderschule. In Nordrhein-Westfalen und Brandenburg richtet sich die Ausbildung dagegen ganz bzw. vorwiegend nach Schulstufen oder schulstufenbezogenen Schwerpunkten, also Lehramt für Sekundarstufe I oder II. Bremen wiederum hat ein einziges Lehramt an öffentlichen Schulen mit stufenbezogenen Schwerpunkten. Berlin unterscheidet das Studium für das Lehramt „Lehrer" bzw. für das Lehramt „Lehrer mit fachwissenschaftlicher Ausbildung in zwei Fächern", in Hamburg gibt es die Lehrämter an der Grund- und Mittelstufe sowie für die Oberstufe an Allgemeinbildenden Schulen; beide Länder organisieren die Ausbildung schulstufen- und schulartbezogen.

Staatsexamen

Trotz der Vielfalt der studierbaren Lehrämter gibt es einige Gemeinsamkeiten. Dazu gehört die zweiphasige Ausbildung: Nach dem 7–9-semestrigen Studium, der ersten Phase, absolvieren die Studenten die Prüfung zum ersten Staatsexamen. Anschließend, in der zweiten Phase, gehen sie als Referendare an eine Schule, wo sie unter Anleitung eines Lehrers unterrichten. Nach zwei Schuljahren Referendariat folgt das zweite Staatsexamen. Wer das bestanden hat, kann sich als Lehrer für den Schuldienst bewerben.

Üblicherweise studieren Lehramtsstudenten zwei Fächer, in einigen Bundesländern auch drei. Lehramtsstudenten im Fach Physik wird meist die Kombination mit Mathematik nahegelegt. Denn die Mathematikvorlesungen und -übungen sind ohnehin Pflicht. Wer dagegen Physik und Germanistik auf Lehramt studiert, muss in den ersten Semestern dennoch Mathematik pauken. Welche Fächer man mit Physik kombinieren kann, wird von den Universitäten in der Regel vorgeschrieben. Es ist sinnvoll, vor Beginn des Lehramtsstudiums die Studienberatung aufzusuchen.

Lehramt und Diplom

Etwa jeder achte Studienanfänger im Fach Physik studiert für das Lehramt. Die übrigen streben ein Diplom an. Im Grundstudium ist das Pflichtcurriculum beider Gruppen jedoch so gut wie identisch. Daher ist es ohne großen Aufwand möglich, vom Lehramtsstudiengang in den Diplomstudiengang und umgekehrt zu wechseln. Manche Studenten absolvieren parallel die vorgeschriebenen Veranstaltungen für das Diplom und für das Lehramt und machen sowohl das Diplom als auch das erste Staatsexamen. In Zeiten großer Lehrerknappheit werden immer wieder auch Diplom-Physiker ohne Staatsexamen als Physiklehrer eingestellt, wie im Jahr 2001 von Niedersachsen.

Das Lehramtsstudium umfasst Veranstaltungen in den beiden Fachdisziplinen, zum Beispiel Physik und Mathematik, sowie in Fachdidaktik und in Erziehungswissenschaft. In der Fachdidaktik geht es um Methoden, den Schülern das Fachwissen möglichst so zu vermitteln, dass auch etwas hängen bleibt. Die erziehungswissenschaftlichen Veranstaltungen behandeln Didaktik und Pädagogik eher allgemein. Die Qualität der fachdidaktischen und der erziehungswissenschaftlichen Veranstaltungen schwankt. Vielerorts wird die Fachdidaktik personell vernachlässigt – nicht an jeder Uni lehrt ein Professor auf diesem Gebiet. Während des Studiums steht in der Regel auch ein Schulpraktikum auf dem Plan, dass einen ersten Eindruck vom Unterrichten vermittelt. Am Ende des Studiums absolvieren Lehramtsstudenten eine 6-monatige Examensarbeit in einem der beiden Hauptfächer. In der Physik ähnelt diese Arbeit einer verkürzten Diplomarbeit. Die Studierenden führen an einem Lehrstuhl eine Forschungsarbeit durch.

Das Lehramtsstudium gerät immer wieder in die Kritik. So bemängelte der Wissenschaftsrat, der die Bundesregierung in Bildungsfragen berät, dass die Professoren sich oft nur unzureichend um die

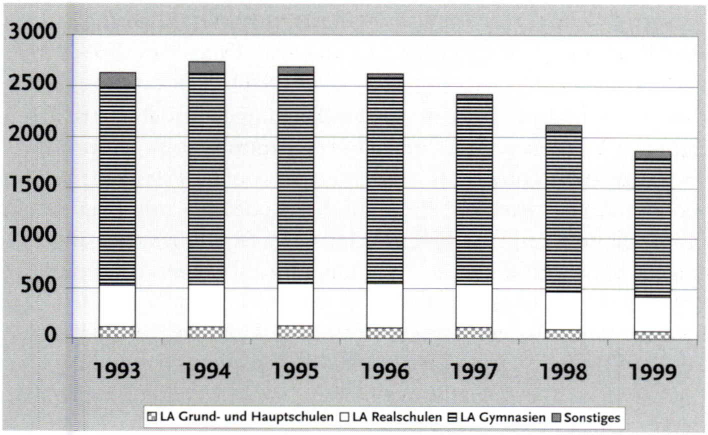

Abb. 8: Die Zahl der Lehramtsstudenten im Fach Physik sinkt. Der Mangel an Physiklehrern wird sich in den nächsten Jahren noch verschärfen.

Lehramtsstudenten kümmern. Die künftigen Lehrer müssen selbst dafür sorgen, Fachdidaktik, Erziehungswissenschaft und die eigentliche Fachwissenschaft, zum Beispiel Physik und Mathematik, unter einen Hut zu bringen. Es mangelt an Abstimmung der Fachbereiche untereinander. Daher gibt es immer wieder Reformbemühungen. So erprobt die Universität Bochum die Lehrerausbildung in Bachelor- und Masterstudiengängen, wie sie auch vom Wissenschaftsrat empfohlen wird. Noch ist allerdings nicht klar, ob sich diese Form der Ausbildung durchsetzen wird. Lehramtsstudenten sollten sich daher nach den Einstellungsmöglichkeiten erkundigen, bevor sie sich für einen neuen Lehramtsstudiengang einschreiben. Unter Umständen wird der Abschluss in anderen Bundesländern nicht anerkannt.

Master und Bachelor

Hintergrund

„Bachelor“ und „Master“ sind die Standardabschlüsse im angelsächsischen Studiensystem, beispielsweise in den USA, England und Australien, aber auch in vielen Ländern Lateinamerikas oder in China und Japan. Nach drei bis vier Jahren Studium erhalten die Studenten einen Bachelor, nach weiteren ein bis zwei Jahren einen Master. Der Bachelor of Science in Physik ist mit einem 6-semestrigen Physikstudium hierzulande vergleichbar, der Master of Science in Physik mit einjähriger „Master Thesis“ nimmt im Ausland die Stelle des Diploms ein. In Deutschland waren die Abschlüsse weitgehend unbekannt, bis Ende der 90er-Jahre ein regelrechter Boom einsetzte, neue Studiengänge mit zum Teil exotisch klingenden Titeln zu entwerfen. So gibt es beispielsweise einen Master in Meeres-Management an der Universität Oldenburg, einen Bachelor in Algorithmischer Mathematik an der Universität Paderborn, einen Master of Environmental Physics in Bremen und einen Bachelor of Computational Physics in Stuttgart. Die Titel sind nicht geschützt, und jede Universität kann ihrer Fantasie freien Lauf lassen. Allerdings sollen Akkreditierungsagenturen künftig eine Art Gütesiegel für die Abschlüsse vergeben.

Vorteile

Für die Einführung der neuen Studiengänge an Fachhochschulen und Universitäten werden verschiedene Argumente angeführt. Zum einen soll Deutschland für Studenten aus dem Ausland attraktiver werden. Zurzeit können ausländische Studenten mit Bachelorabschluss nämlich nicht so einfach in einen Diplomstudiengang einsteigen, ohne Zeit zu verlieren. Zum anderen sollen die neuen Abschlüsse es den Deutschen erleichtern, ins Ausland zu gehen. Das deutsche Studiensystem, so die Hoffnung, wird kompatibel mit dem angelsächsischen System. Ein weiteres Argument, das für die Einführung der neuen Abschlüsse spricht, ist eine höhere Flexibilität. Studierende können einen Bachelor in Physik machen und anschließend einen Master in Biophysik. Interdisziplinäre Studien werden auf diese Weise erleichtert. Und wer nach dem Bachelor genug hat, verlässt die Uni und geht in die Industrie. Ob die Bachelor-Absolventen in der freien Wirtschaft mit offenen Armen empfangen werden, ist allerdings noch ungewiss. Immerhin erklärte Kruno Hernaut, der in der Personalabteilung von Siemens für Ingenieurausbildung und -bedarf zuständig ist, gegenüber der „ZEIT" (17/2001): „Siemens hält Angebote für Bachelors bereit, auch für stärker theorieorientierte von der Universität."

Bachelor und Master in Physik

Die Konferenz der Fachbereiche Physik hat sich lange Zeit gegen die Einführung eines Bachelor of Science im Fach Physik ausgesprochen. Die Professoren möchten keine Schmalspurabsolventen in sechs Semestern ausbilden. Doch die Front bröckelt, und einige Universitäten haben begonnen, Bachelorstudiengänge einzuführen. Der Master of Science im Fach Physik ist weniger umstritten als der Bachelor, sofern er eine einjährige Master Thesis beinhaltet und damit de facto dem Diplom entspricht. Häufig versuchen die Universitäten, den Masterstudiengang parallel zum Diplomstudiengang einzuführen, um die Akzeptanz durch Studienanfänger zunächst zu testen. An den Universitäten Paderborn und Siegen wurde der Diplomstudiengang Physik auf Druck der Landesregierung ganz in einen Bachelor-Masterstudiengang umgewandelt. Im Bachelorprogramm wird eine 6-monatige praktische Arbeit empfohlen, falls man anschließend die Universität verlassen möchte.

Unter Umständen kann es sinnvoll sein, sich für einen der neuen Studiengänge einzuschreiben. Das gilt vor allem dann, wenn man interdisziplinär arbeiten möchte und nach dem Bachelor womöglich ein anderes Fach anstrebt. Auch Studenten, die eines Tages vielleicht in einer Firma im Ausland arbeiten wollen, sind mit einem Master of Science möglicherweise besser beraten. Dies gilt jedoch nicht automatisch für die Wissenschaft. An amerikanischen Universitäten weiß man dank des regen Austauschs von Postdoktoranden die Qualität des deutschen Physik-Diploms zu schätzen. Dass man mit einem Bachelor oder Master leichter im Ausland studieren kann, ist ebenso fraglich (siehe Seite 149). Generell sollte man vor allem darauf achten, welche *Inhalte* der Studiengang umfasst. Denn im Ausland fragt man seltener nach dem Titel als danach, was ein Bewerber überhaupt kann und welche Kurse er besucht hat.

Master Thesis

Manche Masterstudiengänge sind ein Etikettenschwindel: Master of Science steht auf dem Zeugnis, die Veranstaltungen sind mit dem Diplomstudiengang jedoch identisch. Beide Titel, Diplom und Master, werden indes nicht gleichzeitig verliehen. Andere Masterstudiengänge vertiefen bestimmte Themenbereiche, etwa der Master of Environmental Physics an der Universität Bremen oder der Master of Imaging Physics an der Universität Siegen. Der Masterstudiengang wird mit der Master Thesis abgeschlossen. Sie dauert in der Regel 12 Monate und entspricht der Diplomarbeit. Unter Umständen wird auch eine sechsmonatige Master Thesis als Durchgangsstation auf dem Weg zur Promotion akzeptiert. In diesem Fall verkürzt sich der Weg zum Doktortitel.

Fachhochschulen

Mehr Flexibilität bieten die neuen Abschlüsse den Absolventen von Fachhochschulen. Sie können sich mit einem Bachelor of Science für einen Masterstudiengang an einer Universität bewerben oder mit einem Masterabschluss eine Promotion an einigen Universitäten beginnen. Vorher sollte man sich aber auf jeden Fall erkundigen, ob die Abschlüsse von der Universität und dem Fachbereich auch anerkannt werden (Promotionsordnung einsehen).

Fazit

Dass die Master- und Bachelorstudiengänge in Physik zunehmen werden, steht außer Frage. Ob sie die Ausnahme bleiben, sich als gleichwertige Alternative zum Diplomstudiengang etablieren oder das Diplom gar von seinem Sockel verdrängen werden, ist noch nicht abzusehen. Wer sein Studium interdisziplinär ausrichten möchte, kann mit den neuen Studiengängen mehr anfangen als jemand, der mit einem klassischen Diplom auf Nummer sicher gehen möchte. Der Bachelor of Science in Physik ist in der Industrie noch unbekannt, und es ist ungewiss, ob er sich als berufsqualifizierender Abschluss etablieren wird. Der Master of Science in Physik hat mehr Chancen auf breite Anerkennung, da er vielerorts dem Diplom entspricht, bisweilen mit einer fachlichen Vertiefung. Auf dem Weg zur Promotion kann der Master of Science unter Umständen Zeit sparen, sofern er eine verkürzte Master Thesis beinhaltet. Wer sich für einen der neuen Studiengänge interessiert, sollte die verschiedenen Angebote auf jeden Fall genau vergleichen.

Promotion

Die Promotion dient der Qualifikation des wissenschaftlichen Nachwuchses. So steht es in den Promotionsordnungen. Mit anderen Worten: Wer Professor werden will, soll erst mal einen Doktor machen. In der Praxis promovieren indes nicht nur jene, die eine Karriere an der Universität anstreben. Es gibt genug andere Gründe für einen Doktortitel. In Zeiten hoher Arbeitslosigkeit wird die Promotion als Warteschleife genutzt, manch einer verspricht sich vom „Dr." ein höheres Ansehen in Gesellschaft und Familie, andere spekulieren auf ein höheres Einkommen und bessere Karrieremöglichkeiten in der Industrie, und viele haben einfach Spaß an der Physik und wollen nach der Diplomarbeit noch eine Weile forschen und sich eingehender mit einem Spezialthema beschäftigen. In der Physik promovieren 40 bis 50 Prozent eines Diplom-Jahrgangs. Im Studienjahr 2000/01 zählten die Fachbereiche 1500 bestandene Promotionsprüfungen. Von diesen bleiben weniger als zehn Prozent an der Universität, um Professor zu werden (zu habilitieren).

Anforderungen

Generell gilt: Von Doktoranden in der Physik wird ein hohes Maß an Ausdauer, Engagement und Selbstständigkeit erwartet. Sie sollen eine Aufgabe aus einem aktuellen Forschungsgebiet eigenständig bearbeiten und die Forschung in dieser Frage voranbringen. Am Ende sollte mindestens eine Veröffentlichung in einer (englischsprachigen) Fachzeitschrift stehen, in der die Ergebnisse zusammengefasst werden. Außerdem wird abschließend eine üblicherweise 100-seitige Doktorarbeit verfasst. Der Doktorand ist ein hochspezialisierter Experte. Mit seinem eng eingegrenzten Promotionsthema kennt er sich meist besser aus als der Doktorvater. Daher ist Eigeninitiative so wichtig. Niemand nimmt ihn an der Hand.

Betreuung

Auf der anderen Seite wird man als Doktorand nicht in ein intellektuelles Vakuum gestoßen, das man mit seinem Genie ausfüllen muss. Meistens baut man mit seiner Dissertation auf Arbeiten von früheren Doktoranden des Lehrstuhls auf. Wer die Universität nach der Promotion nicht wechselt, führt möglicherweise auch das Thema der Diplomarbeit in vertiefter Form fort. Betreut wird die Arbeit offiziell von einem Professor, dem Doktorvater. Die Professoren haben für diese Aufgabe unterschiedlich viel Zeit. In der Praxis, vor allem an größeren Lehrstühlen, kümmert sich ein Habilitand um die Doktoranden. In der Experimentalphysik arbeitet man meist im Team, je nach Größe des Experiments gemeinsam mit anderen Doktoranden und Diplomanden. In der theoretischen Physik werden die Fortschritte zwar in gemeinsamen Kolloquien diskutiert, die Doktoranden sind jedoch stärker auf sich selbst gestellt.

Gehalt

Promotionsstellen unterscheiden sich nicht nur im Thema, sondern auch in der Bezahlung. Lange Zeit waren halbe Stellen üblich (Bundesangestelltentarif BAT IIa/2), bei denen ein unverheirateter 26-Jähriger nach Abzug der Steuern etwa 950 Euro im Monat verdient (hinzu kommt ein dreizehntes Monatsgehalt zu Weihnachten und Urlaubsgeld). Angesichts der niedrigen Absolventenzahlen und der guten Berufsaussichten hat sich der Wettbewerb um Diplomphysiker jedoch verschärft. Viele Lehrstühle sind deshalb dazu übergegangen, den Doktoranden drei Viertel oder gar ganze Stellen anzubieten. Mitunter ist auch eine steigende Bezahlung im Laufe der Promotion vorgesehen. Manche Lehrstühle, die knapp ausgestattet sind, pflegen die Unsitte, Doktoranden während der Zeit im Labor zu bezahlen, nicht jedoch während des „Zusammenschreibens“ der Dissertation. In diesem Zeitraum von drei bis fünf Monaten müssen sich die Doktoranden von Arbeitslosengeld finanzieren. Bevor man eine Promotionsstelle antritt, kann man sich bei den (Ex-)Doktoranden nach den Gepflogenheiten erkundigen.

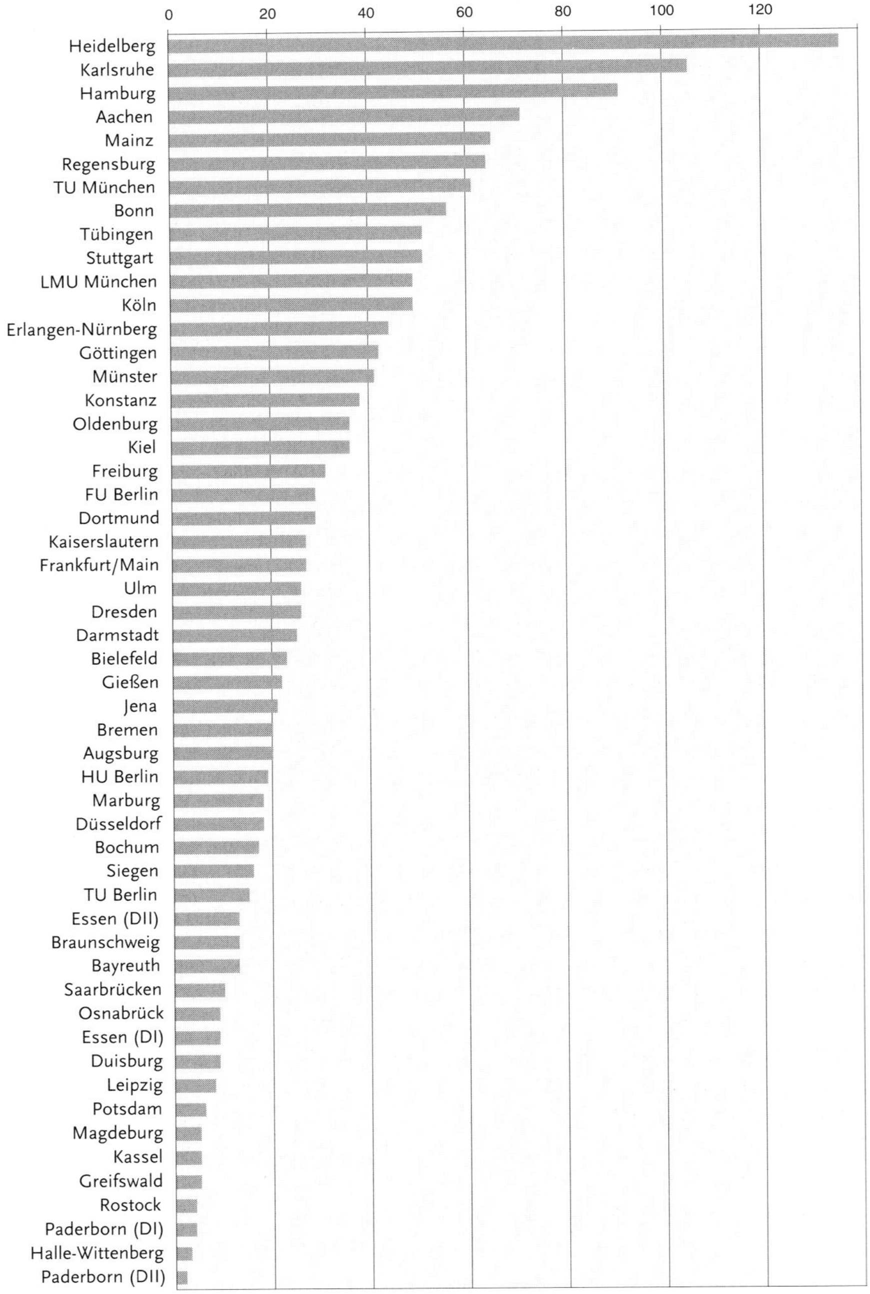

Abb. 9: Zahl der Diplomabschlüsse an den Universitäten im Studienjahr 2000/01. Insgesamt zählten die Fachbereiche 1746 bestandene Diplomprüfungen. Nach dem Diplom promovieren 40 bis 50 Prozent eines Jahrgangs.

DFG-Stellen

Nicht jede Doktorandenstelle ist für die gesamte Dauer der Promotion abgesichert. Die Professoren verfügen meist sowohl über feste Universitätsstellen als auch über befristete Personalgelder, die zum Beispiel über ein Forschungsprojekt der Deutschen Forschungsgemeinschaft bezahlt werden (DFG-Stellen). Diese Stellen unterscheiden sich zwar nicht in der Bezahlung nach Bundesangestelltentarif, wohl aber in der Laufzeit. So kann es passieren, dass eine DFG-Stelle nach zwei Jahren ausläuft. Das ist nicht weiter tragisch, wenn eine andere Stelle am Lehrstuhl gerade frei ist oder das Projekt verlängert wird. Unter Umständen muss man jedoch zuvor einen neuen Forschungsantrag schreiben und neue Personalgelder beantragen. An manchen Lehrstühlen schreiben die Professoren die Anträge, an anderen die Habilitanden und Doktoranden. Einerseits ist dies eine gute Übung, andererseits kann es mehrere Wochen Zeit kosten, um die sich die Doktorarbeit schließlich verlängert. Wer eine Überraschung ausschließen möchte, kann sich vor Beginn der Arbeit erkundigen, ob das Verfassen eines Forschungsantrags erwartet wird.

Promotionsdauer

Ein paar Professoren ermutigen ihre Doktoranden, innerhalb von drei Jahren fertig zu werden. Da die Betreuung von Praktika, Übungen und Klausuren zu den Aufgaben eines Doktoranden gehört und Zeit beansprucht, dauert die Dissertation meist länger, und zwar bis zu fünf Jahre. Im Interesse der Doktoranden sollte die Promotion nicht mehr als vier Jahre dauern. Wer länger braucht, wird in Bewerbungsgesprächen schon mal gefragt, warum man so lange dabei war. Meist kann man vorher durch eine kleine Umfrage bei den Doktoranden herausfinden, ob die Promotionszeiten am Lehrstuhl außergewöhnlich hoch sind.

Externe Promotion

Mit Zustimmung der Fakultät sind auch externe Promotionen an öffentlichen Forschungseinrichtungen und Forschungsabteilungen von Unternehmen möglich. Ein Professor der Universität muss allerdings weiterhin als Doktorvater fungieren. Viele Promotionsmöglichkeiten findet man beispielsweise an den grundlagenorientierten Max-Planck-Instituten. Die Max-Planck-Gesellschaft begrenzt die Bezahlung der Doktoranden auf drei Jahre. Nur in Ausnahmefällen ist eine Verlängerung möglich. Daher schließen Doktoranden an Max-Planck-Instituten ihre Dissertation im Allgemeinen recht zügig ab. Auch an Fraunhofer-Instituten und Insituten der Helmholtz- und der Leibniz-Gemeinschaft sind Promotionen möglich (siehe Seite 205). Hier ist Eigeninitiative gefordert. Denn die Professoren an den Universitäten werden potenzielle Doktoranden kaum zu einer externen Doktorarbeit ermuntern, während ihnen selbst die Doktoranden ausgehen.

Graduiertenkollegs

An vielen Universitäten wurden so genannte Graduiertenkollegs eingerichtet, an denen Doktoranden unter einem gemeinsamen Oberthema forschen. In der Praxis unterscheiden sich die Stipendiaten in Graduiertenkollegs kaum von den „regulären" Doktoranden. Sie fertigen ihre Doktorarbeit nämlich ebenfalls am Lehrstuhl an, häufig mit Doktoranden auf BAT-Stellen an einem gemeinsamen Experiment, treffen sich jedoch einmal pro Woche mit den „Kollegiaten" aus anderen Lehrstühlen. Bisweilen werden auch Wochenend-workshops veranstaltet und Gastredner eingeladen.

Im Graduiertenkolleg bekommt man Gelegenheit, über den Tellerrand der eigenen Dissertation hinauszuschauen. Die Plätze im Graduiertenkolleg sind aber nicht immer begehrter als die regulären BAT-Stellen, obwohl ursprünglich so gedacht. Denn die Bezahlung unterscheidet sich meist nicht von den anderen Promotionsstellen – sie liegt sogar oft darunter –, und von den Stipendien wird kein Geld in die Arbeitslosen- und Rentenversicherung abgeführt. Um innerhalb eines Lehrstuhls für eine faire Stellenverteilung zu sorgen, kann es daher vorkommen, dass ein Professor seine Doktoranden im ersten Jahr über das Graduiertenkolleg und im weiteren Verlauf über BAT-Stellen finanziert, auch wenn das nicht im Sinne der Erfinder ist.

Graduate Schools

Eine Weiterentwicklung der Graduiertenkollegs sind Graduate Schools nach amerikanischem Vorbild. In diesen Einrichtungen besuchen handverlesene Stipendiaten gemeinsame Seminare, die die Forschungsarbeit begleiten. Sie fertigen ihre Doktorarbeit wie die übrigen Doktoranden an einem Lehrstuhl an, sind von weiteren Aufgaben aber weitgehend freigestellt. Die Stipendien sind höher als am Graduiertenkolleg. Der Ausländeranteil an den Graduate Schools soll etwa 50 Prozent betragen, die Veranstaltungen werden in englisch gehalten. Bewerber sollen sehr gute Noten haben und müssen sich einem Auswahlverfahren unterziehen. Die Stipendiaten werden von einem Mentor betreut. In drei Jahren sollen sie mit der Promotion fertig sein. Niedersachsen und Nordrhein-Westfalen haben Graduate Schools mit dem Ziel der Eliteförderung gegründet, in anderen Bundesländern haben einzelne Universitäten Graduate Schools eingerichtet, die Max-Planck-Gesellschaft bietet „International Max-Planck-Research Schools" an, und der Deutsche Akademische Austauschdienst koordiniert ein ähnliches Programm namens „Promotion an Hochschulen in Deutschland" (PHD). In der Physik gibt es Graduate Schools in Göttingen und an der Humboldt-Universität zu Berlin. Der Begriff ist allerdings nicht geschützt, und manches Graduiertenkolleg wurde auf der Website kurzerhand als „Graduate School" übersetzt.

www.mpg.de/english/institut/imprs/

Nach der Promotion gehen einige Absolventen für ein oder zwei Jahre ins Ausland, meistens in die USA. Sie arbeiten in einer Forschungsgruppe als „Postdoc". Für die wissenschaftliche Laufbahn ist dieser Schritt in der Physik quasi ein Muss. Für die Bewerbung in der Industrie ist die Postdoc-Zeit dagegen nicht notwendig, manchmal sogar problematisch, weil der Bewerber als zu alt und zu spezialisiert gilt. Auslandserfahrung kann man einfacher schon während des Studiums sammeln. Wer die Entscheidung für die Hochschule einerseits und die Industrie andererseits offen halten möchte, ist mit einem Postdoc-Aufenthalt in einem industriellen Forschungslabor gut beraten, etwa den Bell-Labs oder den Labors von IBM. Die Stellen sind entsprechend begehrt.

Postdoc-Zeit

Wann sollte man promovieren? Wenn einem die Physik Spaß macht. Wenn man sich drei bis vier Jahre intensiv mit einem eng begrenzten Forschungsthema beschäftigen möchte. Wenn man nicht davor zurückschreckt, auch mal 50 bis 60 Stunden in der Woche zu arbeiten für relativ wenig Geld. Wenn man improvisieren kann und gute Ideen hat. Wenn man sich vorher mit den Doktoranden des Lehrstuhls unterhalten hat und die Stelle immer noch haben will. Wenn man von der Forschung träumt. Wann sollte man lieber nicht promovieren? Wenn man nach dem Diplom schnell viel Geld verdienen möchte. Wenn man den Doktortitel nur braucht, um in der Familie etwas zu gelten. Wenn einem alle davon abraten. Und wo sollte man promovieren? Wer Professor werden möchte, bewirbt sich am renommierten Lehrstuhl eines „Gurus". Wer schon eine bestimmte Industriebranche im Blick hat, wählt einen Lehrstuhl mit entsprechend angewandter Forschung und guten Industriekontakten. Wer mit der Softwareindustrie liebäugelt, profitiert wahrscheinlich von der Programmiererfahrung einer theoretischen Doktorarbeit. Wer auf Teamwork Wert legt, sucht sich ein größeres Experiment aus. Wer die Welt sehen will, achtet auf internationale Zusammenarbeit, etwa in der Teilchenphysik. Ein Überblick über ausgeschriebene Doktorandenstellen ist unter www.pro-physik.de zu finden.

Fazit

www.pro-physik.de

Physik studieren im Ausland

Physik ist eine Wissenschaft, die vom internationalen Austausch lebt. Auf Konferenzen in aller Welt fachsimpeln Japaner, Europäer, Amerikaner, Chinesen über ihre Experimente und Theorien, in internationalen Fachzeitschriften und im Internet veröffentlichen sie ihre Forschungsergebnisse. Jeder Physiker spricht englisch und „Mathe", und die Ausbildung folgt weitgehend einem inhaltlichen Kanon. Quantenmechanik kann man in Amerika ebenso lernen wie in Australien, Elektrodynamik lehrt man in Tokyo ähnlich wie in São Paulo.

Das macht auch das Physikstudium weltweit kompatibel, anders als etwa die Juristenausbildung. Für Physikstudenten ist ein Studienaufenthalt an einer ausländischen Universität die beste Gelegenheit, sowohl Auslandserfahrung zu sammeln als auch fachliche Interessen weiterzuverfolgen. Neben der kulturellen Bereicherung, die ein Studienjahr im Ausland mit sich bringt, hat man dazu noch handfeste Vorteile im Job. Auslandserfahrungen gilt vielen Arbeitgebern als Pluspunkt.

Viele Wege führen Physikstudenten ins Ausland. Zwischen den Standardprogrammen einerseits und der Planung auf eigene Faust andererseits gibt es alle Varianten. Man kann seinen Auslandsaufenthalt generalstabsmäßig vorbereiten und kommt garantiert mit einem Master of Science wieder zurück. Oder man lässt alles auf sich zukommen und hat vor allem ein tolles Jahr hinter sich. Auf jeden Fall sollte man sich früh genug über den Auslandsaufenthalt informieren, sonst bleibt man womöglich in Deutschland, weil alle Bewerbungsfristen verstrichen sind. Ohne Bürokratie geht es leider nicht.

Zeitpunkt

Für Physikstudierende ist es sinnvoll, nach dem Vordiplom ins Ausland zu gehen, am besten nach dem sechsten Semester. Die Studenten haben zu diesem Zeitpunkt bereits genug Erfahrung, um im Ausland in einer Foschungsgruppe mitzuarbeiten, und unter Umständen schließen sie das Jahr mit dem Master of Science ab. Außerdem setzen einige Auslandsstipendien das Vordiplom voraus. Der Wechsel wird in der Regel zum Wintersemester der Gastuniversität empfohlen (Achtung: Auf der Südhalbkugel beginnt das in unserem Frühjahr.).

Stipendien

Ein Studienjahr im Ausland ist nicht billig. So können die Studiengebühren an einer durchschnittlichen amerikanischen Universität schnell über 10 000 Dollar pro Jahr betragen. Hinzu kommen Reisekosten und Lebenshaltungskosten. Daher ist es ratsam, sich um ein Stipendium zu bemühen. Mit der Vorbereitung des Aufenthalts und den Bewerbungen sollte man spätestens ein Jahr vor dem Auslandsaufenthalt beginnen. Manche Bewerbungsfristen liegen eineinhalb Jahre vor der Abreise. Verbreitete Förderungsmöglichkeiten sind

- Auslands-BAföG
- Austauschprogramm der deutschen Universität
- Erasmus-Sokrates-Programm (EU)
- DAAD-Stipendium
- Fulbright-Stipendium (USA)
- Stipendium der Gasthochschule
- Stipendien von Stiftungen

Manche dieser Programme richten sich an Studenten mit sehr guten Leistungen. Die Stipendienleistungen sind sehr unterschiedlich. Sie reichen vom Erlass der Studiengebühren über Reisekostenzuschüsse und Teilstipendien bis zum Vollstipendium.

Auslands-BAföG

BAföG-Empfänger müssen keineswegs auf die Unterstützung verzichten, wenn sie im Ausland studieren. Der Auslandsaufenthalt wird sogar zusätzlich gefördert, und zwar mit bis zu 4600 Euro für Studiengebühren, zwischen monatlich 50 und 550 Euro zusätzlicher Auslandspauschale, je nach Land, sowie eventuell einem Reisekostenzuschuss. Wer in den USA studiert, erhält zum Beispiel rund 200 Euro pro Monat zusätzlich zum regulären BAföG. Das Geld wird als Zuschuss gewährt, muss also nicht zurückgezahlt werden. Voraussetzung ist, dass ein Teil der im Ausland erbrachten Studienleistungen in Deutschland angerechnet wird. Der Antrag auf Förderung sollte mindestens sechs Monate vor Beginn des geplanten Auslandsstudiums beim zuständigen Ausbildungsförderungsamt gestellt werden. Dort erhält man auch weitere Informationen.

www.das-neue-bafoeg.de

Partner-universitäten

Jede Universität hat Partneruniversitäten im Ausland, mit denen der Austausch von Studenten vereinbart wurde, zum Teil beschränkt auf einzelne Fächer. Dadurch entfallen die Studiengebühren. Mitunter werden auch Zuschüsse zu den Lebenshaltungskosten gewährt. Informationen über die Auslandskontakte findet man auf den Websites der Akademischen Auslandsämter der Hochschulen.

Erasmus-Sokrates

Das Erasmus-Sokrates-Programm der Europäischen Union soll den europaweiten Austausch von Studenten fördern. Beteiligt sind nicht nur die EU-Länder, sondern auch Island, Norwegen und Liechtenstein sowie osteuropäische Staaten wie Polen, Bulgarien, Estland und Lettland. Bei Erasmus-Austauschprogrammen werden die Studiengebühren erlassen. Die Anerkennung von Leistungen und die Betreuung sind geregelt. Außerdem gibt es einen Mobilitätszuschuss der EU, der in der Regel zwischen 75 und 125 Euro liegt. Eine Liste mit den Erasmus-Partneruniversitäten einer Universität ist beim jeweiligen Akademischen Auslandsamt erhältlich und manchmal im Internet einsehbar. Die Chance auf einen Platz im Erasmus-Programm ist relativ hoch. Es lohnt sich jedoch, vor der Bewerbung mit ehemaligen Erasmus-Studenten über ihre Erfahrungen zu sprechen. Manche klagen über starke Verschulung und wenig Kontakt zu den einheimischen Studenten, da die Erasmus-Studenten in getrennten Kursen unterrichtet wurden. Die meisten Universitäten haben einen Koordinator für das Erasmus-Programm. Teilnehmen kann man bereits nach dem zweiten Semester.

DAAD-Stipendium

Der Deutsche Akademische Austauschdienst (DAAD) vergibt Reisekostenzuschüsse, Teil- und Vollstipendien für Studierende, Diplomanden, Doktoranden und Postdocs. Die Konkurrenz ist groß. Für Jahresstipendien kann man sich ab dem dritten Semester bewerben, am besten nach einem überdurchschnittlichen Vordiplom. Bewerbungsunterlagen (ein Jahr vor Stipendienbeginn einreichen) und Beratung bieten die Akademischen Auslandsämter. Studierende erhalten Teilstipendien mit 350 Euro monatlicher Selbstbeteiligung oder

BAföG, Doktoranden und Postdocs bekommen Vollstipendien. Seit Herbst 2001 bietet der DAAD ein Kurzstipendienprogramm für Examensarbeiten an.

www.daad.de

Fulbright-Stipendium

Eines der renommiertesten Stipendien für den Studienaufenthalt in den USA ist das Fulbright-Stipendium. Es richtet sich an vielseitig interessierte Studenten von Universitäten und Fachhochschulen mit guten bis sehr guten Noten. Die Konkurrenz um die ca. 200 Plätze im Jahr ist groß. In der Regel führt die Hochschule eine Vorauswahl durch. Ein Anrecht auf einen Studienplatz an einer beliebigen Universität besteht nicht. Allerdings kann man Wünsche äußern. Das Stipendium besteht aus einem Erlass der Studiengebühren und einem Zuschuss zu den Lebenshaltungskosten. Von Teilstipendiaten wird eine Eigenbeteiligung von 5000 Euro erwartet. Etwa 10 Prozent der Stipendiaten erhalten ein Vollstipendium.

Stiftungen

Eine Reihe von Stiftungen unterstützt das Studium im Ausland (siehe S. 149). Häufig sind die Stipendien an bestimmte Bedingungen und Leistungen gekoppelt, etwa bei den parteinahen Stiftungen oder der Studienstiftung des Deutschen Volkes. Ein guter Ausgangspunkt für Informationen sind außerdem die Akademischen Auslandsämter.

USA

Wer kein Stipendium von einer deutschen Institution erhalten hat, kann sich auch direkt bei der ausländischen Hochschule bewerben. Dieser Weg ist aufwändig und kompliziert. Stipendien an amerikanischen Universitäten kann man meist nur mit exzellenten Leistungen in standardisierten Tests erreichen, etwa dem Graduate Record Examination (GRE), der für die Aufnahme in eine Graduate School vorgesehen ist. Mit einer Eins im Vordiplom kommt man dagegen nicht weit, und auch ein Bachelor von einer deutschen Universität garantiert noch nicht die Aufnahme in eine Graduate School, geschweige denn ein Stipendium. Dasselbe gilt für den Master: Die Aufnahme in ein PhD-Programm (Promotion) einer amerikanischen Universität ist mit dem Masterabschluss kein Automatismus. Auch hier hilft ein guter GRE-Score. Weitere Informationen zum GRE findet man unter www.gre.com. Die Zeitschrift „U.S.News“ stellt unter www.usnews.com/usnews/edu/beyond/bcphd.htm Rankings von Physikfachbereichen und eine Stipendien-Suchmaschine zur Verfügung. Eine übersichtliche Zusammenstellung der deutschen Stipendien für die Vereinigten Staaten findet man unter www.fh-hannover.de/usa/

Gutachten

Für viele Stipendien werden Gutachten von Professoren verlangt. Doch wie kann man aus der Anonymität der Masse herausragen? In den Physikvorlesungen ist das schwierig, das wissen auch die Professoren. Daher sollte man einen Physikprofessor einfach darauf ansprechen. Manche laden zur formlosen Kurzprüfung oder unterhalten sich mit den Studierenden zwanglos über das Studium. Wer in den Übungen glänzt, kann sich vielleicht vom Assistenten empfehlen lassen. Am besten sind sehr gute Vordiplomsnoten. Wenn man in einer Vordiplomsprüfung oder in einer Klausur eine Eins bekommen hat, ist der Prüfer der richtige Ansprechpartner. Und wer vor dem Vordiplom schon einen Hiwi-Job an einem Lehrstuhl absolviert hat, kann sich auf diese Weise dem Professor empfehlen.

Anerkennung von Leistungen

Gleichwertige Studien- oder Prüfungsleistungen werden auf Antrag anerkannt, heißt es in vielen Prüfungsordnungen. Wer im Ausland eine Vorlesung in Quantenmechanik II besucht und die Klausuren oder Übungen besteht, kann sich die Leistungen hierzulande vielerorts als „Schein" anrechnen lassen. Dadurch verlängert sich das Studium nicht aufgrund des Auslandsaufenthaltes. In der Regel haben die Fachbereiche einen Koordinator für die Anerkennung von Studienleistungen, mit dem man sich vor dem Auslandsjahr unterhalten sollte. Die Anerkennung von im Ausland erbrachten Leistungen liegt im Ermessen des Fachbereichs. Nur in ein paar „Integrierten Auslandsstudiengängen" (IAS) ist die gegenseitige Anerkennung von vornherein klar geregelt.

ECTS-Punkte

Um den Studienortwechsel zwischen europäischen Universitäten und den Vergleich von Leistungsnachweisen zu erleichtern, hat die Europäische Union das European Credit Transfer System ins Leben gerufen. Es ähnelt dem amerikanischen System, wo man für jede Vorlesung mit bestandenen Übungen oder Klausuren „Credit Points" erhält. Diese dienen als Leistungsnachweis und entsprechen den deutschen „Scheinen", sind allerdings benotet. Mit einer Mindestanzahl an Credits kann man sich für die Prüfung anmelden.

Viele Physikfachbereiche in Deutschland haben sich inzwischen auf das ECTS eingestellt. Sie vergeben mit jedem Schein eine gewisse Anzahl an Credit Points. Mit normalem Arbeitsaufwand kann man pro Semester 30 ECTS-Punkte sammeln. Nach dem 4-semestrigen Grundstudium hat man 120 Punkte, nach dem 4-semestrigen Hauptstudium weitere 120 Punkte auf dem Konto. Die Diplomarbeit bringt 60 ECTS-Punkte. Ein Diplom in Physik ist damit 300 ECTS-Punkte wert.

Das ECTS ist noch nicht europaweit etabliert und standardisiert. Schon innerhalb von Deutschland treten Unstimmigkeiten auf. So vergibt der Physikfachbereich an der Universität Stuttgart pro Semester 42 ECTS-Punkte im Masterstudiengang, obwohl generell nicht mehr als 30 Punkte pro Semester vergeben werden sollen. Trotz solcher Abweichungen sollte man auf dem Weg ins Ausland auf jeden Fall einen Nachweis über die erbrachten ECTS-Punkte im Gepäck haben, auch für das Studium in den USA.

Studienabschluss im Ausland

Mit der Anerkennung der deutschen „Scheine" tun sich ausländische Universitäten oft schwer. Das betrifft auch Physikstudenten, da die Scheine oft unbenotet sind. Daher ist es sinnvoll, eine detaillierte Auflistung der Kursinhalte, deren Umfang in Semesterwochenstunden sowie der erbrachten Leistungen (zum Beispiel: 80 Prozent gelöste Aufgaben) anzufertigen und vom Dekanat bestätigen (abstempeln) zu lassen. Noch mehr können die ausländischen Universitäten mit benoteten Kursen anfangen. Daher vergeben manche Fachbereiche mit den Scheinen eine ECTS-Note zwischen A (sehr gut) und F (ungenügend). Diese Note geht nicht ins Vordiplom ein, sie dient allein dem Auslandstransfer der Leistungen.

Eine Anerkennung der in Deutschland erbrachten Leistungen ist für diejenigen wichtig, die im Ausland einen Abschluss machen wollen. Wer nach dem sechsten Semester beispielsweise in die USA geht und einen Teil seiner Scheine anerkannt bekommt (meistens gibt es eine Höchstgrenze für anerkannte Credits), kann nach weiteren zwei Semestern genügend Credits beisammen haben, um den Master of Science verliehen zu bekommen. Voraussetzung ist allerdings, dass man regulär in die Graduate School aufgenommen wird und nicht nur Gasthörer-Status hat. Was bringt der Master of Science? An vielen deutschen Physikfachbereichen wird man mit diesem Abschluss zur Promotion zugelassen – bisweilen erst nach einigen Zusatzprüfungen –, sodass man die Diplomarbeit überspringt. Voraussetzung ist allerdings, dass im Ausland eine Master Thesis angefertigt wurde. Auch in der Industrie kann man sich mit dem ausländischen Master bewerben. Die Kultusministerien der Länder bescheinigen auf Antrag die Gleichwertigkeit mit dem Diplom – in Deutschland braucht man es ja oft schwarz auf weiß.

Der Beruf

Nur wenige Studenten knüpfen bereits während des Studiums durch ein Praktikum Kontakte zu einem Unternehmen und lernen so frühzeitig die „andere“ Welt jenseits der Hochschule kennen. Die meisten Studenten gehen völlig „unbelastet“ von solchen Ausflügen durch das Studium oder die Promotion. Spätestens aber, wenn man das Diplomzeugnis oder die Promotionsurkunde in den Händen hält, stellt sich die Frage: „Was nun?“ Nur ein geringer Anteil der Studenten bleibt auch über die Promotion hinaus als Assistent an der Universität, in der Regel mit dem Ziel, Professor zu werden.

Berufe in der Privatwirtschaft

Für die große Mehrheit heißt es aber Abschied nehmen von der Universität und in der freien Wirtschaft nach einer Stelle suchen. Während für einen Maschinenbauingenieur, eine Elektrotechnikerin oder einen Bauingenieur der Berufseinstieg in einem Unternehmen noch vergleichsweise klar vorgezeichnet ist, sieht sich ein Physikabsolvent heute mit einer Vielzahl an Möglichkeiten konfrontiert, die ihm je nach individuellen Kenntnissen und Neigungen offen stehen. Dies hängt primär damit zusammen, dass es im Gegensatz zum Maschinenbau oder der Elektrotechnik für Physiker keine physikalische Industrie im engeren Sinne gibt. Andererseits ist die Physik die Grundlage der meisten technischen Disziplinen, und daher gelten Physikerinnen und Physiker als Generalisten unter den Naturwissenschaftlern, mit entsprechend vielseitigen Tätigkeitsfeldern – von klassischen Forschungs- und Entwicklungsaufgaben in Technologieunternehmen bis hin zu Unternehmensberatungen und Finanzdienstleistern. Hierbei kommt den Physikern ihre Fähigkeit zugute, ihre im Studium erworbenen analytischen Fähigkeiten und ihre physikalische Denkweise systematisch auf die Lösung neuer Probleme anzuwenden. Sie kommen daher auch häufig zum Zuge, wenn es für neue Technologien noch gar keine speziellen Studiengänge und entsprechend ausgebildete Fachkräfte gibt. Dieser Vorteil des Generalisten birgt in Zeiten schlechter Konjunktur aber auch die Gefahr, dass Physiker auf dem Arbeitsmarkt leer ausgehen, weil ihnen nachgesagt wird, von allem ein bisschen, aber nichts richtig zu können. Gerade in solchen Zeiten reicht es nicht, Physik studiert zu haben, um einen guten Job zu bekommen. Dann kommt es darauf an, was man über das Studium hinaus an Erfahrungen und Qualifikationen mitbringt.

Praktikum

Im Gegensatz zu einem Ingenieurstudiengang sieht der Studiengang Diplom-Physik an Universitäten kein Praktikum in einem Unternehmen vor. Gemeinsam mit dem eher wissenschaftlich orientierten Studienplan führt dies dazu, dass Physikern meist zurecht eine gewisse Praxisferne nachgesagt wird. Die wenigsten Absolventen haben eine Vorstellung davon, wie ein am wirtschaftlichen Erfolg orientiertes Unternehmen funktioniert, in dem die Vermarktung von Produkten im Vordergrund steht. Praktika oder Ferienjobs, die von vielen Unternehmen angeboten werden, erlauben hier einen ersten Einblick. Auch persönliche Kontakte, Tage der offenen Tür oder Career Days bei Messen können weiterhelfen, sich zu orientieren. Wer promovieren möchte und schon konkrete Vorlieben für eine Branche hat, kann sich einen Doktorvater suchen, der Doktorarbeiten gemeinsam mit Industriepartnern anbietet. Die anschließende Übernahme ist dann oft möglich, und statt des berühmten Sprungs ins kalte Wasser ergibt sich ein sanfter Übergang von der Hochschule ins Unternehmen.

Berufseinstieg

Wurde der Berufseinstieg nicht bereits über eine solche Industriekooperation angebahnt, so führt er in der Regel über die Bewerbung auf eine ausgeschriebene Stelle oder über eine so genannte Blindbewerbung oder Initiativbewerbung, das heißt eine Bewerbung, die nicht auf eine konkrete Ausschreibung Bezug nimmt. Von aktuellen Absolventenjahrgängen gibt es noch keine statistischen Erhebungen

Tabelle 1: Methoden der Beschäftigungssuche (in Prozent; Mehrfachnennungen möglich). Die erfolgreichste Methode der Beschäftigungssuche ist die Bewerbung, sei es auf eine ausgeschriebene Stelle oder als so genannte Initiativbewerbung.

Suchmethoden	*Genutzte Methode*	*Erfolgreiche Methode*
Bewerbung auf ausgeschriebene Stellen	86	41
Eigenständig zu Arbeitgebern Kontakt aufgenommen	60	23
Persönliche Kontakte/Beziehungen (z. B. Eltern, Verwandten, Freunde)	29	12
Kontakte während praktischer Tätigkeiten im Studium geknüpft	13	4
Lehrende der Hochschule	8	3
Kontaktaufnahme durch Arbeitgeber	7	2
Arbeitsamt	45	2
Selbst Stellenanzeigen aufgegeben	10	1

darüber, wie leicht oder schwierig der Berufseinstieg vonstatten ging. Über den Absolventenjahrgang 1995 gibt aber die im Jahr 2000 abgeschlossene Europäische Absolventenstudie Auskunft, in der auch rund 200 deutsche Physikerinnen und Physiker befragt wurden (Seite 237). Die Erfahrungen dieser Absolventen spiegeln noch den damals schwierigen Arbeitsmarkt wider, denn durchschnittlich dauerte die Suche bei rund 30 abgeschickten Bewerbungen ein halbes Jahr. Keine Rolle bei der Vermittlung spielte das Arbeitsamt (Tabelle 1).

Rekrutierungskriterien

Nach Einschätzung der befragten Physikerinnen und Physiker legten die Arbeitgeber bei der Einstellung vor allem Wert auf die Persönlichkeit, auf Computer-Kenntnisse, das Studienfach sowie die Examensnoten (siehe Abb. 10). Das Studienfach und auch die fachliche Spezialisierung wurde von Physikern deutlich seltener genannt als von Ingenieuren, Chemikern oder Informatikern – dies unterstreicht die Aussage, dass Physiker Generalisten sind, die häufig mit Absolventen anderer Fächer konkurrieren. Überraschen mag auch die häufige Nennung von Computer-Kenntnissen, obwohl der Studienplan in der Regel keine Veranstaltungen in dieser Richtung vorsieht. Aber Computer-Kenntnisse werden heute bei Physikern einfach vorausgesetzt.

Abb. 10: Worauf legen Arbeitgeber Wert? Die fachliche Spezialisierung der Absolventen ist bei der Einstellung meist von untergeordneter Bedeutung.

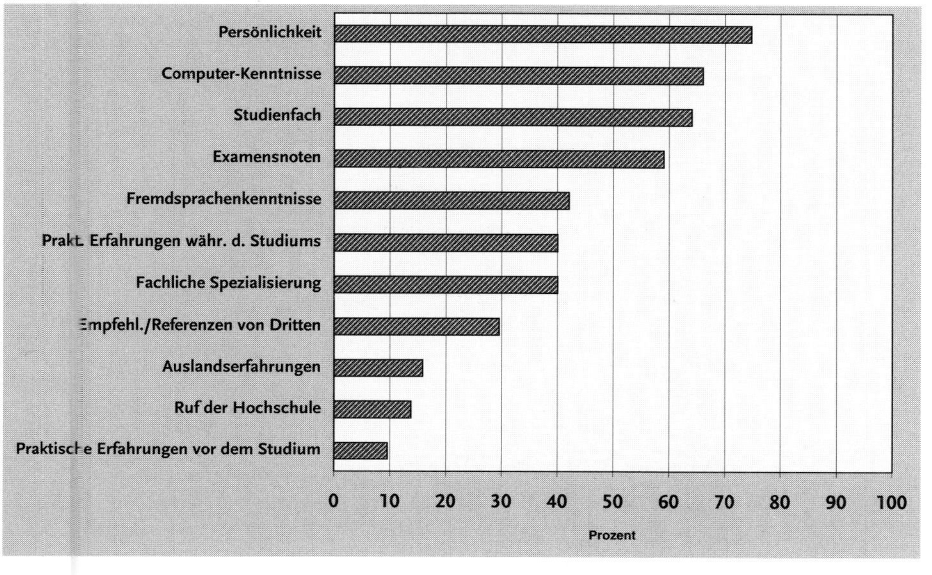

Daher ist jeder gut beraten, sich Programmierkenntnisse, zum Beispiel in C++, nebenher anzueignen – sofern dies nicht während der Diplom- oder Doktorarbeit ohnehin notwendig ist – oder beim EDV-Betreuer des Fachbereichs nachzufragen, ob es die Möglichkeit gibt, durch einen Nebenjob Netzwerk-Kenntnisse zu erlangen und zugleich noch etwas Geld zu verdienen.

Arbeitslosigkeit

Während sich der Arbeitsmarkt für Physiker – wie bereits erwähnt – Anfang der 90er-Jahre verdüsterte, hat sich das Blatt in der Zwischenzeit gewendet. Seit 1998 gibt es praktisch keine arbeitslosen Physikabsolventen mehr. Besonders im Jahr der Interneteuphorie und des Technologiefiebers, im Jahr 2000, als der Fachkräftemangel quer durch die Republik als Bedrohung für den „Standort Deutschland" entdeckt wurde, haben Unternehmen zum Teil „Kopfprämien" für die Vermittlung von Absolventen gezahlt. Aber nicht nur bei den Absolventen, sondern auch generell hat sich der Arbeitsmarkt für Physiker deutlich entspannt (siehe Abb. 11). Von einem Maximum bei rund 4000 im Jahr 1994 ist die Anzahl der Arbeitslosen inzwischen auf knapp die Hälfte gefallen; einzig bei den über 45-Jährigen hat sich, wie generell zu verzeichnen, die Situation nur unwesentlich gebessert. Diese Kehrtwende am Arbeitsmarkt zeigt sich auch darin, dass die Anzahl von Stellenanzeigen, in denen Physikerinnen und Physiker gesucht werden, von rund 650 im Jahr 1995 auf rund 2000 im Jahr 2000 angestiegen ist. Ein großer Teil dieser Anzeigen bezog sich allerdings auf Stellen an Hochschulen und Forschungsinstituten, überwiegend befristete Stellen für den wissenschaftlichen Nach-

Abb. 11: Der Arbeitsmarkt für Physiker hat sich seit Mitte der 90er-Jahre deutlich entspannt. Unabhängig vom Alter ist die Anzahl der Arbeitslosen rückläufig.

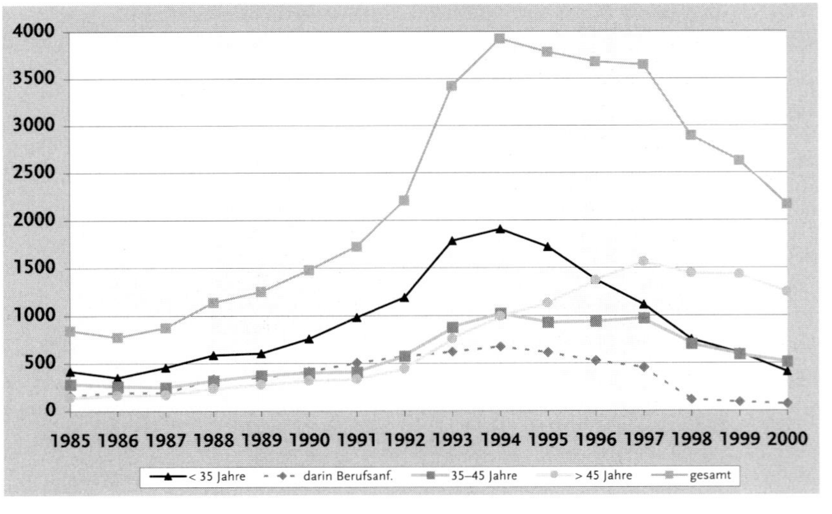

wuchs (siehe Abb. 12). Insgesamt sind heute in Deutschland circa 80 000 Physikerinnen und Physiker erwerbstätig.

Branchenspektrum

Eine von der Deutschen Physikalischen Gesellschaft 1997 durchgeführte Absolventenstudie hat gezeigt, dass heute rund 50 Prozent der Absolventen in ein Industrieunternehmen gehen. Rund 15 Prozent arbeiten in einem Dienstleistungsunternehmen und die restlichen 35 Prozent sind in Forschung und Lehre im öffentlichen Dienst an Universitäten, anderen Forschungseinrichtungen wie Max-Planck- oder Fraunhofer-Instituten sowie an Schulen oder Behörden beschäftigt. Diese Aufteilung war vor einem Jahrzehnt noch genau umgekehrt: 1988 entfielen noch 65 Prozent auf Forschung und Lehre und nur 35 Prozent auf Industrie und Wirtschaft.

Die in Industrie und Wirtschaft beschäftigten Physikerinnen und Physiker teilen sich auf ein breites Branchenspektrum auf, wie die im Jahr 2001 von der Deutschen Physikalischen Gesellschaft durchgeführte Befragung ihrer Mitglieder ergab: Von den in der Wirtschaft beschäftigten Physiker arbeiten rund 18 Prozent in der IT/Softwarebranche, gefolgt von 17 Prozent in der Elektro-/Elektronikbran-

Abb. 12: Die im Jahr 2000 in 40 Zeitungen aufgegebenen 2024 Stellenanzeigen für Physiker zeigen die Vielfalt an Branchen und Tätigkeiten, die Physikern offen stehen.

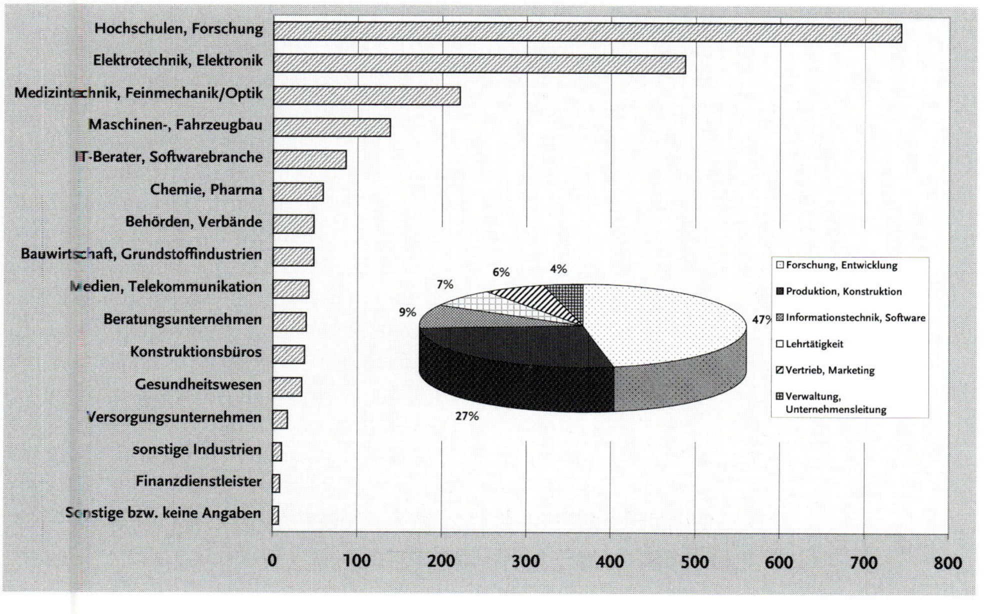

che. Mit jeweils rund 10 Prozent folgen die Optik/Laser- sowie die Halbleiterbranche, und jeweils über 5 Prozent der Befragten arbeiten in der Automobil-, Telekommunikations- und Maschinenbaubranche sowie in den Unternehmensberatungen (siehe Abb. 13). Diese Aufteilung ist keinesfalls statisch, sondern folgt den Technologieschüben

Abb. 13: Das Branchenspektrum der Mitglieder der Deutschen Physikalischen Gesellschaft zeigt das breite Tätigkeitsspektrum von Physikern.

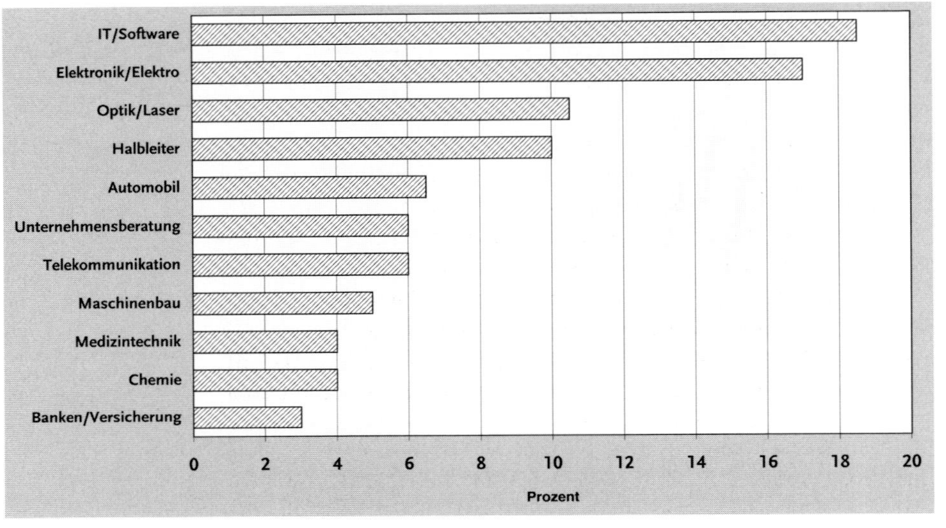

und Konjunkturzyklen. So spielen zum Beispiel Kerntechnik oder Raumfahrttechnik heute keine große Rolle mehr für den Arbeitsmarkt von Physikern, während die Software- und die Halbleiterindustrie an Bedeutung deutlich gewonnen haben, wie ein Blick auf die altersabhängige Verteilung eindrucksvoll zeigt: Demnach nimmt die Softwarebranche bei den unter 35-Jährigen sogar einen Anteil von 25 Prozent ein, die Halbleiterindustrie von 16 Prozent.

Aber nicht nur die Branchen variieren stark, sondern auch die Tätigkeitsbereiche innerhalb der Branchen: Zwar hat fast jeder zweite der in der Wirtschaft beschäftigten Physiker mit Entwicklung und Technologie zu tun, zu den Tätigkeiten von Physikern gehören aber unter anderem auch industrielle Forschung, Produktion und Fertigung, Unternehmensleitung, Qualitätskontrolle, Verkauf/Vertrieb und Marketing. Demnach stehen Physikern auch innerhalb einer ausgewählten Branche die verschiedensten Möglichkeiten offen, Karriere eingeschlossen: Laut Zentralstelle für Arbeitsvermittlung des Arbeitsamtes nehmen Physiker im Vergleich zu anderen Naturwissenschaftlern nämlich überdurchschnittlich häufig Führungspositionen ein.

Gehälter

Das Einstiegsgehalt von Physikabsolventen liegt in der Industrie in der Regel zwischen 35 000 und 45 000 Euro brutto. Für die Promotion gibt es dabei nicht automatisch einen Gehaltsaufschlag. Das Einstiegsgehalt hängt hingegen viel stärker vom persönlichen Werdegang und den individuellen Kenntnissen und Erfahrungen ab, die ein Bewerber mitbringt. Wenn sich also ein Bewerber während der Promotion zum Beispiel mit einem speziellen Lasertyp beschäftigt hat und sich nun bei einer Firma bewirbt, die genau diese Laser fertigt, so werden sich diese Fachkenntnisse im Geldbeutel bemerkbar machen. Gleiches gilt zum Beispiel auch für chinesische Sprachkenntnisse und ein Unternehmen, das Geschäftsbeziehungen mit China unterhält.

Auch die Gehaltsentwicklung ist individuell sehr verschieden. Wie die Europäische Hochschulabsolventenstudie ergeben hat, lag das Einkommen von Physikerinnen und Physikern rund vier Jahre nach ihrem Abschluss mit durchschnittlich 82 000 Mark über dem durchschnittlichen Einkommen aller befragten Absolventen von 78 000 Mark. Allerdings bestehen große Unterschiede im Einkommen: Physiker in der Privatwirtschaft erzielen mit durchschnittlich 95 000 Mark ein deutlich höheres Einkommen als Physiker im öffentlichen Dienst (56 000 Mark), die sich zum Zeitpunkt der Befragung allerdings zum Teil noch in der Promotionsphase mit einer Teilzeitstelle befanden. Ein typisches Einkommen für eine Vollzeitstelle im öffentlichen Dienst sind rund 75 000 Mark brutto einer BAT-IIa-Stelle. Etwas höhere Einkommen als Physiker erzielen Elektrotechniker und Informatiker, geringere Einkommen erhalten Chemiker und Biologen. Große Unterschiede gibt es auch, wenn man die Art der Tätigkeit berücksichtigt: Über das höchste Einkommen mit 110 000 Mark verfügen Physiker, die im Bereich Leitung, Organisation, Verwaltung tätig sind, in der Beratung tätige Physiker verdienen 106 000 Mark. Physiker mit Entwicklungsaufgaben verdienen im Durchschnitt 85 000 Mark.

Generalisten versus Spezialisten

Die Vielfalt der möglichen Tätigkeitsfelder von Physikerinnen und Physikern kommt auch darin zum Ausdruck, dass die Anforderungen an die während des Studiums erworbenen fachspezifischen Kenntnisse sehr unterschiedlich sind. Gefragt, in welchem Ausmaß sie ihre im Studium erworbenen Qualifikationen verwenden, berichten insgesamt 43 Prozent der Absolventen über eine hohe Verwendung, und zwar vor allem die in der Grundlagenforschung sowie in Forschung und Entwicklung beschäftigten Physiker. Dies verwundert nicht, denn diese Absolventen haben sich meist gerade durch ihre fachspezifischen Kenntnisse zum Beispiel in der Halbleiterphysik für ihre konkrete Tätigkeit qualifiziert. Im Gegensatz hierzu geben vor allem Physiker in der Softwarebranche, Berater und generell Physiker in Leitungsfunktionen an, dass für ihre Tätigkeit die fachspezifischen Kenntnisse eher von untergeordneter Bedeutung sind.

Zusatzqualifikationen

Von den Physikern mit solchen physikfernen Tätigkeiten bejahen nur 10 Prozent die Aussage, dass sie Physik studieren mussten, um ihre jetzige Tätigkeit auszuüben. Dagegen sind gerade in diesen Bereichen Zusatzqualifikationen wie Kenntnisse der Betriebswirtschaft gefragt, die man sich nebenher durch den Besuch von BWL-Vorlesungen aneignen und mit entsprechenden Scheinen auch dokumentieren kann. Auch das im Berufsleben so wichtige Präsentieren von Angeboten, Plänen und Ergebnissen kann man frühzeitig üben, indem man den Seminarvortrag nicht mit handgeschriebenen Folien bestreitet, sondern die Folien zum Beispiel mit Powerpoint erstellt. Gerne gesehen sind auch Kenntnisse im Projektmanagement, aber wer eine experimentelle Doktorarbeit hinter sich hat und mit Geräteherstellern verhandelt oder ein Experiment an einer Großforschungsanlage durchgeführt hat, der hat bereits sein erstes Projekt gemeistert. Wer nicht im stillen Kämmerlein forscht, sondern an einem Großexperiment zum Beispiel in der Teilchenphysik teilnimmt, der hat auch seine Teamfähigkeit unter Beweis gestellt. Diese Zusatzqualifikationen kommen in keinem Studienplan vor, und entsprechend groß empfinden die Absolventen häufig die Diskrepanz zwischen Anforderungen im Beruf und Kompetenz bei Studienabschluss (siehe Abb. 14).

Abb. 14: Zwischen den Kompetenzen bei Studienabschluss und den Anforderungen im Beruf empfinden Absolventen häufig eine große Diskrepanz.

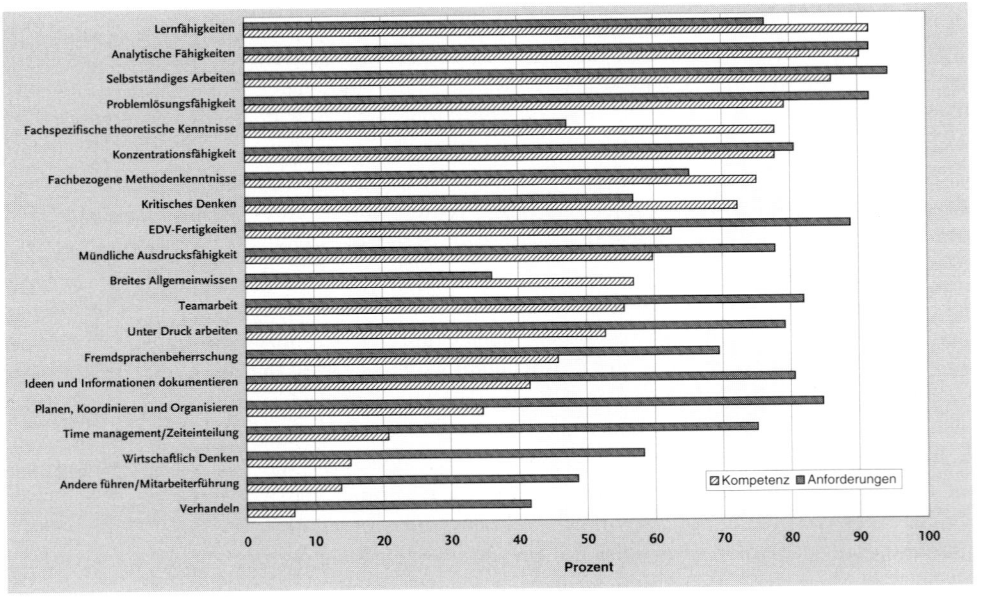

Ein gutes Betriebsklima, die Möglichkeit zur beruflichen Weiterqualifizierung, Abwechslung, berufliche Eigenverantwortung, gute Aufstiegsmöglichkeiten und ein hohes Einkommen – das sind die Faktoren, auf die die jungen Physikerinnen und Physiker in ihrem Beruf Wert legen. Obwohl die befragten Absolventen diese Ziele meist (noch) nicht erreicht haben, sind drei Viertel mit ihrer beruflichen Situation zufrieden. Ob ein Physiker viel verdient, im Beruf zufrieden ist oder eigenverantwortlich arbeiten kann, hängt erstaunlicherweise kaum davon ab, ob er ein gutes Examen oder ein kurzes Studium absolviert hat, wie die Europäische Absolventenstudie ergeben hat. Allerdings geben Physiker mit gutem Examen an, zum Zeitpunkt der Befragung eine „gute Position" zu haben. Unabhängig davon, ob sie eine physiknahe oder eine physikferne Tätigkeit ausüben, geben schließlich zwei Drittel der befragten Physik-Absolventen und sogar 90 Prozent der befragten DPG-Mitglieder an, dass sie rückblickend erneut Physik studieren würden.

Berufliche Zufriedenheit

Öffentliche Forschungseinrichtungen

Die öffentlich finanzierte Forschung in Deutschland ruht auf mehreren Säulen. An den Universitäten wird geforscht und der wissenschaftliche Nachwuchs ausgebildet. Die Fachhochschulen vermitteln praxisnahe Inhalte für künftige Ingenieure. Neben den Hochschulen unterhält der Staat vier außeruniversitäre Forschungsorganisationen: die Max-Planck- und die Fraunhofer-Gesellschaft (MPG bzw. FhG), die Helmholtz- und die Leibniz-Gemeinschaft (HGF bzw. WGL). Die Max-Planck-Institute widmen sich der Grundlagenforschung, die Fraunhofer-Institute der angewandten Forschung. Unter den Instituten der Helmholtz-Gemeinschaft sind zahlreiche Großforschungseinrichtungen, in der Leibniz-Gemeinschaft sind Serviceeinrichtungen und interdisziplinär ausgerichtete Forschungsinstitute vertreten. Viele Wissenschaftler an den Instituten der außeruniversitären Einrichtungen sind zugleich Professoren an nahegelegenen Universitäten („Doppelberufung"). Diese Kooperationen ermöglichen es auch Doktoranden, an außeruniversitären Instituten zu forschen.

Universitäten

An den Universitäten wird immer wieder die „Einheit von Forschung und Lehre" betont. Der Professor, der vormittags im Hörsaal den wissenschaftlichen Nachwuchs unterrichtet, kümmert sich nachmittags um die weltweit anerkannte Spitzenforschung seiner Arbeitsgruppe, so das Ideal. An den Physikfachbereichen findet man sowohl angewandte Forschung als auch Grundlagenforschung. Manche Professoren pflegen enge Industriekontakte, andere bewegen sich ausschließlich in akademischen Sphären. Auf den folgenden Seiten sind alle deutschen Universitäten aufgelistet, die einen Diplom- oder Masterstudiengang im Fach Physik anbieten. Die Auflistung der Forschungsschwerpunkte umfasst nicht immer sämtliche Angebote der Fachbereiche. Für eine vollständige Liste des Lehr- und Forschungsangebots sollte man einen Blick auf die – teilweise leider recht unübersichtlichen – Websites der Fachbereiche werfen. Sonderforschungsbereiche und DFG-Schwerpunktprogramme sind jeweils bei der federführenden Institution verzeichnet.

Eine interaktive Karte mit Links zu Universitäten und Fachhochschulen findet man unter www.uni-trier.de/uni/unis/karte.htm, Links zu Vorlesungsverzeichnissen und Physikstudiengängen unter www.pro-physik.de, Stichwort „Studium".

Fachhochschulen

Die Fachhochschulen bilden Ingenieure aus. Das Studium ist in der Regel praxisnäher als an Universitäten. Üblich sind ein bis zwei Praxissemester in einem Betrieb. Die Auflistung auf den Seiten 196 ff. enthält einige Schwerpunkte im Hauptstudium. Auch hier lohnt sich ein Blick auf die Websites der einzelnen Hochschulen.

Max-Planck-Gesellschaft
www.mpg.de

Die Max-Planck-Institute betreiben neben den Universitäten vor allem erkenntnisorientierte Grundlagenforschung. Rund ein Viertel aller Max-Planck-Institute widmet sich der physikalischen Forschung. Das Budget der Max-Planck-Gesellschaft betrug 2,3 Milliarden Mark im Jahr 2000 und wird je zur Hälfte von Bund und Ländern getragen.

Fraunhofer-Gesellschaft
www.fhg.de

Fraunhofer-Institute betreiben anwendungsorientierte Forschung, häufig als Auftragsforschung der Industrie. Die Institute werben den Großteil ihrer Mittel bei der Industrie ein und erhalten nur circa 40 Prozent vom Staat. Der Gesamtetat der Fraunhofer-Gesellschaft beträgt circa 1,5 Milliarden Mark. 21 von 48 Fraunhofer-Instituten sind ganz oder teilweise der Physik zuzurechnen. Fraunhofer-Institute sind häufig in Forschungsverbünde mit Universitätsinstituten oder Instituten der Max-Planck-Gesellschaft oder Leibniz-Gemeinschaft integriert.

Helmholtz-Gemeinschaft
www.helmholtz.de

In der Hermann von Helmholtz-Gemeinschaft Deutscher Forschungszentren haben sich 15 nationale Forschungszentren zusammengeschlossen, von denen sich elf weitgehend oder teilweise mit physikalischen Fragen befassen. Die Helmholtz-Zentren verfolgen langfristige Forschungsziele und betreiben insbesondere Großgeräte wie zum Beispiel die Teilchenbeschleuniger am Deutschen Elektronen-Synchrotron DESY in Hamburg, die auch Wissenschaftlern von Universitäten oder anderen Forschungszentren offen stehen. Die Helmholtz-Zentren werden zu 90 Prozent vom Bund und zu 10 Prozent vom jeweiligen Sitzland finanziert. Ihre Budgets betrugen 4,3 Milliarden Mark im Jahr 2001.

Leibniz-Gemeinschaft
www.wgl.de

Institute der Wissenschaftsgemeinschaft Gottfried Wilhelm Leibniz sind mittelgroße Forschungsinstitute mit einem breiten Aufgabenspektrum. Die typische Forschung an Leibniz-Instituten hat längerfristigen, interdisziplinären Charakter. Zehn der insgesamt 78 Institute befassen sich vorwiegend mit Forschungsfragen aus der Physik. Die Grundfinanzierung von etwa 1,6 Milliarden Mark der Leibniz-Gemeinschaft wird je zur Hälfte vom Bund und von den Ländern, dabei jeweils überwiegend vom Sitzland, getragen.

Alle Zahlen und Fakten in diesem Service-Teil wurden sorgfältig recherchiert, sind aber ohne Gewähr. Nachträgliche Korrekturen und Aktualisierungen werden auf der Website zum Buch, www.physiker-im-beruf.de, bekannt gegeben.

Aachen

Rheinisch-Westfälische Technische Hochschule Aachen
Fakultät für Mathematik, Informatik und Naturwissenschaften
Physikzentrum
Huyskensweg, 52074 Aachen

Tel. (0241) 80-94500
Fax (0241) 80-92124
www.physik.rwth-aachen.de
dekan@fb1.rwth-aachen.de

Professoren: 23; Studenten: 1118
Promotionsprüfungen 00/01: 48
Neueinschreibungen 2001: 158
Mittlere Studiendauer: 12,8 Semester

Abschlüsse:
Diplom-Physiker/in; Lehramt Physik

Forschungsschwerpunkte:
- Hochenergiephysik
- Festkörperphysik
- Supraleitung

Studien- und Forschungsprogramme:
▸ Graduiertenkolleg: Elementarteilchenphysik an der TeV-Skala

Augsburg

Universität Augsburg
Mathematisch-Naturwissenschaftliche Fakultät
Institut für Physik
Universitätsstraße 1, 86159 Augsburg

Tel. (0821) 598-3332
Fax (0821) 598-3318
www.physik.uni-augsburg.de
dekanat@physik.uni-augsburg.de

Professoren: 21; Studenten: 269
Promotionsprüfungen 00/01: 25
Neueinschreibungen 2001: 79
Mittlere Studiendauer: 11,6 Semester

Abschlüsse:
Diplom-Physiker/in; Lehramt Physik
Bachelor in Materialwissenschaften

Forschungsschwerpunkte:
- Metallphysik
- Magnetismus
- Plasmaphysik
- Festkörperphysik
- Supraleitung
- Dynamik und Statistische Physik

Studien- und Forschungsprogramme:
▸ Sonderforschungsbereich: Kooperative Phänomene im Festkörper: Metall-Isolator-Übergänge und Ordnung mikroskopischer Freiheitsgrade
▸ Graduiertenkolleg: Nichtlineare Probleme in Analysis, Geometrie und Physik

Bayreuth

Tel. (0921) 55-3198
Fax (0921) 55-2999
www.uni-bayreuth.de/departments/physik/maphy.html
Wolfgang.Mueller@uni-bayreuth.de

Universität Bayreuth
Fakultät für Mathematik und Physik
Universitätsstraße 30, 95447 Bayreuth

Professoren: 23; Studenten: 213
Promotionsprüfungen 00/01: 28
Neueinschreibungen 2001: 65
Mittlere Studiendauer: 12,1 Semester

Abschlüsse:
Diplom-Physiker/in; Lehramt Physik

Forschungsschwerpunkte:
- Nichtlineare Dynamik
- Magnetismus
- Supraleitung
- Polymerphysik
- Biophysik
- Laserspektroskopie
- Tieftemperaturphysik
- Oberflächenphysik

Studien- und Forschungsprogramme:
▸ Sonderforschungsbereiche: Adsorption an Festkörperoberflächen; Komplexe Makromolekül- und Hybridsysteme in inneren und äußeren Feldern
▸ Europäisches Graduiertenkolleg: Non-Equilibrium Phenomena and Phase Transitions in Complex Systems
▸ DFG-Forschergruppe: Transportphänomene in Supraleitern und Suprafluiden

Berlin, Freie Universität

Tel. (030) 838-540 10
Fax (030) 838-567 46
www.physik.fu-berlin.de
fachbereich@physik.fu-berlin.de

Freie Universität Berlin
Fachbereich Physik
Arnimallee 14, 14195 Berlin

Professoren: 28; Studenten: 301
Promotionsprüfungen 00/01: 36
Neueinschreibungen 2001: 111
Mittlere Studiendauer: 12,5 Semester

Abschlüsse:
Diplom-Physiker/in; Lehramt Physik

Forschungsschwerpunkte:
- Molekül- und Clusterphysik
- Biophysik
- Festkörperphysik
- Hochenergiephysik
- Mathematische Physik

Studien- und Forschungsprogramme:
▸ Sonderforschungsbereiche: Metallische dünne Filme: Struktur, Magnetismus und elektronische Eigenschaften; Differentialgeometrie und Quantenphysik; Analyse und Steuerung ultraschneller photoinduzierter Reaktionen
▸ DFG-Schwerpunktprogramm: Hochfeld-EPR in Biologie, Chemie und Physik

Berlin, Humboldt-Universität

Humboldt-Universität zu Berlin
Mathematisch-Naturwissenschaftliche Fakultät I
Institut für Physik
Invalidenstraße 110, 10115 Berlin

Tel. (030) 2093-7600
Fax (030) 2093 -7877
www.physik.hu-berlin.de
idir@physik.hu-berlin.de

Professoren: 23; Studenten: 540
Promotionsprüfungen 00/01: 41
Neueinschreibungen 2001: 194
Mittlere Studiendauer: 13,3 Semester

Abschlüsse:
Diplom-Physiker/in; Lehramt Physik

Forschungsschwerpunkte:
- Festkörperphysik
- Oberflächenphysik
- Molekülphysik
- Halbleiterphysik
- Hochenergiephysik
- Statistische Physik

Studien- und Forschungsprogramme:
▸ Sonderforschungsbereich: Komplexe nichtlineare Prozesse; Struktur, Dynamik und Reaktivität von Übergangsmetalloxid-Aggregaten
▸ Graduiertenkolleg: Strukturuntersuchungen, Präzisionstests und Erweiterung des Standardmodells der Elementarteilchenphysik

Berlin, Technische Universität

Technische Universität zu Berlin
Fachbereich Physik
Hardenbergstr. 36, 10623 Berlin

Tel. (030) 314 -22202
Fax (030) 314 -25588
www.physik.tu-berlin.de/fbv
Oeverdieck@FakII.
TU-Berlin.de

Professoren: 22; Studenten: 564
Promotionsprüfungen 00/01: 48
Neueinschreibungen 2001: 127
Mittlere Studiendauer: 12,5 Semester

Abschlüsse:
Diplom-Physiker/in; Lehramt Physik

Forschungsschwerpunkte:
- Astrophysik
- Halbleiterphysik
- Nichtlineare Dynamik und statistische Physik
- Optik
- Laserphysik
- Materialphysik

Studien- und Forschungsprogramme:
▸ Sonderforschungsbereich: Wachstumskorrelierte Eigenschaften niederdimensionaler Halbeiterstrukturen

Bielefeld

Tel. (0521) 106-5249
Fax (0521) 106-5244
www.physik.uni-bielefeld.de
lutz@physik.uni-bielefeld.de

Universität Bielefeld
Fakultät für Physik
Universitätsstraße 25, 33615 Bielefeld

Professoren: 21; Studenten: 378
Promotionsprüfungen 00/01: 7
Neueinschreibungen 2001: 50
Mittlere Studiendauer: 13,6 Semester

Abschlüsse:
Diplom-Physiker/in; Lehramt Physik

Forschungsschwerpunkte:
- Molekül- und Oberflächenphysik
- Laserphysik
- Festkörperphysik
- Mathematische Physik
- Hochenergiephysik
- Biophysik
- Atomphysik

Studien- und Forschungsprogramme:
▸ Sonderforschungsbereich: Physik in Einzelmolekülprozessen und molekularer Erkennung in organischen Systemen
▸ DFG-Forschergruppe: Materie unter extremen Bedingungen

Bochum

Tel. (0234) 32-23445
Fax (0234) 32-14447
www.physik.ruhr-uni-bochum.de
dekanat@physik.ruhr-uni-bochum.de

Ruhr-Universität Bochum
Fakultät für Physik und Astronomie NB 02/129
44780 Bochum

Professoren: 20; Studenten: 674
Promotionsprüfungen 00/01: 26
Neueinschreibungen 2001: 81
Mittlere Studiendauer: 13,3 Semester

Abschlüsse:
Diplom-Physiker/in; Lehramt Physik

Forschungsschwerpunkte:
- Hochenergiephysik
- Plasmaphysik
- Astrophysik
- Festkörperphysik
- Laserphysik

Studien- und Forschungsprogramme:
▸ Sonderforschungsbereiche: Magnetische Heteroschichten: Struktur und elektronischer Transport; Physikalische Grundlagen der Niedertemperaturplasmen
▸ Graduiertenkolleg: Nanoelektronische, mikromechanische und mikrooptische Systeme; Galaxiengruppen als Laboratorien für baryonische und dunkle Materie

Bonn

Rheinische Friedrich-Wilhelms-Universität Bonn
Mathematisch-Naturwissenschaftliche Fakultät
Wegelerstr. 10, 53115 Bonn

Tel. (0228) 73-2233
Fax (0228) 73-3892
www.physik.uni-bonn.de
Zapf@physik.uni-bonn.de

Professoren: 28; Studenten: 892
Promotionsprüfungen 00/01: 38
Neueinschreibungen 2001: 223
Mittlere Studiendauer: 12,1 Semester

Abschlüsse:
Diplom-Physiker/in; Lehramt Physik

Forschungsschwerpunkte:

- Hochenergiephysik
- Mathematische Physik
- Umweltphysik
- Kernphysik
- Festkörperphysik
- Atomphysik

Studien- und Forschungsprogramme:

▸ DFG-Schwerpunktprogramm: Untersuchungen der hadronischen Struktur von Nukleonen und Kernen mit elektromagnetischen Sonden

Braunschweig

Technische Universität Carolo-Wilhelmina zu Braunschweig
Fachbereich 2 – Physik und Geowissenschaften
Pockelsstraße 14, 38106 Braunschweig

Tel. (0531) 391-5250
Fax (0531) 391-7974
www.tu-bs.de/FachBer/fb2
fb2@tu-bs.de

Professoren: 16; Studenten: 381
Promotionsprüfungen 00/01: 11
Neueinschreibungen 2001: 72
Mittlere Studiendauer: 13,3 Semester

Abschlüsse:
Diplom-Physiker/in; Lehramt Physik

Forschungsschwerpunkte:

- Metallphysik
- Optik
- Geophysik
- Festkörperphysik
- Halbleiterphysik

Studien- und Forschungsprogramme:

▸ Graduiertenkolleg: Metrologie in Physik und Technik
▸ DFG-Schwerpunktprogramm: Erdmagnetische Variationen

Bremen

Tel. (0421) 218-2700
Fax (0421) 218-3601
www.physik.uni-bremen.de
dekan@physik.uni-bremen.de

Universität Bremen
Fachbereich 1: Physik/Elektrotechnik
Kufsteiner Straße 1, 28359 Bremen

Professoren: 22; Studenten: 304
Promotionsprüfungen 00/01: 21
Neueinschreibungen 2001: 76
Mittlere Studiendauer: 13,9 Semester

Abschlüsse:
Diplom-Physiker/in; Lehramt Physik

Forschungsschwerpunkte:
- Biophysik
- Festkörperphysik
- Umweltphysik

Chemnitz

Tel. (0371) 531-3024
Fax (0371) 531-3025
www.tu-chemnitz.de/physik/
naturwissenschaften@tu-chemnitz.de

Technische Universität Chemnitz
Institut für Physik
Reichenhainer Straße 70, 09107 Chemnitz

Professoren: 15; Studenten: 123
Promotionsprüfungen 00/01: 13
Neueinschreibungen 2001: 40
Mittlere Studiendauer: 10,2 Semester

Abschlüsse:
Diplom-Physiker/in

Forschungsschwerpunkte:
- Festkörperphysik
- Halbleiterphysik

Studien- und Forschungsprogramme:
▸ DFG-Forschergruppe: Laborastrophysik: Struktur, Dynamik und Eigenschaften von Molekülen und Staubteilchen im Weltraum

Clausthal

Technische Universität Clausthal
Institut für Physik und Physikalische Technologien
Leibnizstraße 4, 38678 Clausthal-Zellerfeld

Tel. (05323) 72-2061
Fax (05323) 72-3600
www.tu-clausthal.de
wolfgang.schade@tu-clausthal.de

Professoren: 4; Studenten: 56
Promotionsprüfungen 00/01: 4
Neueinschreibungen 2001: 16
Mittlere Studiendauer: 11,0 Semester

Abschlüsse:
Diplom-Physiker/in
Diplom-Geophysiker/in

Forschungsschwerpunkte:
- Festkörperphysik
- Laserphysik

Studien- und Forschungsprogramme:
- ▸ DFG-Forschergruppe: Zetafunktionen und lokalsymmetrische Räume

Cottbus

Brandenburgische Technische Universität Cottbus
Fakultät 1: Mathematik, Naturwissenschaften und Informatik
Universitätsplatz 3 – 4, 03044 Cottbus

Tel. (0355) 69-2432
Fax (0355) 69-2464
www.tu-cottbus.de/BTU/Fak1
htv@informatik.tu-cottbus.de

Professoren: 7; Studenten: 46
Promotionsprüfungen 00/01: 1
Neueinschreibungen 2001: 17
Mittlere Studiendauer: keine Angaben

Abschlüsse:
Diplom-Physiker/in

Forschungsschwerpunkte:
- Festkörperphysik
- Nichtlineare Dynamik und Statistische Physik
- Halbleiterphysik
- Supraleiter

Darmstadt

Tel. (06151) 16-3601
Fax (06151) 16-3901
www.physik.tu-darmstadt.de
dekanat@physik.tu-darmstadt.de

Technische Universität Darmstadt
Fachbereich Physik
Hochschulstraße 12, 64289 Darmstadt

Professoren: 19; Studenten: 577
Promotionsprüfungen 00/01: 21
Neueinschreibungen 2001: 137
Mittlere Studiendauer: 11,7 Semester

Abschlüsse:
Diplom-Physiker/in; Lehramt Physik

Forschungsschwerpunkte:
- Festkörperphysik
- Kernphysik
- Laserphysik
- Plasmaphysik

Studien- und Forschungsprogramme:
▸ Graduiertenkolleg: Physik und Technik von Beschleunigern
▸ DFG-Forschergruppe: Untersuchung von Vielteilcheneffekten in Atomkernen mit Elektronen und Photonen am S-DALINAC und die damit verbundene Weiterentwicklung des Beschleunigers

Dortmund

Tel. (0231) 755-3503
Fax (0231) 755-5027
www.physik.uni-dortmund.de
dekanat@physik.uni-dortmund.de

Universität Dortmund
Fachbereich Physik
Otto-Hahn-Str. 4, 44221 Dortmund

Professoren: 20; Studenten: 571
Promotionsprüfungen 00/01: 17
Neueinschreibungen 2001: 72
Mittlere Studiendauer: 11,0 Semester

Abschlüsse:
Diplom-Physiker/in; Lehramt Physik

Forschungsschwerpunkte:
- Festkörperphysik
- Halbleiterphysik
- Oberflächenphysik
- Hochenergiephysik

Studien- und Forschungsprogramme:
▸ Graduiertenkolleg: Materialeigenschaften und Konzepte zur Quanteninformationsverarbeitung

Dresden

Technische Universität Dresden
Fachrichtung Physik
Zellescher Weg 16, 01069 Dresden

Tel. (0351) 463-33378
Fax (0351) 463-37109
www.physik.tu-dresden.de
Prodekan@physik.tu-dresden.de

Professoren: 24; Studenten: 347
Promotionsprüfungen 00/01: 24
Neueinschreibungen 2001: 171
Mittlere Studiendauer: 10,4 Semester

Abschlüsse:
Diplom-Physiker/in; Lehramt Physik

Forschungsschwerpunkte:
- Laserphysik
- Festkörperphysik
- Magnetismus
- Strahlenphysik
- Kern- und Hochenergiephysik
- Halbleiterphysik
- Oberflächenphysik

Studien- und Forschungsprogramme:
▸ Sonderforschungsbereich: Seltenerd-Übergangsmetallverbindungen: Struktur, Magnetismus und Transport
▸ DFG-Forschergruppe: Nanostrukturierte Funktionselemente in makroskopischen Systemen

Düsseldorf

Heinrich-Heine Universität Düsseldorf
Mathematisch-Naturwissenschaftliche Fakultät
Universitätsstr. 1, 40225 Düsseldorf

Tel. (0211) 81-12235
Fax (0211) 81-15191
www.thphy.uni-duesseldorf.de/fakultaet.html
dekan.math-nat-fak@uni-duesseldorf.de

Professoren: 12; Studenten: 654
Promotionsprüfungen 00/01: 16
Neueinschreibungen 2001: 94
Mittlere Studiendauer: 12,0 Semester

Abschlüsse:
Diplom-Physiker/in; Lehramt Physik

Forschungsschwerpunkte:
- Festkörperphysik
- Gravitationsphysik
- Plasmaphysik
- Laserphysik
- Dynamik und Statistische Physik

Studien- und Forschungsprogramme:
▸ Sonderforschungsbereiche: Physikalische Grundlagen der Niedertemperaturplasmen; Unordnung und große Fluktuationen
▸ Graduiertenkolleg: Hochtemperatur-Plasmaphysik

Duisburg

Tel. (0203) 379-2904
Fax (0203) 379-3163
www.physik.uni-duisburg.de
kaske@uni-duisburg.de

Gerhard-Mercator-Universität Duisburg
Fakultät für Naturwissenschaften
Institut für Physik
Lotharstr. 1, 47048 Duisburg

Professoren: 16; Studenten: 288
Promotionsprüfungen 00/01: 9
Neueinschreibungen 2001: 56
Mittlere Studiendauer: 12,0 Semester

Abschlüsse:
Diplom-Physiker/in; Lehramt Physik

Forschungsschwerpunkte:
- Festkörperphysik
- Magnetismus
- Tieftemperaturphysik
- Plasmaphysik

Studien- und Forschungsprogramme:
- Sonderforschungsbereiche: Magnetische Heteroschichten: Struktur und elektronischer Transport; Strukturelle und Magnetische Phasenübergänge; Nanopartikel aus der Gasphase
- Graduiertenkolleg: Struktur und Dynamik heterogener Systeme

Erlangen-Nürnberg

Tel. (09131) 85-22747
Fax (09131) 85-27704
www.physik.uni-erlangen.de/
keller@mi.uni-erlangen.de

Friedrich-Alexander-Universität Erlangen-Nürnberg
Naturwissenschaftliche Fakultät I
Universitätsstraße 40, 91054 Erlangen

Professoren: 29; Studenten: 435
Promotionsprüfungen 00/01: 27
Neueinschreibungen 2001: 100
Mittlere Studiendauer: 11,2 Semester

Abschlüsse:
Diplom-Physiker/in; Lehramt Physik

Forschungsschwerpunkte:
- Festkörperphysik
- Hadronenphysik
- Kern- und Hochenergiephysik
- (Quanten-)Optik

Studien- und Forschungsprogramme:
- Sonderforschungsbereich: Mehrkomponentige Schichtsysteme
- DFG-Schwerpunktprogramm: Quanten-Informationsverarbeitung
- DFG-Forschergruppe: SiC als Halbleitermaterial: Alternative Wege in Züchtung und Dotierung

Essen

Universität Essen
Fachbereich Physik
Universitätsstr. 5, 45117 Essen

Tel. (0201) 183-2481
Fax (0201) 183-2120
www.physik.uni-essen.de/
dekanat.physik@uni-essen.de

Professoren: 19; Studenten: 582
Promotionsprüfungen 00/01: 11
Neueinschreibungen 2001: 69
Mittlere Studiendauer: 12,4 Semester

Abschlüsse:
Diplom-Physiker/in; Lehramt Physik

Forschungsschwerpunkte:
- Plasmaphysik
- Oberflächenphysik
- Festkörperphysik
- Laserphysik
- Dynamik und Statistische Physik
- Quantenoptik

Studien- und Forschungsprogramme:
▸ Sonderforschungsbereiche: Unordnung und große Fluktuationen, Energiedissipation an Oberflächen
▸ Graduiertenkolleg: Reaktivität im oberflächennahen Bereich

Frankfurt/Main

Johann Wolfgang Goethe-Universität
Fachbereich Physik
Gräfstraße 39, 60486 Frankfurt

Tel. (069) 798-23313
Fax (069) 798-28309
www.physik.uni-frankfurt.de
dekanat@physik.uni-frankfurt.de

Professoren: 33; Studenten: 382
Promotionsprüfungen 00/01: 38
Neueinschreibungen 2001: 85
Mittlere Studiendauer: 12,3 Semester

Abschlüsse:
Diplom-Physiker/in; Lehramt Physik

Forschungsschwerpunkte:
- Astrophysik
- Kernphysik
- Hochenergiephysik
- Festkörperphysik
- Biophysik
- Plasmaphysik

Studien- und Forschungsprogramme:
▸ DFG-Forschergruppe: Spin- und Ladungskorrelationen in niedrigdimensionalen metallorganischen Festkörpern

Freiburg

Tel. (0761) 203-5812
Fax (0761) 203-5873
www.physik.uni-freiburg.de
dekanat@physik.uni-freiburg.de

Albert-Ludwigs-Universität Freiburg
Fakultät für Physik
Hermann-Herder-Straße 3a
79104 Freiburg i.Br.

Professoren: 20; Studenten: 413
Promotionsprüfungen 00/01: 38
Neueinschreibungen 2001: 129
Mittlere Studiendauer: 12,3 Semester

Abschlüsse:
Diplom-Physiker/in; Lehramt Physik

Forschungsschwerpunkte:
- Hochenergiephysik
- Polymerphysik
- Atom- und Molekülphysik
- Festkörperphysik

Studien- und Forschungsprogramme:
▸ Sonderforschungsbereich: Korrelierte Dynamik hochangeregter atomarer und molekularer Systeme

Gießen

Tel. (0641) 99-33000
Fax (0641) 99-33009
www.physik.uni-giessen.de/fb
Dekanat.FB07@uni-giessen.de

Justus-Liebig-Universität Gießen
Fachbereich Physik
Heinrich-Buff-Ring 16, 35392 Gießen

Professoren: 22; Studenten: 303
Promotionsprüfungen 00/01: 28
Neueinschreibungen 2001: 62
Mittlere Studiendauer: 11,8 Semester

Abschlüsse:
Diplom-Physiker/in; Lehramt Physik

Forschungsschwerpunkte:
- Halbleiterphysik
- Kernphysik
- Atomphysik
- Festkörperphysik
- Biophysik
- Strahlenphysik

Studien- und Forschungsprogramme:
▸ Europäisches Graduiertenkolleg: Complex Systems of Hadrons and Nuclei
▸ DFG-Schwerpunktprogramm: Gruppe III-Nitride und ihre Heterostrukturen

Göttingen

Georg-August-Universität Göttingen
Fakultät für Physik
Bunsenstraße 13, 37073 Göttingen

Tel. (0551) 39-4095
www.physik.uni-goettingen.de
dekanat@physik.uni-goettingen.de

Professoren: 32; Studenten: 754
Promotionsprüfungen 00/01: 79
Neueinschreibungen 2001: 111
Mittlere Studiendauer: keine Angaben

Abschlüsse:
Diplom-Physiker/in; Lehramt Physik

Forschungsschwerpunkte:
- Astrophysik
- Geophysik
- Halbleiterphysik
- Kernphysik
- Festkörperphysik
- Tieftemperaturphysik
- Dynamik und Statistische Physik
- Atomphysik

Studien- und Forschungsprogramme:
▸ Sonderforschungsbereich: Festkörper weit weg vom Gleichgewicht; Komplexe Strukturen in kondensierter Materie von atomarer bis mesoskopischer Skala

Greifswald

Ernst Moritz Arndt Universität
Mathematisch Naturwissenschaftliche Fakultät
Domstraße 11, 17487 Greifswald

Tel. (03834) 86-4001
Fax (03834) 86-4002
www.uni-greifswald.de/~mnfak/matnat.html
dekanmnf@rz.uni-greifswald.de

Professoren: 7; Studenten: 51
Promotionsprüfungen 00/01: 6
Neueinschreibungen 2001: 24
Mittlere Studiendauer: 11,3 Semester

Abschlüsse:
Diplom-Physiker/in; Lehramt Physik

Forschungsschwerpunkte:
- Plasmaphysik
- Festkörperphysik

Studien- und Forschungsprogramme:
▸ Sonderforschungsbereich: Kinetik partiell ionisierter Plasmen

Halle-Wittenberg

Tel. (0345) 5525501
Fax (0345) 5527158)
www.uni-halle.de
nebelung@physik.uni-halle.de

Martin-Luther-Universität Halle-Wittenberg
Fachbereich Physik
Friedemann-Bach-Platz 6, 06108 Halle

Professoren: 17; Studenten: 103
Promotionsprüfungen 00/01: 18
Neueinschreibungen 2001: 34
Mittlere Studiendauer: 11,0 Semester

Abschlüsse:
Diplom-Physiker/in; Lehramt Physik

Forschungsschwerpunkte:
- Festkörperphysik
- Optik
- Polymerphysik
- Mathematische Physik

Studien- und Forschungsprogramme:
- ▸ Sonderforschungsbereich: Struktur und Dynamik nanoskopischer Inhomogenitäten in kondensierter Materie
- ▸ Graduiertenkolleg: Defektstrukturbestimmte physikalische Eigenschaften
- ▸ DFG-Schwerpunktprogramm: Stringtheorie

Hamburg

Tel. (040) 42838-4057
Fax (040) 42838-6233
www.physnet.uni-hamburg.de
tbehrens@physnet.uni-hamburg.de

Universität Hamburg
Fachbereich Physik
Jungiusstraße 9–11, 20355 Hamburg

Professoren: 44; Studenten: 826
Promotionsprüfungen 00/01: 68
Neueinschreibungen 2001: 185
Mittlere Studiendauer: 11,9 Semester

Abschlüsse:
Diplom-Physiker/in; Lehramt Physik

Forschungsschwerpunkte:
- Kern- und Hochenergiephysik
- Festkörperphysik
- Magnetismus
- Astrophysik
- Halbleiterphysik
- Laserphysik

Studien- und Forschungsprogramme:
- ▸ Sonderforschungsbereich: Quantenmaterialien: Laterale Strukturen, Hybride Systeme und Nanocluster
- ▸ Graduiertenkollegs: Spektroskopie an lokalisierten atomaren Systemen; Zukünftige Entwicklungen in der Elementarteilchenphysik; Physik nanostrukturierter Festkörper

Hannover

Universität Hannover
Fachbereich Physik
Appelstraße 2, 30167 Hannover

Tel. (0511) 762-5499
Fax (0511) 762-5498
www.uni-hannover.de/fb/physik.htm
reuter@physik.uni-hannover.de

Professoren: 22; Studenten: 440
Promotionsprüfungen 00/01: 24
Neueinschreibungen 2001: 99
Mittlere Studiendauer: 10,8 Semester

Abschlüsse:
Diplom-Physiker/in; Lehramt Physik; Diplom-Meteorologe

Forschungsschwerpunkte:
- Plasmaphysik
- Atom- und Molekülphysik
- Quantenoptik
- Meteorologie
- Festkörperphysik

Studien- und Forschungsprogramme:
▸ Sonderforschungsbereiche: Quantenlimitierte Messprozesse mit Atomen, Molekülen und Photonen
▸ Graduiertenkolleg: Quantenfeldtheoretische Methoden in der Elementarteilchenphysik, Gravitation und Statistischen Physik
▸ Europäisches Graduiertenkolleg: Interference and Quantum applications
▸ DFG-Schwerpunktprogramm: Quanten-Hall-Systeme

Heidelberg

Ruprecht-Karls-Universität
Fakultät für Physik und Astronomie
Albert-Ueberle-Str. 11, 69120 Heidelberg

Tel. (06221) 54-9298
Fax (06221) 54-9347
www.physik.uni-heidelberg.de
dekanat@physik.uni-heidelberg.de

Professoren: 41; Studenten: 963
Promotionsprüfungen 00/01: 85
Neueinschreibungen 2001: 235
Mittlere Studiendauer: 11,4 Semester

Abschlüsse:
Diplom-Physiker/in; Lehramt Physik

Forschungsschwerpunkte:
- Laserphysik
- Hochenergiephysik
- Atomphysik
- Umweltphysik
- Festkörperphysik
- Astrophysik
- Kernphysik

Studien- und Forschungsprogramme:
▸ Sonderforschungsbereich: Reaktive Strömungen, Diffusion und Transport; Galaxien im jungen Universum
▸ Graduiertenkolleg: Experimentelle Methoden in der Kern- und Elementarteilchenphysik

Ilmenau

Tel. (03677) 693706
Fax (03677) 693271
www.physik.tu-ilmenau.de
dekan@mathematik.tu-ilmenau.de

Technische Universität Ilmenau
Institut für Physik
Weimarer Straße 32, 98693 Ilmenau

Professoren: 8; Studenten: 119
Promotionsprüfungen 00/01: 1
Neueinschreibungen 2001: 33
Mittlere Studiendauer: Die ersten Diplomanden legen gerade ihre Prüfung ab

Abschlüsse:
Diplom-Ingenieur Technische Physik

Forschungsschwerpunkte:
- Halbleiterphysik
- Polymerphysik
- Computational Physics
- Oberflächenphysik
- Umweltphysik

Jena

Tel. (03641) 9-47001
Fax (03641) 9-47002
http://einstein.physik.uni-jena.de
dekanat@paf.uni-jena.de

Friedrich-Schiller-Universität Jena
Physikalisch-Astronomische Fakultät
Max-Wien-Platz, 07743 Jena

Professoren: 27; Studenten: 331
Promotionsprüfungen 00/01: 33
Neueinschreibungen 2001: 141
Mittlere Studiendauer: 10,3 Semester

Abschlüsse:
Diplom-Physiker/in; Lehramt Physik

Forschungsschwerpunkte:
- Optik
- Astrophysik
- Laserphysik
- Festkörperphysik
- Gravitationsphysik
- Biophysik

Studien- und Forschungsprogramme:
- ▸ Sonderforschungsbereich: Physik und Chemie optischer Schichten
- ▸ DFG-Schwerpunktprogramm: Wechselwirkung intensiver Laserfelder mit Materie

Kaiserslautern

Universität Kaiserslautern
Fachbereich Physik
Erwin-Schrödinger-Straße, 67663 Kaiserslautern

Tel. (0631) 205-2682
Fax (0631) 205-3300
www.physik.uni-kl.de
dekanat@physik.uni-kl.de

Professoren: 19; Studenten: 308
Promotionsprüfungen 00/01: 20
Neueinschreibungen 2001: 160
Mittlere Studiendauer: 13,5 Semester

Abschlüsse:
Diplom-Physiker/in; Lehramt Physik

Forschungsschwerpunkte:
- Laserphysik
- Magnetismus
- Quantenoptik
- Mathematische Physik
- Festkörperphysik

Studien- und Forschungsprogramme:
▸ Graduiertenkolleg: Nichtlineare Optik und Ultrakurzzeitphysik
▸ DFG-Schwerpunktprogramm: Ultraschnelle Magnetisierungsprozesse
▸ DFG-Forschergruppe: Schwellenverhalten, Resonanzen und nichtlokale Wechselwirkungen bei niederenergetischen Elektronenstreuprozessen

Karlsruhe

Universität Karlsruhe
Fakultät für Physik
Postfach 6980, 76128 Karlsruhe

Tel. (0721) 608-2052
Fax (0721) 608-3519
www.physik.uni-karlsruhe.de
fakultaet@physik.uni-karlsruhe.de

Professoren: 33; Studenten: 662
Promotionsprüfungen 00/01: 36
Neueinschreibungen 2001: 153
Mittlere Studiendauer: 11,7 Semester

Abschlüsse:
Diplom-Physiker/in; Lehramt Physik
Diplom-Geophysiker/in
Diplom-Meteorologe

Forschungsschwerpunkte:
- Hochenergiephysik
- Festkörperphysik
- Laserphysik
- Halbleiterphysik
- Kernphysik

Studien- und Forschungsprogramme:
▸ Sonderforschungsbereich: Lokalisierung von Elektronen in makroskopischen und mikroskopischen Systemen
▸ Graduiertenkollegs: Kollektive Phänomene im Festkörper; Hochenergiephysik und Teilchenastrophysik; Elementarteilchenphysik an Beschleunigern
▸ Forschungszentrum für funktionelle Nanostrukturen
▸ DFG-Forschergruppe: Quantenfeldtheorie, Computeralgebra und Monte-Carlo-Simulation

Kassel

Tel. (0561) 804-4434
Fax (0561) 804-4518
www.physik.uni-kassel.de
dekan@physik.uni-kassel.de

Universität Kassel
Fachbereich Physik
Heinrich-Plett-Str.40, 34132 Kassel

Professoren: 12; Studenten: 162
Promotionsprüfungen 00/01: 11
Neueinschreibungen 2001: 28
Mittlere Studiendauer: 14,0 Semester

Abschlüsse:
Diplom-Physiker/in; Lehramt Physik

Forschungsschwerpunkte:
- Festkörperphysik
- Atom- und Molekülphysik
- Oberflächenphysik
- Halbleiterphysik

Kiel

Tel. (0431) 880-2128
Fax (0431) 880-2320
www.uni-kiel.de/fak/mathnat/index.html
diehr@mnf.uni-kiel.de

Christian-Albrechts-Universität zu Kiel
Mathematisch-naturwissenschaftliche Fakultät
Olshausenstr. 40, 24098 Kiel

Professoren: 14; Studenten: 370
Promotionsprüfungen 00/01: 18
Neueinschreibungen 2001: 74
Mittlere Studiendauer: 11,4 Semester

Abschlüsse:
Diplom-Physiker/in; Lehramt Physik

Forschungsschwerpunkte:
- Festkörperphysik
- Oberflächenphysik
- Astrophysik
- Plasmaphysik
- Extraterrestrische Physik
- Nichtlineare Dynamik und Statistische Physik

Studien- und Forschungsprogramme:
- ▸ DFG-Schwerpunktprogramm: Cluster auf Oberflächen
- ▸ DFG-Forschergruppe: Chalkogenid-Schichtstrukturen: Wachstum und Grenzflächenphänomene

Köln

Universität zu Köln
Mathematisch-Naturwissenschaftliche Fakultät
Albertus-Magnus-Platz, 50923 Köln

Tel. (0221) 470-5643
Fax (0221) 470-5108
www.physik.uni-koeln.de
math-nat-fakultaet@uni-koeln.de

Professoren: 28; Studenten: 1129
Promotionsprüfungen 00/01: 45
Neueinschreibungen 2001: 194
Mittlere Studiendauer: 13,5 Semester

Abschlüsse:
Diplom-Physiker/in; Lehramt Physik

Forschungsschwerpunkte:
- Kernphysik
- Festkörperphysik
- Gravitationsphysik
- Astrophysik
- Mathematische Physik

Studien- und Forschungsprogramme:
▸ Sonderforschungsbereiche: Die Entwicklung der interstellaren Materie: Terahertz-Spektroskopie im Weltall und Labor; Komplexe Übergangsmetallverbindungen mit Spin- und Ladungsfreiheitsgraden und Unordnung
▸ Graduiertenkolleg: Scientific Computing

Konstanz

Universität Konstanz
Fachbereich Physik
Universitätsstraße 10, 78457 Konstanz

Tel. (07531) 88-2415
Fax (07531) 88-3888
www.uni-konstanz.de/FuF/Physik
fachbereich.physik@uni-konstanz.de

Professoren: 12; Studenten: 282
Promotionsprüfungen 00/01: 21
Neueinschreibungen 2001: 87
Mittlere Studiendauer: 12,0 Semester

Abschlüsse:
Diplom-Physiker/in; Lehramt Physik

Forschungsschwerpunkte:
- Festkörperphysik
- Gravitationsphysik
- Oberflächenphysik
- Magnetismus
- Quantenoptik

Studien- und Forschungsprogramme:
▸ Sonderforschungsbereich: Nanostrukturen an Grenzflächen und Oberflächen
▸ Europäisches Graduiertenkolleg: Soft condensed Matter

Leipzig

Tel. (0341) 97-32400
Fax (0341) 97-32499
www.uni-leipzig.de/physik
dekan@physik.uni-leipzig.de

Universität Leipzig
Fakultät für Physik und Geowissenschaften
Linnéstraße 5, 04103 Leipzig

Professoren: 18; Studenten: 263
Promotionsprüfungen 00/01: 19
Neueinschreibungen 2001: 70
Mittlere Studiendauer: 10,6 Semester

Abschlüsse:
Diplom-Physiker/in; Lehramt Physik

Forschungsschwerpunkte:
- Mathematische Physik
- Kern- und Hochenergiephysik
- Chemische Physik
- Molekülphysik
- Festkörperphysik
- Halbleiterphysik
- Magnetismus

Studien- und Forschungsprogramme:
- ▸ Sonderforschungsbereich: Moleküle in Wechselwirkung mit Grenzflächen
- ▸ Graduiertenkolleg: Quantenfeldtheorie: Mathematische Struktur und Anwendungen in der Elementarteilchen- und Festkörperphysik

Magdeburg

Tel. (0391) 67-18678
Fax (0391) 67-11131
www.uni-magdeburg.de/fnw/fnw.html
fnw@uni-magdeburg.de

Otto-von-Guericke-Universität Magdeburg
Fakultät für Naturwissenschaften
Postfach 4120, 39106 Magdeburg

Professoren: 11; Studenten: 88
Promotionsprüfungen 00/01: 7
Neueinschreibungen 2001: 39
Mittlere Studiendauer: 12,1 Semester

Abschlüsse:
Diplom-Physiker/in; Lehramt Physik

Forschungsschwerpunkte:
- Festkörperphysik
- Vakuumphysik
- Halbleiterphysik
- Computational Physics
- Biophysik
- Statistische Physik
- Oberflächenphysik

Studien- und Forschungsprogramme:
- ▸ Graduiertenkolleg: Mikro-Makro-Wechselwirkungen in strukturierten Medien und Partikelsystemen
- ▸ DFG-Forschergruppe: Grenzflächendynamik bei Strukturbildungsprozessen

Mainz

Universität Mainz
Fachbereich Physik
Staudingerweg 7, 55128 Mainz

Tel. (06131) 39-22267
Fax (06131) 39-22994
www.physik.uni-mainz.de
dekanat@dipmza.physik.uni-mainz.de

Professoren: 36; Studenten: 646
Promotionsprüfungen 00/01: 47
Neueinschreibungen 2001: 86
Mittlere Studiendauer: 12,4 Semester

Abschlüsse:
Diplom-Physiker/in; Lehramt Physik

Forschungsschwerpunkte:
- Kernphysik
- Hochenergiephysik
- Festkörperphysik
- Physik der Atmosphäre
- Atomphysik

Studien- und Forschungsprogramme:
- ▸ Sonderforschungsbereiche: Glaszustand und Glasübergang nichtmetallischer amorpher Materialien; Vielkörperstruktur stark wechselwirkender Systeme
- ▸ Graduiertenkolleg: Eichtheorien – experimentelle Tests und theoretische Grundlagen

Marburg

Philipps-Universität Marburg
Fachbereich Physik
Renthof 5, 35032 Marburg/Lahn

Tel. (06421) 28-21315
Fax (06421) 28-28915
www.physik.uni-marburg.de
Dekanat@physik.uni-marburg.de

Professoren: 19; Studenten: 258
Promotionsprüfungen 00/01: 69
Neueinschreibungen 2001: 56
Mittlere Studiendauer: 11,6 Semester

Abschlüsse:
Diplom-Physiker/in; Lehramt Physik

Forschungsschwerpunkte:
- Halbleiterphysik
- Festkörperphysik
- Dynamik und Statistische Physik
- Oberflächenphysik
- Atomphysik

Studien- und Forschungsprogramme:
- ▸ Europäisches Graduiertenkolleg: Electron-Electron Interactions in Solids
- ▸ Interdisziplinäres Forschungszentrum Optodynamik

München, Ludwig-Maximilians-Universität

Tel. (089) 2180-3340
Fax (089) 2180-3391
www.physik.uni-muenchen.de
dekanat@physik.uni-muenchen.de

Ludwig-Maximilians-Universität München
Sektion Physik
Schellingstraße 4, 80799 München

Professoren: 44; Studenten: 574
Promotionsprüfungen 00/01: 57
Neueinschreibungen 2001: 176
Mittlere Studiendauer: 11,5 Semester

Abschlüsse:
Diplom-Physiker/in; Lehramt Physik

Forschungsschwerpunkte:
- Biophysik
- Laserphysik
- Halbleiterphysik
- Quantenoptik
- Kern- und Hochenergiephysik
- Festkörperphysik
- Astrophysik
- Meteorologie

Studien- und Forschungsprogramme:
▸ Sonderforschungsbereich: Manipulation von Materie auf der Nanometerskala
▸ Graduiertenkolleg: Mathematik im Bereich ihrer Wechselwirkung mit der Physik
▸ Center for Nanoscience

München, Technische Universität

Tel. (089) 289-12492
Fax (089) 289-14474
www.physik.tu-muenchen.de
dekanat@physik.tu-muenchen.de

Technische Universität München
Fakultät für Physik, James Franck Str., 85748 Garching

Professoren: 42; Studenten: 691
Promotionsprüfungen 00/01: 69
Neueinschreibungen 2001: 197
Mittlere Studiendauer: 11,9 Semester

Abschlüsse:
Diplom-Physiker/in; Lehramt Physik

Forschungsschwerpunkte:
- Laserphysik
- Halbleiterphysik
- Hochenergiephysik
- Festkörperphysik
- Biophysik
- Kernphysik
- Oberflächenphysik
- Magnetismus
- Astrophysik

Studien- und Forschungsprogramme:
▸ Sonderforschungsbereiche: Nanometer-Halbleiterbauelemente; Astroteilchenphysik; Photoionisation und Ladungstrennung in großen Molekülen, Clustern und in kondensierter Phase
▸ DFG-Schwerpunktprogramm: Grundlagen der elektrochemischen Nanotechnologie

Münster

Westfälische Wilhelms-Universität Münster
Fachbereich Physik
Wilhelm-Klemm-Str. 9, 48149 Münster

Tel. (0251) 83-33646
Fax (0251) 83-33090
www.uni-muenster.de/Physik/
dekanphy@nwz.uni-muenster.de

Professoren: 27; Studenten: 990
Promotionsprüfungen 00/01: 30
Neueinschreibungen 2001: 202
Mittlere Studiendauer: 11,0 Semester

Abschlüsse:
Diplom-Physiker/in; Lehramt Physik

Forschungsschwerpunkte:
- Festkörperphysik
- Geophysik
- Laserphysik
- Kernphysik
- Oberflächenphysik

Studien- und Forschungsprogramme:
- Sonderforschungsbereich: Ionenbewegung in Materialien mit ungeordneten Strukturen
- Graduiertenkolleg: Nichtlineare kontinuierliche Systeme
- DFG-Schwerpunktprogramm: Dynamik von Elektronentransferprozessen an Grenzflächen

Oldenburg

Carl-von-Ossietzky-Universität Oldenburg
Fachbereich Physik
26111 Oldenburg

Tel. (0441) 798-3453
Fax (0441) 798-3201
www.physik.uni-oldenburg.de
dekanat..fb8@uni-oldenburg.de

Professoren: 12; Studenten: 376
Promotionsprüfungen 00/01: 14
Neueinschreibungen 2001: 80
Mittlere Studiendauer: 12,6 Semester

Abschlüsse:
Diplom-Physiker/in; Lehramt Physik

Forschungsschwerpunkte:
- Festkörperphysik
- Biophysik
- Umweltphysik
- Physik erneuerbarer Energien

Studien- und Forschungsprogramme:
- Sonderforschungsbereich: Neuronale Grundlagen kognitiver Leistungen
- Europäisches Graduiertenkolleg: Neurosensorik

Osnabrück

Tel. (0541) 969-2660
Fax (0541) 969-2670
www.physik.uni-osnabrueck.de
fsphysik@physik.uni-osnabrueck.de

Universität Osnabrück
Fachbereich Physik
Barbarastraße 7, 49069 Osnabrück

Professoren: 13; Studenten: 264
Promotionsprüfungen 00/01: 11
Neueinschreibungen 2001: 62
Mittlere Studiendauer: 13,2 Semester

Abschlüsse:
Diplom-Physiker/in; Lehramt Physik

Forschungsschwerpunkte:
- Oberflächenphysik
- Magnetismus
- Laserphysik
- Festkörperphysik

Studien- und Forschungsprogramme:
▸ Sonderforschungsbereich: Oxidische Kristalle für elektro- und magneto-optische Anwendungen
▸ Graduiertenkolleg: Nichtlineare Optische Materialien

Paderborn

Tel. (05251) 60-2679
www.physik.uni-paderborn.de
dekanat@physik.upb.de

Universität Paderborn
FB 6
Warburger Straße 100
33098 Paderborn

Professoren: 15; Studenten: 236
Promotionsprüfungen 00/01: 9
Neueinschreibungen WS 01/02 (Bachelor): 29
Mittlere Studiendauer: 13,1 Semester

Abschlüsse:
Bachelor of Science in Engineering Physics
Master of Science in Physics

Forschungsschwerpunkte:
- Halbleiterphysik
- Optik
- Computational Physics

Potsdam

Universität Potsdam
Mathematisch-Naturwissenschaftliche Fakultät
Institut für Physik
Am neuen Palais, 14415 Potsdam

Tel. (0331) 977-1411
Fax (0331) 977-1746
www.uni-potsdam.de/u/physik/index.htm
winter@rz.uni-potsdam.de

Professoren: 11; Studenten: 184
Promotionsprüfungen 00/01: 21
Neueinschreibungen 2000: 67
Mittlere Studiendauer: 11,0 Semester

Abschlüsse:
Diplom-Physiker/in; Lehramt Physik

Forschungsschwerpunkte:
- Festkörperphysik
- Astrophysik
- Quantenoptik
- Dynamik und Statistische Physik
- Molekülphysik

Studien- und Forschungsprogramme:
- ▸ Sonderforschungsbereich: Komplexe Nichtlineare Prozesse
- ▸ DFG-Schwerpunktprogramm: Wechselwirkung in ultrakalten Atom- und Molekülgasen

Regensburg

Universität Regensburg
Fakultät für Physik
Universitätsstr. 31, 93053 Regensburg

Tel. (0941) 943-2024
Fax (0941) 943-2021
www.physik.uni-regensburg.de
claudia.rahm@physik.uni-regensburg.de

Professoren: 19; Studenten: 406
Promotionsprüfungen 00/01: 23
Neueinschreibungen 2001: 153
Mittlere Studiendauer: 11,3 Semester

Abschlüsse:
Diplom-Physiker/in; Lehramt Physik

Forschungsschwerpunkte:
- Kern- und Hochenergiephysik
- Festkörperphysik
- Magnetismus
- Laserphysik

Studien- und Forschungsprogramme:
- ▸ Graduiertenkolleg: Nichtlinearität und Nichtgleichgewicht in kondensierter Materie
- ▸ DFG-Forschergruppen: Ferromagnet-Halbleiter-Nanostrukturen: Transport, magnetische und elektronische Eigenschaften; Gitter-Hadronen-Phänomenologie

Rostock

Tel. (0381) 498-1628
Fax (0381) 498-1626
www.physik.uni-rostock.de
sprecher.physik@uni-rostock.de

Universität Rostock
Fachbereich Physik
Universitätsplatz 3
18055 Rostock

Professoren: 13; Studenten: 113
Promotionsprüfungen 00/01: 10
Neueinschreibungen 2001: 42
Mittlere Studiendauer: 9,4 Semester

Abschlüsse:
Diplom-Physiker/in; Lehramt Physik

Forschungsschwerpunkte:
- Molekülphysik
- Festkörperphysik
- Statistische Physik
- Hochenergiephysik
- Halbleiterphysik

Studien- und Forschungsprogramme:
- ▸ Sonderforschungsbereich: Kinetik partiell ionisierter Plasmen
- ▸ Graduiertenkolleg: Stark korrelierte Vielteilchensysteme

Saarbrücken

Tel. (0681) 302-4943
Fax (0681) 302-4973
www.uni-saarland.de/fak7/
dekan.fak7@mx.uni-saarland.de

Universität des Saarlandes Saarbrücken
Naturwissenschaftlich-Technische Fakultät II
Postfach 15 11 50, 66041 Saarbrücken

Professoren: 13; Studenten: 278
Promotionsprüfungen 00/01: 7
Neueinschreibungen 2001: 68
Mittlere Studiendauer: 11,6 Semester

Abschlüsse:
Diplom-Physiker/in; Lehramt Physik

Forschungsschwerpunkte:
- Biophysik
- Statistische Physik
- Festkörperphysik

Studien- und Forschungsprogramme:
- ▸ DFG-Schwerpunktprogramm: Kollektive Quantenzustände in elektronischen eindimensionalen Übergangsmetallverbindungen

Siegen

Universität Siegen
Fachbereich 7 – Physik
Walter-Flex-Straße 3, 57068 Siegen

Tel. (0271) 740-1
Fax (0271) 740-3709
www.physik.uni-siegen.de
voss@physik.uni-siegen.de

Professoren: 14; Studenten: 275
Promotionsprüfungen 00/01: 4
Neueinschreibungen 2001: 27
Mittlere Studiendauer: 10,4 Semester

Abschlüsse:
Bachelor/Master of Science; Lehramt Physik

Forschungsschwerpunkte:
- Hochenergiephysik
- Astrophysik
- Statistische Physik

Stuttgart

Universität Stuttgart
Fakultät Physik
Pfaffenwaldring 57, 70550 Stuttgart

Tel. (0711) 685-4818
Fax (0711) 685-4848
www.physik.uni-stuttgart.de
dekanat@physik.uni-stuttgart.de

Professoren: 17; Studenten: 470
Promotionsprüfungen 00/01: 32
Neueinschreibungen 2001: 111
Mittlere Studiendauer: 11,8 Semester

Abschlüsse:
Diplom-Physiker/in; Lehramt Physik

Forschungsschwerpunkte:
- Festkörperphysik
- Biophysik
- Quantenoptik
- Molekülphysik
- Oberflächenphysik
- Astrophysik
- Halbleiterphysik

Studien- und Forschungsprogramme:
▸ Sonderforschungsbereich: Verfahren und Algorithmen zur Simulation physikalischer Prozesse auf Höchstleistungsrechnern
▸ DFG-Schwerpunktprogramm: Quasikristalle: Struktur und physikalische Eigenschaften
▸ DFG-Forschergruppe: Quantengase

Tübingen

Tel. (07071) 29-72567
Fax (07071) 29-5400
www.physik.uni-tuebingen.de/dekanat
dekanat.physik@uni-tuebingen.de

Eberhard-Karls-Universität Tübingen
Fakultät für Physik
Auf der Morgenstelle 14, 72076 Tübingen

Professoren: 20; Studenten: 395
Promotionsprüfungen 00/01: 28
Neueinschreibungen 2001: 62
Mittlere Studiendauer: 11,7 Semester

Abschlüsse:
Diplom-Physiker/in; Lehramt Physik

Forschungsschwerpunkte:
- Festkörperphysik
- Astrophysik
- Computational Physics
- Kern- und Hochenergiephysik
- Atom- und Molekülphysik
- Medizinphysik

Studien- und Forschungsprogramme:
▸ Sonderforschungsbereich: Verfahren und Algorithmen zur Simulation physikalischer Prozesse auf Höchstleistungsrechnern
▸ Europäisches Graduiertenkolleg: Hadronen im Vakuum, in Kernen und Sternen

Ulm

Tel. (0731) 50-22030
Fax (0731) 50-22037
www.physik.uni-ulm.de
dekanat@naturwissenschaften.uni-ulm.de

Universität Ulm
Abteilung Physik
Albert-Einstein-Allee 7, 89081 Ulm

Professoren: 17; Studenten: 299
Promotionsprüfungen 00/01: 22
Neueinschreibungen 2001: 28
Mittlere Studiendauer: 11,0 Semester

Abschlüsse:
Diplom-Physiker/in; Lehramt Physik
Diplom-Wirtschaftsphysiker/in

Forschungsschwerpunkte:
- Biophysik
- Festkörperphysik
- Polymerphysik
- Halbleiterphysik
- Mathematische Physik
- Oberflächenphysik

Studien- und Forschungsprogramme:
▸ Graduiertenkolleg: Molekulare Organisation und Dynamik an Grenz- und Oberflächen
▸ DFG-Schwerpunktprogramm: Benetzung und Strukturbildung an Grenzflächen

Würzburg

Bayerische Julius-Maximilians-Universität Würzburg
Fakultät für Physik
Am Hubland, 97074 Würzburg

Tel. (0931) 888-5719
Fax (0931) 888-5158
www.uni-wuerzburg.de/fakultaet/phys_3.html
f-physik@physik.uni-wuerzburg.de

Professoren: 25; Studenten: 499
Promotionsprüfungen 00/01: 32
Neueinschreibungen 2001: 123
Mittlere Studiendauer: 11,0 Semester

Abschlüsse:
Diplom-Physiker/in; Lehramt Physik

Forschungsschwerpunkte:
- Festkörperphysik
- Biophysik
- Atom- und Molekülphysik
- Laserphysik
- Astrophysik
- Magnetismus
- Halbleiterphysik
- Hochenergiephysik

Studien- und Forschungsprogramme:
- ▸ Sonderforschungsbereich: II-VI-Halbleiter: Wachstumsmechanismen, niederdimensionale Strukturen und Grenzflächen
- ▸ DFG-Schwerpunktprogramm: Femtosekunden-Spektroskopie elementarer Anregungen in Atomen, Molekülen und Clustern

Wuppertal

Bergische Universität Wuppertal
Fachbereich 8
Gaußstraße 20, 42097 Wuppertal

Tel. (0202) 439-2621
Fax (0202) 439-2621
www.physik.uni-wuppertal.de
zeitler@uni-wuppertal.de

Professoren: 18; Studenten: 346
Promotionsprüfungen 00/01: 15
Neueinschreibungen 2000: 41
Mittlere Studiendauer: 12,3 (Stand 2000)

Abschlüsse:
Diplom-Physiker/in; Lehramt Physik

Forschungsschwerpunkte:
- Hochenergiephysik
- Festkörperphysik
- Astrophysik
- Medizinphysik

Aachen

Tel. (02461) 99-0
Fax (02461) 99-3199
www.fh-aachen.de/studium/fachbereich9.html
hardt@fh-aachen.de

Fachhochschule Aachen
Fachbereich 9 – Physikalische Technik
Ginsterweg 1, 52428 Jülich

Professoren: 19; Studenten: 396

Abschlüsse:
Diplom-Ingenieur/in (FH)
(Physikalische Technik; Biomedizinische Technik)

Schwerpunkte im Hauptstudium:
- Werkstofftechnik
- Lasertechnik, Technische Optik
- Medizinische Physik und Biophysik
- Vakuum- und Schichttechnik

Berlin

Tel. (030) 4504-2213
Fax (030) 4504-2011
www.tfh-berlin.de/studium/fbii/ptm.htm
eichhorn@tfh-berlin.de

Technische Fachhochschule Berlin
Physikalische Technik
Lütticher Str. 38, 13353 Berlin

Professoren: 12; Studenten: 136

Abschlüsse:
Diplom-Ingenieur/in (FH)
(Physikalische Technik; Medizinphysik)

Schwerpunkte im Hauptstudium:
- Medizintechnik
- Optik
- Laserphysik
- Röntgentechnik

Brandenburg

Tel. (03381) 355-1
Fax (03381) 355-199
www.fh-brandenburg.de/technik.html
vollmer@fh-brandenburg.de

Fachhochschule Brandenburg
Fachbereich Technik/Studienrichtung Physikalische Technik
Magdeburger Straße 50
14770 Brandenburg an der Havel

Professoren: 17 (im ganzen Fachbereich)
Studenten: 46

Abschlüsse:
Diplom-Ingenieur/in (FH) (Physikalische Technik)

Schwerpunkte im Hauptstudium:
- Optik und Lasertechnik
- Sensortechnik
- Umwelttechnik

Coburg

Fachhochschule Coburg
Fachbereich Physikalische Technik und Allgemeinwissenschaften
Friedrich-Streib-Straße 2
96450 Coburg

Tel. (09561) 317-0
Fax (09651) 317-273
www.fh-coburg.de/fbp/
sax@fh-coburg.de

Professoren: 11; Studenten: 81

Abschlüsse:
Diplom-Ingenieur/in (FH) (Physikalische Technik)

Schwerpunkte im Hauptstudium
- Bauphysik und Gebäudetechnik

Gelsenkirchen

Fachhochschule Gelsenkirchen
Fachbereich Physikalische Technik
Neidenburger Straße 43
45877 Gelsenkirchen

Tel. (0209) 9596-520
Fax (0209) 9596-514
http://pt.fh-gelsenkirchen.de/deutsch/index.html
W.Zylka@pt.fh-gelsenkirchen.de

Professoren: 13; Studenten: 158

Abschlüsse:
Diplom-Ingenieur/in (FH) (Physikalische Technik)

Schwerpunkte im Hauptstudium
- Mikrotechnik
- Gesundheitstechnik

Gießen-Friedberg

Fachhochschule Gießen-Friedberg
Fachbereich Mathematik, Naturwissenschaften und Datenverarbeitung
Wilhelm-Leuschner-Straße 13
61169 Friedberg

Tel. (06031) 604-400
Fax (06031) 604-185
http://mnd-w1.fh-friedberg.de
phystech@monet.fh-friedberg.de

Professoren: 22 (im ganzen Fachbereich); Studenten: 78

Abschlüsse:
Diplom-Ingenieur/in (FH) (Physikalische Technik)

Schwerpunkte im Hauptstudium
- Lasertechnik
- Materialwissenschaften

Hildesheim-Holzminden-Göttingen

Tel. (0551) 3705-0
Fax (0551) 3705-101
www.pmf.fh-goettingen.de
Gabriela.Gloth@pmf.fh-goettingen.de

Fachhochschule Göttingen
Fachbereich für Physiktechnik, Messtechnik und Feinwerktechnik
Von-Ossietzky-Str. 99, 37085 Göttingen

Professoren: 13; Studenten: 223

Abschlüsse:
Diplom-Ingenieur/in (FH) (Physikalische Technik)

Schwerpunkte im Hauptstudium:
- Lasertechnik
- Messtechnik
- Festkörperphysik
- Feinwerktechnik
- Physiktechnik/Technische Optik

Isny

Tel. (07562) 9707-0
Fax (07562) 9707-71
www.fh-isny.de/fhhaupt.htm
Mail unter http://www.fh-isny.de/allgem.htm

Fachhochschule und Berufskollegs NTA
Prof. Dr. Grübler gemeinnützige GmbH
Seidenstraße 12- 35, 88316 Isny im Allgäu

Professoren: 4; Studenten: 7

Abschlüsse:
Diplom-Ingenieur/in (FH) (Allgemeine Physik; Physikalische Elektronik)

Schwerpunkte im Hauptstudium:
- Elektronik
- Betriebswirtschaft
- Informatik

Iserlohn

Tel. (02371) 566-124
Fax (02371) 566-274
wwwfbp.mfh-iserlohn.de/Studium.PT/index.htm
fb-p@mfh-iserlohn.de

Märkische Fachhochschule Iserlohn
Fachbereich Physikalische Technik
Postfach 2061, 58590 Iserlohn

Professoren: 17; Studenten: 133

Abschlüsse:
Diplom-Ingenieur/in (FH) (Physikalische Technik; Mechatronik)

Schwerpunkte im Hauptstudium:
- Biotechnologie
- Lasertechnik
- Werkstoff- und Oberflächentechnik
- Sensor- und Systemtechnik
- Umwelttechnik

Jena

Fachhochschule Jena
Fachbereich Physikalische Technik
Tatzendpromenade 1b, 07745 Jena

Tel. (03641) 205-350
Fax (03641) 205-351
www.fh-jena.de/fh/fb/pt/index.html
PT@fh-jena.de

Professoren: 6; Studenten: 82

Abschlüsse:
Diplom-Ingenieur/in (FH) (Physikalische Technik)

Schwerpunkte im Hauptstudium:
- Physikintensive Technologien
- Umweltmesstechnik
- Optoelektronik/Sensorik

Koblenz-Remagen

Fachhochschule Koblenz-Remagen
Fachbereich Mathematik und Technik
Südallee 2
53424 Remagen

Tel. (02642) 932-311
Fax (02642) 932-399
www.rheinahrcampus.de/fachbereiche/fb2/mt0.html
harth@rheinahrcampus.de

Professoren: 15 (im ganzen Fachbereich); Studenten: 84

Abschlüsse:
Diplom-Ingenieur/in (FH) (Lasertechnik; Medizintechnik und Sportmedizinische Technik)

Schwerpunkte im Hauptstudium:
- Optische Nachrichtentechnik
- Lasermedizin
- Laser-Messtechnik
- Laser-Materialbearbeitung
- Laser-Lithographie

Lübeck

Fachhochschule Lübeck
Fachbereich Angewandte Naturwissenschaften
Stephensonstraße 3, 23562 Lübeck

Tel. (0451) 300-5393
Fax (0451) 300-5235
www.fh-luebeck.de/an/index.html
an@fh-luebeck.de

Professoren: 23; Studenten: 148

Abschlüsse:
Diplom-Ingenieur/in (FH) (Physikalische Technik)

Schwerpunkte im Hauptstudium:
- Optik/Lasertechnik
- Regenerative Energien
- Radioaktive und Röntgenstrahlung/Strahlenschutz
- Technik in der Medizin
- Informationstechnologie
- Mikrosystemtechnik

Merseburg

Tel. (03461) 462-913
Fax (03461) 462-957
www.in.fh-merseburg.de/index.html
sekretariat@in.fh-merseburg.de

Fachhochschule Merseburg
Fachbereich Informatik und Angewandte Naturwissenschaften
Geusaer Straße
06217 Merseburg

Professoren: 13 (im ganzen Fachbereich); Studenten: 48

Abschlüsse:
Diplom-Ingenieur/in (FH)
(Physikalische Technik und Informationsverarbeitung)

Schwerpunkte im Hauptstudium
- Angewandte Lasertechnik
- Rechnernetze
- Ultraschallanwendungen
- Umweltmesstechnik
- Spektroskopie

Mittweida

Tel. (03727) 58-0
Fax (03727) 58-1379
www.htwm.de/mpi
afischer@htwm.de

Fachhochschule Mittweida
Fachbereich Mathematik/Physik/Informatik
Technikumsplatz 17
09648 Mittweida

Professoren: 9; Studenten: 126

Abschlüsse:
Diplom-Ingenieur/in (FH) (Physikalische Technik)

Schwerpunkte im Hauptstudium
- Lasertechnik
- Umwelttechnik
- Medizintechnik
- Mikrosystemtechnik

München

Tel. (089) 1265-1292
Fax (089) 1265-1480
www.fh-muenchen.de/home/fb/fb06
dekanat@fb06.fh-muenchen.de

Fachhochschule München
Fachbereich 06 Feinwerk- und Mikrotechnik/Physikalische Technik
Lothstraße 34
80335 München

Professoren: 58 (im ganzen Fachbereich); Studenten: 465

Abschlüsse:
Diplom-Ingenieur/in (FH) (Physikalische Technik)

Schwerpunkte im Hauptstudium
- Mikrosystemtechnik
- Technischer Umweltschutz
- Physikalisch-chemische Technik

Münster

Fachhochschule Münster
Fachbereich Physikalische Technik
Stegerwaldstraße 39, 48565 Steinfurt

Tel. (02551) 962-166
Fax (02551) 962-201
www.fh-muenster.de/FB11/fb11_idx.htm
phystech@fh-muenster.de

Professoren: 13; Studenten: 214

Abschlüsse:
Diplom-Ingenieur/in (FH) (Physikalische Technik)

Schwerpunkte im Hauptstudium:
- Lasertechnik
- Biomedizinische Technik
- Mikrosystemtechnik

Oldenburg/Ostfriesland/Wilhelmshaven

Fachhochschule Ostfriesland
Fachbereich Technik
Constantiaplatz 4
26723 Emden

Tel. (0180) 567807-1591
Fax (0180) 567807-1593
http://Spot.fho-emden.de/fbn/fbn.htm
dekan@et-inf.fho-emden.de

Professoren: 26 (im ganzen Fachbereich); Studenten: 57

Abschlüsse:
Diplom-Ingenieur/in (FH) (Physikalische Technik)

Schwerpunkte im Hauptstudium
- Lasertechnik
- Werkstofftechnik
- Energie- und Umwelttechnik
- Informatik und Anwendungen

Ravensburg-Weingarten

Fachhochschule Ravensburg-Weingarten
Fachbereich Technologie und Management
Doggenriedstraße
88240 Weingarten

Tel. (0751) 501-9571
Fax (0751) 501-9876
www.fh-weingarten.de/studiengaenge/p/homepage_p_frame.html
muerer@fbp.fh-weingarten.de

Professoren: 13; Studenten: 144

Abschlüsse:
Diplom-Ingenieur/in (FH) (Physikalische Technik)

Schwerpunkte im Hauptstudium
- Optische Systemtechnik
- Umwelt- und Verfahrenstechnik
- Mechatronik

Stuttgart

Tel. (0711) 121-0
Fax (0711) 121-2666
www.fht-stuttgart.de/fbp/fbp-web/fbp_main.html
dekan.fbp@fht-stuttgart.de

Fachhochschule Stuttgart – Hochschule für Technik
Studiengang Bauphysik
Schellingstraße 24
70174 Stuttgart

Professoren: 10; Studenten: 79

Abschlüsse:
Diplom-Ingenieur/in (FH) (Bauphysik)

Schwerpunkte im Hauptstudium
- Bauakustik
- Energieplanung
- Solarenergienutzung
- Umweltschutz

Wedel

Tel. (04103) 8048-11
Fax (04103) 8048-39
www.fh-wedel.de/s-angebot/pi/pi01html.htm
info@fh-wedel.de

Fachhochschule Wedel
Physikalische Technik
Feldstr. 143
22880 Wedel

Professoren: 5; Studenten: 67

Abschlüsse:
Diplom-Ingenieur/in (FH) (Physikalische Technik)

Schwerpunkte im Hauptstudium:
- Lasertechnik und Techn. Optik
- Angewandte Informatik
- Technisches Management

Wiesbaden

Tel. (06142) 898-521
Fax (06142) 898-528
fh-web1.informatik.fh-wiesbaden.de/go.cfm?fb=10
dekanat-fb10@physik.fh-wiesbaden.de

Fachhochschule Wiesbaden
Fachbereich 10 Physikalische Technik
Am Brückweg 26
65428 Rüsselsheim

Professoren: 11; Studenten: 181

Abschlüsse:
Diplom-Ingenieur/in (FH) (Physikalische Technik)

Schwerpunkte im Hauptstudium:
- Mikrosystemtechnik
- Medizintechnik
- Computational Engineering

Wildau

Technische Fachhochschule Wildau
Fachbereich Ingenieurwesen/Wirtschaftsingenieurwesen
Bahnhofstraße
15745 Wildau

Tel. (03375) 508-133
Fax (03375) 508-238
www.tfh-wildau.de/iwi/technik/pt/welcome.htm
dekanigw@igw.tfh-wildau.de

Professoren: 32 (im ganzen Fachbereich); Studenten: 62

Abschlüsse:
Diplom-Ingenieur/in (FH) (Physikalische Technik)

Schwerpunkte im Hauptstudium
- Mikrotechnik
- Umwelt- und Solartechnik
- Sensorik
- Laser- und Plasmatechnik
- Biophysikalische Technik

Zwickau

Westsächsische Hochschule Zwickau
Fachgruppe Physikalische Technik
Postfach 201037
08012 Zwickau

Tel. (0375) 536-15 00
www.fh-zwickau.de
Physikalische.Technik.Informatik@fh-zwickau.de

Professoren: 14; Studenten: 176

Abschlüsse:
Diplom-Ingenieur/in (FH) (Physikalische Technik)

Schwerpunkte im Hauptstudium:
- Umwelttechnik
- Biomedizinische Technik

Max-Planck-Gesellschaft

Max-Planck-Gesellschaft zur Förderung der Wissenschaften e.V.
Hofgartenstraße 8, 80539 München

Postanschrift:
Postfach 10 10 62, 80084 München

Tel. (089) 21 08-0
Fax (089) 21 08-11 11
www.mpg.de

Die vollständige Liste der Institute findet sich unter
www.mpg.de/deutsch/institut/

Bei sämtlichen Zahlenangaben sind Doktoranden und Diplomanden nicht miteingeschlossen.

Eine Liste mit dem Schwerpunkt Physik ist unter
www.mpg.de/deutsch/institut/chem_phy_tech.html zu finden

Max-Planck-Institut für Aeronomie

Max-Planck-Institut für Aeronomie, Katlenburg-Lindau
Max-Planck-Straße 2
37191 Katlenburg-Lindau

Tel. (05556) 979-0
Fax (05556) 979-240
www.linmpi.mpg.de
schlegel@linmpi.mpg.de

Wissenschaftler: 36
davon Physiker: 33

Max-Planck-Institut für Astronomie

Max-Planck-Institut für Astronomie
Königstuhl 17
69117 Heidelberg

Tel. (06221) 528-0
Fax (06221) 528-246
www.mpia-hd.mpg.de
staude@mpia-hd.mpg.de

Wissenschaftler: 38
davon Physiker: 38

Max-Planck-Institut für Astrophysik

Max-Planck-Institut für Astrophysik
Karl-Schwarzschild-Str. 1
85741 Garching

Tel. (089) 30000-0
Fax (089) 30000-2235
www.mpa-garching.mpg.de
info@mpa-garching.mpg.de

Wissenschaftler: 40
davon Physiker: 40

Max-Planck-Institut für Biogeochemie

Tel. (03641) 64-3701
Fax (03641) 64-3710
www.bgc-jena.mpg.de
info@bgc-jena.mpg.de

Max-Planck-Institut für Biogeochemie
Carl-Zeiss-Promenade 10
07745 Jena

Wissenschaftler: 39
davon Physiker: 5

Max-Planck-Institut für Chemie

Tel. (06131) 305-0
Fax (06131) 205-388
www.mpch-mainz.mpg.de
lugmair@mpch-mainz.mpg.de

Max-Planck-Institut für Chemie (Otto-Hahn-Institut)
Joh.-Joachim-Becher-Weg 27
55128 Mainz

Wissenschaftler: 66
davon Physiker: ca. 44

Max-Planck-Institut für Dynamik komplexer technischer Systeme

Tel. (0391) 6110-0
Fax (0391) 6110-500
www.mpi-magdeburg.mpg.de
secretary@mpi-magdeburg.mpg.de

Max-Planck-Institut für Dynamik komplexer technischer Systeme
Sandforstr. 1
39106 Magdeburg

Wissenschaftler: 29
davon Physiker: keine

Max-Planck-Institut für Eisenforschung

Tel. (0211) 6792-0
Fax (0211) 6792-268
www.mpie-duesseldorf.mpg.de
mpi@mpie.de

Max-Planck-Institut für Eisenforschung
Max-Planck-Str. 1
40237 Düsseldorf

Wissenschaftler: 23
davon Physiker: 18

Max-Planck-Institut für Festkörperforschung

Tel. (0711) 6 89-0
Fax (0711) 6 89-10 10
www.mpi-stuttgart.mpg.de
www@www.mpi-stuttgart.mpg.de

Max-Planck-Institut für Festkörperforschung
Heisenbergstraße 1
70569 Stuttgart

Wissenschaftler: 100
davon Physiker: ca. 65

Fritz-Haber-Institut der Max-Planck-Gesellschaft

Fritz-Haber-Institut der Max-Planck-Gesellschaft
Faradayweg 4-6
14195 Berlin

Tel. (030) 8413-30
Fax (030) 8413-3155
www.fhi-berlin.mpg.de
hamann@fhi-berlin.mpg.de

Wissenschaftler: 62
davon Physiker: ca. 30

Max-Planck-Institut für Gravitationsphysik

Max-Planck-Institut für Gravitationsphysik (Albert-Einstein-Institut)
Am Mühlenberg 1
14476 Golm

Tel. (0331) 567-70
Fax (0331) 567-7298
www.aei-potsdam.mpg.de
office@aei-potsdam.mpg.de

Wissenschaftler: 100
davon Physiker: ca. 70

Max-Planck-Institut für Informatik

Max-Planck-Institut für Informatik
Stuhlsatzenhausweg 85
66123 Saarbrücken

Tel. (0681) 9325-0
Fax (0681) 9325-999
www.mpi-sb.mpg.de
mpi@mpi-sb.mpg.de

Wissenschaftler: 48
davon Physiker: ca. 3

Max-Planck-Institut für Kernphysik

Max-Planck-Institut für Kernphysik
Saupfercheckweg 1
69117 Heidelberg

Tel (06221) 516-0
Fax (06221) 516-601
www.mpi-hd.mpg.de
mpik@mpi-hd.mpg.de

Wissenschaftler: 82
davon Physiker: 82

Max-Planck-Institut für Kohlenforschung

Max-Planck-Institut für Kohlenforschung
Kaiser-Wilhelm-Platz 1
45470 Mülheim an der Ruhr

Tel. (0208) 306 2430
Fax (0208) 306 2981
www.mpi-muelheim.mpg.de/mpikofo_home.html
contact@mpi-muelheim.mpg.de

Wissenschaftler: 50
davon Physiker: 10

Max-Planck-Institut für Kolloid- und Grenzflächenforschung

Tel. (0331) 567-90
Fax (0331) 567-9102
www.mpikg-golm.mpg.de
heine@mpikg-golm.mpg.dempg.de

Max-Planck-Institut für Kolloid- und Grenzflächenforschung
Am Mühlenberg 1
14476 Golm

Wissenschaftler: 150
davon Physiker: 40

Max-Planck-Institut für Mathematik

Tel. (0228) 402-0
Fax (0228) 402277
www.mpim-bonn.mpg.de
admin@mpim-bonn.mpg.de

Max-Planck-Institut für Mathematik
Vivatsgasse 7
53111 Bonn

Wissenschaftler: 45
davon Physiker: keine

Max-Planck-Institut für Mathematik in den Naturwissenschaften

Tel. (0341) 9959-50
Fax (0341) 9959-658
www.mis.mpg.de
rluebke@mis.mpg.de

Max-Planck-Institut für Mathematik in den Naturwissenschaften
Inselstr. 22-26
04103 Leipzig

Wissenschaftler: 26
davon Physiker: 7

Max-Planck-Institut für Metallforschung

Tel. (0711) 689-0
Fax (0711) 2095-444
wwwmf.mpi-stuttgart.mpg.de

Max-Planck-Institut für Metallforschung
Heisenbergstr. 3
70569 Stuttgart

Wissenschaftler: 71
davon Physiker: 47

Max-Planck-Institut für Meteorologie

Tel. (040) 41173-0
Fax (040) 41173-298
www.mpimet.mpg.de
latif@dkrz.de

Max-Planck-Institut für Meteorologie
Bundesstraße 55
20146 Hamburg

Wissenschaftler: 80
davon Physiker: 40

Max-Planck-Institut für Mikrostrukturphysik

Max-Planck-Institut für Mikrostrukturphysik
Weinberg 2
06120 Halle

Tel. (0345) 558250
Fax (0345) 5511223
www.mpi-halle.mpg.de
hoehl@mpi-halle.de

Wissenschaftler: 58
davon Physiker: ca. 50

Max-Planck-Institut für Physik

Max-Planck-Institut für Physik (Werner-Heisenberg-Institut)
Föhringer Ring 6
80805 München

Tel. (089) 32354-0
Fax (089) 32267-04
www.mppmu.mpg.de
altmann@mppmu.mpg.de

Wissenschaftler: 110
davon Physiker: 100

Max-Planck-Institut für Physik komplexer Systeme

Max-Planck-Institut für Physik komplexer Systeme
Nöthnitzer Straße 38
01187 Dresden

Tel. (0351) 871-0
Fax (0351) 871-1999
www.mpipks-dresden.mpg.de

Wissenschaftler: 100
davon Physiker: 100

Max-Planck-Institut für chemische Physik fester Stoffe

Max-Planck-Institut für chemische Physik fester Stoffe
Nöthnitzer Str. 40
01187 Dresden

Tel. (0351) 46 46 0
Fax (0351) 46 46 10
www.cpfs.mpg.de
cpfs@cpfs.mpg.de

Wissenschaftler: 36
davon Physiker: 15

Max-Planck-Institut für extraterrestrische Physik

Max-Planck-Institut für extraterrestrische Physik
Giessenbachstraße
85748 Garching

Tel. (089) 30000-00
Fax (089) 30000-3569
www.mpe.mpg.de
mpe@mpe.mpg.de

Wissenschaftler: 64
davon Physiker: 64

Max-Planck-Institut für Plasmaphysik

Tel. (089) 3299-01
Fax. (089) 3299-2622
www.ipp.mpg.de
info@ipp.mpg.de

Max-Planck-Institut für Plasmaphysik
Boltzmannstraße 2
85748 Garching

Wissenschaftler: 237
davon Physiker: ca. 190

Max-Planck-Institut für Polymerforschung

Tel. (06131) 379-0
Fax (06131) 379-100
www.mpip-mainz.mpg.de
schwiesow@mpip-mainz.mpg.de

Max-Planck-Institut für Polymerforschung
Ackermannweg 10
55128 Mainz

Wissenschaftler: 200
davon Physiker: 20

Max-Planck-Institut für Quantenoptik

Tel. (089) 3 29 05-0
Fax (089) 3 29 05-2 00
www.mpq.mpg.de
mpq-info@mpq.mpg.de

Max-Planck-Institut für Quantenoptik
Hans-Kopfermann-Str. 1
85748 Garching

Wissenschaftler: 62
davon Physiker: ca. 60

Max-Planck-Institut für Radioastronomie

Tel. (0228) 525 0
Fax (0228) 525 229
www.mpifr-bonn.mpg.de
postmaster@mpifr-bonn.mpg.de

Max-Planck-Institut für Radioastronomie
Auf dem Hügel 69
53121 Bonn

Wissenschaftler: 69
davon Physiker: ca. 66

Max-Planck-Institut für Strahlenchemie

Tel. (0208) 306 0
Fax (0208) 306 3951
www.mpi-muelheim.mpg.de/strneu/index_d.htm
schaller@mpi-muelheim.

Max-Planck-Institut für Strahlenchemie
Stiftstraße 34-36
45470 Mülheim an der Ruhr

Wissenschaftler: 22
davon Physiker: ca. 4

Max-Planck-Institut für Strömungsforschung

Tel. (0551) 5176 0
Fax (0551) 5176 704
www.mpisf.mpg.de
mpisf@gwdg.de
mpg.de

Max-Planck-Institut für Strömungsforschung
Bunsenstraße 10
37073 Göttingen

Wissenschaftler: ca. 10
davon Physiker: alle

Fraunhofer-Gesellschaft

Fraunhofer-Gesellschaft
Leonrodstraße 54
80636 München

Tel. (089) 1205-01
Fax (089) 1205-317
info@zv.fraunhofer.de
www.fraunhofer.de

Bei sämtlichen Zahlenangaben sind Doktoranden und Diplomanden nicht miteingeschlossen.

Fraunhofer-Institut für Angewandte Festkörperphysik

IAF
Tullastraße 72
79108 Freiburg

Tel. (0761) 5159-0
Fax (0761) 5159-400
www.iaf.fhg.de
info@iaf.fhg.de

Wissenschaftler: 80
davon Physiker: 50

Fraunhofer-Institut für Angewandte Optik und Feinmechanik

IOF
Schillerstraße 1
07745 Jena

Tel. (03641) 807-201
Fax.(03641) 807-600
www.iof.fhg.de
info@iof.fhg.de

Wissenschaftler: 60
davon Physiker: 30

Fraunhofer-Institut für Angewandte Polymerforschung

IAP
Geiselbergstraße 69
14476 Golm

Tel. (0331) 568-10
Fax (0331) 568-3000
www.iap.fhg.de
info@iap.fhg.de

Wissenschaftler: 70
davon Physiker: 30

Fraunhofer-Institut für Atmosphärische Umweltforschung

Tel. (08821) 183-0
Fax (08821) 73573
www.ifu.fhg.de
info@ifu.fhg.de

IFU
Kreuzeckbahnstraße 19
82467 Garmisch-Partenkirchen

Wissenschaftler: 50
davon Physiker: 20

Fraunhofer-Institut für Bauphysik

Tel. (0711) 970-00
Fax (0711) 970-3395
www.ibp.fhg.de
info@ibp.fhg.de

IBP
Nobelstraße 12
70569 Stuttgart

Wissenschaftler: 350
davon Physiker: 5

Fraunhofer-Institut für Betriebsfestigkeit

Tel. (06151) 705-1
Fax (06151) 705-214
www.lbf.fhg.de
info@lbf.fhg.de

LBF
Bartningstraße 47
64289 Darmstadt

Wissenschaftler: 30
davon Physiker: 1

Fraunhofer-Institut für Biomedizinische Technik

Tel. (06894) 980-0
Fax (06894) 980-400
www.ibmt.fhg.de
info@ibmt.fhg.de

IBMT
Ensheimer Straße 48
66386 St. Ingbert

Wissenschaftler: 110
davon Physiker: 20

Fraunhofer-Institut für Chemische Technologie

Tel. (0721) 4640-0
Fax (0721) 4640-111
www.ict.fhg.de
info@ict.fhg.de

ICT
Joseph-von-Fraunhofer-Straße 7
76327 Pfinztal (Berghausen)

Wissenschaftler: 94
davon Physiker: 20

Fraunhofer-Institut für Elektronenstrahl- und Plasmatechnik

FEP
Winterbergstraße 28
01277 Dresden

Tel. (0351) 2586-0
Fax (0351) 2586-105
www.fep.fhg.de
info@fep.fhg.de

Wissenschaftler: 61
davon Physiker: 37

Fraunhofer-Institut für Experimentelles Software Engineering

IESE
Sauerwiesen 6
67661 Kaiserslautern

Tel. (06301) 707-101
Fax (06301) 707-200
www.iese.fhg.de
info@iese.fhg.de

Wissenschaftler: 80
davon Physiker: keine

Fraunhofer-Institut für Fabrikbetrieb und -automatisierung

IFF
Sandtorstraße 22
39106 Magdeburg

Tel. (0391) 4090-550
Fax (0391) 4090-830
www.iff.fhg.de
info@iff.fhg.de

Wissenschaftler: 100
davon Physiker: 6

Fraunhofer-Institut für Fertigungstechnik und Angewandte Materialforschung

IFAM
Bereich Klebtechnik und Polymere
Wiener Straße 12
28359 Bremen

Tel. (0421) 2246-0
Fax (0421) 2246-430
www.ifam.fhg.de
ktinfo@ifam.fhg.de

Wissenschaftler: 75
davon Physiker: 15

Fraunhofer-Institut für Graphische Datenverarbeitung

IGD
Rundeturmstraße 6
64283 Darmstadt

Tel. (06151) 155-0
Fax (06151) 155-199
www.igd.fhg.de
info@igd.fhg.de

Wissenschaftler: 75
davon Physiker: keine

Fraunhofer-Institut für Grenzflächen- und Bioverfahrenstechnik

Tel. (0711) 970-4001
Fax (0711) 970-4200
www.igb.fhg.de
info@igb.fhg.de

IGB
Nobelstraße 12
70569 Stuttgart

Wissenschaftler: 91
davon Physiker: 1

Fraunhofer-Institut für Informations- und Datenverarbeitung

Tel. (0721) 6091-0
Fax (0721) 6091-413
www.iitb.fhg.de
info@iitb.fhg.de

IITB
Fraunhoferstraße 1
76131 Karlsruhe

Wissenschaftler: 93
davon Physiker: 8

Fraunhofer-Institut für Integrierte Schaltungen

Tel. (09131) 776-0
Fax (09131) 776-999
www.iis.fhg.de
info@iis.fhg.de

IIS
Bereich Angewandte Elektronik
Am Weichselgarten 3
91058 Erlangen

Wissenschaftler: 267
davon Physiker: 134

Fraunhofer-Institut für Keramische Technologien und Sinterwerkstoffe

Tel. (0351) 2553-519
Fax (0351) 2553-600
www.ikts.fhg.de
info@ikts.fhg.de

IKTS
Winterbergstraße 28
01277 Dresden

Wissenschaftler: 50
davon Physiker: 17

Fraunhofer-Institut für Kurzzeitdynamik (Ernst-Mach-Institut)

Tel. (0761) 2714-0
Fax (0761) 2714-316
www.emi.fhg.de
info@emi.fhg.de

EMI
Eckerstraße 4
79104 Freiburg

Wissenschaftler: 50
davon Physiker: 30

Fraunhofer-Institut für Mikroelektronische Schaltungen und Systeme

IMS
Finkenstraße 61
47057 Duisburg

Tel. (0203) 3783-125
Fax (0203) 3783-266
www.ims.fhg.de
info@ims.fhg.de

Wissenschaftler: 80
davon Physiker: 3

Fraunhofer-Institut für Naturwissenschaftlich-Technische Trendanalysen

INT
Appelsgarten 2
53879 Euskirchen

Tel. (02251) 18-1
Fax (02251) 18-277
www.int.fhg.de
info@int.fhg.de

Wissenschaftler: 35
davon Physiker: 20

Patentstelle der Fraunhofer-Gesellschaft

PST
Leonrodstraße 68
80636 München

Tel. (089) 1205-404
Fax (089) 1205-498
www.pst.fhg.de
info@pst.fhg.de

Wissenschaftler: 35
davon Physiker: 7

Fraunhofer-Institut für Physikalische Messtechnik

IPM
Heidenhofstraße 8
79110 Freiburg

Tel. (0761) 8857-0
Fax (0761) 8857-224
www.ipm.fhg.de
info@ipm.fhg.de

Wissenschaftler: 42
davon Physiker: 28

Fraunhofer-Institut für Produktionsanlagen und Konstruktionstechnik

IPK
Pascalstraße 8–9
10587 Berlin

Tel. (030) 39006-0
Fax (030) 39-11037/-22937
www.ipk.fhg.de
info@ipk.fhg.de

Wissenschaftler: 85
davon Physiker: 2

Fraunhofer-Institut für Schicht- und Oberflächentechnik

Tel. (0531) 2155-0
Fax (0531) 2155-900
www.ist.fhg.de
info@ist.fhg.de

IST
Bienroder Weg 54 E
38108 Braunschweig

Wissenschaftler: 42
davon Physiker: ca. 15

Fraunhofer-Institut für Silicatforschung

Tel. (0931) 4100-0
www.isc.fhg.de
info@isc.fhg.de

ISC
Neunerplatz 2
97082 Würzburg

Wissenschaftler: 60
davon Physiker: ca. 5

Fraunhofer-Institut für Siliziumtechnologie

Tel. (04821) 17-0
Fax (04821) 17-4250
www.isit.fhg.de
info@isit.fhg.de

ISIT
Fraunhoferstraße 1
25524 Itzehoe

Wissenschaftler: 40
davon Physiker: 30

Fraunhofer-Institut für Solare Energiesysteme

Tel. (0761) 4588-0
Fax (0761) 4588-100
www.ise.fhg.de
info@ise.fhg.de

ISE
Oltmannsstraße 5
79100 Freiburg

Wissenschaftler: ca. 80
davon Physiker: keine Angaben

Fraunhofer-Institut für Systemtechnik und Innovationsforschung

Tel. (0721) 6809-0
Fax (0721) 689152
www.isi.fhg.de
info@isi.fhg.de

ISI
Breslauer Straße 48
76139 Karlsruhe

Wissenschaftler: 80
davon Physiker: 15

Fraunhofer Technologie-Entwicklungsgruppe

TEG
Nobelstraße 12
70569 Stuttgart

Tel. (0711) 970-3500
Fax (0711) 970-3999
www.teg.fhg.de
info@teg.fhg.de

Wissenschaftler: 60
davon Physiker: 1

Fraunhofer-Institut für Techno- und Wirtschaftsmathematik

IWTM
Gottlieb-Daimler-Straße, Geb. 49
67663 Kaiserslautern

Tel. (0631) 205-4141
Fax (0631) 205-4139
www.itwm.fhg.de
info@itwm.fhg.de

Wissenschaftler: 60
davon Physiker: wenige

Fraunhofer-Institut für Toxikologie und Aerosolforschung

ITA
Nikolai-Fuchs-Straße 1
30625 Hannover

Tel. (0511) 5350-0
Fax (0511) 5350-155
www.ita.fhg.de
info@ita.fhg.de

Wissenschaftler: 60
davon Physiker: 20

Fraunhofer-Institut für Umwelt-, Sicherheits- und Energietechnik

UMSICHT
Osterfelder Straße 3
46047 Oberhausen

Tel. (0208) 8598-0
Fax (0208) 8598-290
www.umsicht.fhg.de
info@umsicht.fhg.de

Wissenschaftler: 73
davon Physiker: 1

Fraunhofer-Institut für Verfahrenstechnik und Verpackung

IVV
Giggenhauser Straße 35
85354 Freising

Tel. (08161) 491-0
Fax (08161) 491-491
www.ivv.fhg.de
info@ivv.fhg.de

Wissenschaftler: 45
davon Physiker: 2

Fraunhofer-Institut für Werkstoffmechanik

Tel. (0761) 5142-0
Fax (0761) 5142-1 10
www.iwm.fhg.de
info@iwm.fhg.de

IWM
Wöhlerstraße 11
79108 Freiburg

Wissenschaftler: 40
davon Physiker: 25

Fraunhofer-Institut für Werkstoff- und Strahltechnik

Tel. (0351) 2583-324
Fax (0351) 2583-300
www.iws.fhg.de
info@iws.fhg.de

IWS
Winterbergstraße 28
01277 Dresden

Wissenschaftler: 58
davon Physiker: 20

Fraunhofer-Institut für Werkzeugmaschinen und Umformtechnik

Tel. (0371) 5397-400
Fax (0371) 5397-404
www.iwu.fhg.de
info@iwu.fhg.de

IWU
Reichenhainer Straße 88
09126 Chemnitz

Wissenschaftler: ca. 110
davon Physiker: ca. 10

Fraunhofer-Institut für Zerstörungsfreie Prüfverfahren

Tel. (0681) 9302-0
Fax (0681) 9302-5901
www.izfp.fhg.de
info@izfp.fhg.de

IZFP
Universität, Gebäude 37
66123 Saarbrücken

Wissenschaftler: 60
davon Physiker: ca. 20

Fraunhofer-Institut für Zuverlässigkeit und Mikrointegration

Tel. (030) 46403-100
Fax (030) 46403-111
www.izm.fhg.de
info@izm.fhg.de

IZM
Gustav-Meyer-Allee 25, Geb. 17.2
13355 Berlin

Wissenschaftler: ca. 80
davon Physiker: ca. 5

Hermann-von-Helmholtz-Gemeinschaft

Hermann-von-Helmholtz-Gemeinschaft
Ahr-Straße 45
53175 Bonn

Tel. (0228) 30818-21/-22
Fax (0228) 30818-40
www.helmholtz.de
hgf@helmholtz.de

Bei sämtlichen Zahlenangaben sind Doktoranden und Diplomanden nicht miteingeschlossen.

Alfred-Wegener-Institut für Polar- und Meeresforschung

Alfred-Wegener-Institut für Polar- und Meeresforschung
Am Handelshafen 12
27570 Bremerhaven

Tel. (0471) 4831-0
Fax (0471) 4831-1389
www.awi-bremerhaven.de
awi-pr@awi-bremerhaven.de

Wissenschaftler: ca. 400
davon Physiker: ca. 100

Deutsches Elektronen-Synchrotron

Deutsches Elektronen-Synchrotron (DESY)
Notkestraße 85
22607 Hamburg

Tel. (040) 8998-0
Fax (040) 8998-4307
www.desy.de
petra.folkerts@desy.de

Wissenschaftler: 313
davon Physiker: 241

Deutsches Krebsforschungszentrum

Deutsches Krebsforschungszentrum
Im Neuenheimer Feld 280
69120 Heidelberg

Tel. (06221) 42-0
Fax (06221) 42-2995
www.dkfz-heidelberg.de

Wissenschaftler: 488
davon Physiker: 43

Deutsches Zentrum für Luft- und Raumfahrt

Tel. (02203) 601-0
Fax (02203) 601-2104
www.dlr.de
info@dlr.de

Deutsches Zentrum für Luft- und Raumfahrt (DLR)
Linder Höhe
51170 Köln

Wissenschaftler: 1803
davon Physiker: 461

Forschungszentrum Jülich

Tel. (02461) 61-5358
Fax (02461) 61-4666
www.fzj.de
h.wieder@fz-juelich.de

Forschungszentrum Jülich
52425 Jülich

Wissenschaftler: 1000
davon Physiker: 450

Forschungszentrum Karlsruhe

Tel. (07247) 82-0
Fax (07247) 82-50 70
www.fzk.de
info@fzk.de

Forschungszentrum Karlsruhe
Hermann-von-Helmholtz-Platz 1
76344 Eggenstein-Leopoldshafen

Wissenschaftler: 1103
davon Physiker: 340

Gesellschaft für biotechnologische Forschung

Tel. (0531) 6181-0
Fax (0531) 6181-515
www.gbf.de
info@gbf.de

Gesellschaft für biotechnologische Forschung
Mascheroder Weg 1
38124 Braunschweig

Wissenschaftler: 76
davon Physiker: keine

Geoforschungszentrum

Tel. (0331) 288-0
Fax (0331) 288-1044
www.gfz-potsdam.de

Geoforschungszentrum Potsdam
Telegrafenberg
14473 Potsdam

Wissenschaftler: 260
davon Physiker: 80

GKSS Forschungszentrum

GKSS Forschungszentrum
Max-Planck-Str.
21502 Geesthacht

Tel. (04152) 87-0
Fax (04152) 87-1640
www.gkss.de

Wissenschaftler: 227
davon Physiker: 69

Forschungszentrum für Umwelt und Gesundheit

GSF – Forschungszentrum für Umwelt und Gesundheit
Ingolstädter Landstraße 1
85764 Neuherberg

Tel. (089) 3187-0
Fax (089) 3187-3322
www.gsf.de
schott@gsf.de

Wissenschaftler: 501
davon Physiker: 69

Gesellschaft für Schwerionenforschung

Gesellschaft für Schwerionenforschung (GSI)
Planckstraße 1
64291 Darmstadt

Tel. (06159) 71-0
Fax (06159) 71-2785
www.gsi.de
press@gsi.de

Wissenschaftler: 200
davon Physiker: 160

Hahn-Meitner-Institut

Hahn-Meitner-Institut
Glienicker Straße 100
14109 Berlin

Tel. (030) 8062-2278
Fax (030) 8062-2181
www.hmi.de
info@hmi.de

Wissenschaftler: 342
davon Physiker: 162

Max-Delbrück-Centrum für molekulare Medizin

Max-Delbrück-Centrum für molekulare Medizin
Robert-Roessle-Str. 10
13122 Berlin-Buch

Tel. (030) 9406-0
Fax (030) 949 41 61
www.mdc-berlin.de
mdc@mdc-berlin.de

Wissenschaftler: 289
davon Physiker: 26

Umweltforschungszentrum

Tel. (0341) 235-2242
Fax (0341) 235-2791
www.ufz.de

Umweltforschungszentrum Leipzig-Halle
Permoserstraße 15
04318 Leipzig

Wissenschaftler: 250
davon Physiker: ca. 26

Wissenschaftsgemeinschaft Gottfried Wilhelm Leibniz e. V.

Eduard-Pflüger-Str. 55
53113 Bonn

Tel. (0228) 30815-0
Fax (0228) 30815-55
www.wgl.de
wgl@wgl.de

Bei sämtlichen Zahlenangaben sind Doktoranden und Diplomanden nicht miteingeschlossen.

Astrophysikalisches Institut Potsdam

Astrophysikalisches Institut Potsdam
An der Sternwarte 16
14482 Potsdam

Tel. (0331) 7499-0
Fax (0331) 7499-200
www.aip.de
deliebscher@aip.de

Wissenschaftler: 135
davon Physiker: 52

Berliner Elektronenspeicherring-Gesellschaft für Synchrotronstrahlung mbH (BESSY)

Berliner Elektronenspeicherring-Gesellschaft für Synchrotronstrahlung
Albert-Einstein-Straße 15
12489 Berlin

Tel. (030) 6392-2999
Fax (030) 6392-4632
www.bessy.de
info@bessy.de

Wissenschaftler: 59
davon Physiker: ca. 40

Ferdinand-Braun-Institut für Höchstfrequenztechnik

Ferdinand-Braun-Institut für Höchstfrequenztechnik
Albert-Einstein-Straße 11
12489 Berlin

Tel. (030) 6392-2600
Fax (030) 6392-2602
www.fbh-berlin.de
fbh@fbh-berlin.de

Wissenschaftler: 50
davon Physiker: 31

Forschungszentrum Rossendorf e. V.

Tel. (0351) 260-2245
Fax (0351) 260-3285
www.fz-rossendorf.de
kontakt@fz-rossendorf.de

Forschungszentrum Rossendorf e. V.
Bautzner Landstraße 128
01328 Dresden

Wissenschaftler: 57
davon Physiker: 52

Institut für Geowissenschaftliche Gemeinschafts-aufgaben

Tel. (0511) 643-3495
Fax (0511) 643-3665
www.gga-hannover.de
herzberg@gga-hannover.de

Institut für Geowissenschaftliche Gemeinschaftsaufgaben
Stilleweg 2
30655 Hannover

Wissenschaftler: 33
davon Physiker: 24

Heinrich-Hertz-Institut für Nachrichtentechnik Berlin

Tel. (030) 31002-0
Fax (030) 31002-213
www.hhi.de
contacts@hhi.de

Heinrich-Hertz-Institut für Nachrichtentechnik Berlin GmbH
Einsteinufer 37
10587 Berlin

Wissenschaftler: 150
davon Physiker: 80

Institut für Agrartechnik Bornim

Tel. (0331) 5699-0
Fax (0331) 5699-849
www.atb-potsdam.de
atb@atb-potsdam.de

Institut für Agrartechnik Bornim e. V.
Max-Eyth-Allee 100
14469 Potsdam

Wissenschaftler: 45 (Stand 1998)
davon Physiker: 4 (Stand 1998)

Leibniz-Institut für Atmosphärenphysik an der Universität Rostock

Tel. (038293) 68-0
Fax (038293) 68-50
www.iap-kborn.de
luebken@iap-kborn.de

Leibniz-Institut für Atmosphärenphysik an der Universität Rostock
Schlossstraße 6
18225 Kühlungsborn

Wissenschaftler: 25
davon Physiker: 23

Institut für Festkörper- und Werkstofforschung Dresden

Institut für Festkörper- und Werkstofforschung Dresden e. V.
Helmholtzstraße 20
01069 Dresden

Tel. (0351) 4659-0
Fax (0351) 4659-540
www.ifw-dresden.de

Wissenschaftler: 150
davon Physiker: 47

IHP – Institut für Halbleiterphysik GmbH

IHP GmbH – Institut für Halbleiterphysik GmbH
Im Technologiepark 25
15236 Frankfurt (Oder)

Tel. (0335) 5625-0
Fax (0335) 5625-300
www.ihp-microelectronics.com
ihp@ihp-microelectronics.com

Wissenschaftler: 80
davon Physiker: 40

Institut für Kristallzüchtung

Institut für Kristallzüchtung
Max-Born-Str. 2
12486 Berlin

Tel. (030) 6392-3000
Fax (030) 6392-3003
www.ikz-berlin.de
cryst@ikz-berlin.de

Wissenschaftler: 43
davon Physiker: 21

Institut für Meereskunde an der Universität Kiel

Institut für Meereskunde an der Universität Kiel
Düsternbrooker Weg 20
24105 Kiel

Tel. (0431) 597-0
Fax (0431) 56 58 76
www.ifm.uni-kiel.de
ifm@ifm.uni-kiel.de

Wissenschaftler: 130
davon Physiker: 70

Institut für Niedertemperatur-Plasmaphysik

Institut für Niedertemperatur-Plasmaphysik e. V.
Friedrich-Ludwig-Jahn-Str.-19
17489 Greifswald

Tel. (03834) 554-300
Fax (03834) 554-301
www.inp-greifswald.de
director@inp-greifswald.de

Wissenschaftler: 60
davon Physiker: 50

Institut für Oberflächenmodifizierung

Tel. (0341) 235-2308
Fax (0341) 235-2313
www.uni-leipzig.de
brausch@rz.uni-leipzig.de

Institut für Oberflächenmodifizierung e. V.
Permoserstraße 15
04303 Leipzig

Wissenschaftler: 80
davon Physiker: 40

Institut für Polymerforschung Dresden

Tel. (0351) 4658-0
Fax (0351) 4658-284
www.ipfdd.de
ipf@ipfdd.de

Institut für Polymerforschung Dresden e. V.
Hohe Straße 6
01069 Dresden

Wissenschaftler: 165
davon Physiker: 17

Institut für Spektrochemie und angewandte Spektroskopie

Tel. (0231) 1392-0
Fax (0231) 1392-120
www.isas-dortmund.de
infomaster@isas-dortmund.de

Institut für Spektrochemie und angewandte Spektroskopie
Bunsen-Kirchhoff-Straße 11
44139 Dortmund

Wissenschaftler: 130
davon Physiker: 120

Institut für Troposphärenforschung

Tel. (0341) 235-0
Fax (0341) 235-2361
www.tropos.de
monika@tropos.de

Institut für Troposphärenforschung e. V.
Permoserstraße 15
04318 Leipzig

Wissenschaftler: 22
davon Physiker: 8

Kiepenheuer-Institut für Sonnenphysik

Tel. (0761) 3198-0
Fax (0761) 3198-111
www.kis.uni-freiburg.de
secr@kis.uni-freiburg.de

Kiepenheuer-Institut für Sonnenphysik
Schöneckstraße 6
79104 Freiburg

Wissenschaftler: 15
davon Physiker: 15

Max-Born-Institut für Nichtlineare Optik und Kurzzeitspektroskopie

Max-Born-Institut für Nichtlineare Optik und Kurzzeitspektroskopie
Max-Born-Str. 2 a
12489 Berlin

Tel. (030) 6392-1505
Fax (030) 6392-1519
www.mbi-berlin.de
postmaster@mbi-berlin.de

Wissenschaftler: 70
davon Physiker: 70

Paul-Drude-Institut für Festkörperelektronik

Paul-Drude-Institut für Festkörperelektronik
Hausvogteiplatz 5–7
10117 Berlin

Tel. (030) 20377-352
Fax (030) 20377-201
www.pdi-berlin.de
ploog@pdi-berlin.de

Wissenschaftler: 27
davon Physiker: 25

Potsdam-Institut für Klimafolgenforschung

Potsdam-Institut für Klimafolgenforschung
Telegrafenberg C4
14412 Potsdam

Tel. (0331) 288-2500
Fax (0331) 288-2600
www.pik-potsdam.de
pik@pik-potsdam.de

Wissenschaftler: 121
davon Physiker: 31

Sonstige Einrichtungen

Bei sämtlichen Zahlenangaben zu Physikern sind Doktoranden und Diplomanden nicht miteingeschlossen.

Bayerisches Zentrum für Angewandte Energieforschung e. V.

Bayerisches Zentrum für Angewandte Energieforschung e. V.
Am Hubland
97074 Würzburg

Tel. (0931) 70564-0
Fax (0931) 70564-60
www.zae.uni-wuerzburg.de

Wissenschaftler: 40
davon Physiker: 30

Bundesanstalt für Materialforschung und -prüfung

Bundesanstalt für Materialforschung und -prüfung
Unter den Eichen 87
12205 Berlin

Tel. (030) 8104-0
Fax (030) 8112029
www.bam.de
info@bam.de

Wissenschaftler: 700
davon Physiker: 150

Institut für Luft- und Kältetechnik gGmbH

Institut für Luft- und Kältetechnik gGmbH
Bertolt-Brecht-Straße 20
01309 Dresden

Tel. (0351) 4081-510
Fax (0351) 4081-515
www.ilkdresden.de
management@ilkdresden.de

Wissenschaftler: 80
davon Physiker: 8

Institut für Mikrotechnik Mainz GmbH

Institut für Mikrotechnik Mainz GmbH
Carl-Zeiss-Straße 18-20,
55129 Mainz

Tel. (06131) 990-0
Fax (06131) 990-205
www.imm-mainz.de
imminfo@imm-mainz.de

Wissenschaftler: 50
davon Physiker: 26

Institut für Physikalische Hochtechnologie e. V.

Tel. (03641) 206-021
Fax (03641) 206-099
www.ipht-jena.de
institut@ipht-jena.de

Institut für Physikalische Hochtechnologie e. V.
Postfach 10 02 39,
07702 Jena

Wissenschaftler: 88
davon Physiker: ca. 83

Physikalisch-Technische Bundesanstalt

Tel. (0531) 592-0
Fax (0531) 592-9292
www.ptb.de
z12@ptb.de

Physikalisch-Technische Bundesanstalt
Bundesallee 100
38116 Braunschweig

Wissenschaftler: ca. 480
davon Physiker: ca. 350

Universität der Bundeswehr München
Institut für Physik

Tel. (089) 6004-4086
Fax (089) 6004-3877
www.unibw-muenchen.de/campus/ET9/homepage.htm
Elena.Gruener@unibw-muenchen.de

Universität der Bundeswehr München – Institut für Physik
Werner-Heisenberg-Weg 39
85577 Neubiberg

Professoren: 2
Wiss. Mitarbeiter mit Dipl.-Phys.: 17

Walther-Meißner-Institut für Tieftemperaturforschung

Tel. (089) 2891-4202
Fax: (089) 2891-4206
www.wmi.badw-muenchen.de/portrait.html
r.gross@wmi.badw.de

Walther-Meißner-Institut für Tieftemperaturforschung
Walther-Meißner-Straße 8
85748 Garching

Wissenschaftler: 12
davon Physiker: 12

Stipendien und Preise

In Deutschland gibt es 8000 bis 9000 Stiftungen, von denen einige auch Doktoranden und Studierende fördern. Die Leistungen orientieren sich in der Regel an den Richtlinien des Bundesforschungsministeriums. Stipendiaten erhalten danach ein monatliches Stipendium, das abhängig vom Einkommen der Eltern bis zu 525 Euro pro Monat beträgt („Grundförderung"), plus Büchergeld in Höhe von monatlich 80 Euro. Doktoranden erhalten 920 Euro monatlich plus eine Forschungspauschale von 100 Euro im Monat.

Auch ein Auslandsaufenthalt kann auf diese Weise gefördert werden. Die Bewerbungsvoraussetzungen sollte man sich im Internet aufmerksam durchlesen. Denn meist richten sich die Stipendien an eine stark eingegrenzte Zielgruppe. Neben sehr guten Noten erwarten etwa die partei- und gewerkschaftsnahen Stiftungen soziales und politisches Engagement in der entsprechenden Richtung. Die untenstehende Auflistung enthält die bekanntesten Stipendien für Studierende und Doktoranden in Deutschland. Darüber hinaus können sich Doktoranden der Physik an vielen Universitäten direkt für Stipendien eines Graduiertenkollegs oder einer Graduate School bewerben (siehe Seite 148 und 167ff.).

Unabhängig von den Noten kann das Studium durch das BAföG gefördert werden. Die monatliche Ausbildungsförderung wird abhängig vom Einkommen der Eltern gezahlt. Ein Teil davon muss einige Jahre nach dem Studium zurückgezahlt werden, wahlweise in Raten oder auf einmal. Informationen zum BAföG erhält man unter www.das-neue-bafoeg.de

www.das-neue-bafoeg.de

Alexander von Humboldt-Stiftung

Die Alexander von Humboldt-Stiftung vergibt jährlich unter anderem bis zu 150 Feodor-Lynen-Forschungsstipendien an hochqualifizierte promovierte deutsche Nachwuchswissenschaftler für einen Forschungsaufenthalt im Ausland.

Kontakt:
Alexander von Humboldt-Stiftung
Jean-Paul-Str. 12
53173 Bonn
Tel. (0228) 833-0
Fax (0228) 833-199
www.avh.de
followup@avh.de

▸ Zielgruppe
Promovierte Wissenschaftler unter 38 Jahren mit exzellenten Leistungen

▸ **Dauer**
1–4 Jahre

▸ **Leistungen**
Abhängig vom Gastland. USA: 2637 Euro bis 2943 Euro monatlich.

▸ **Teilnehmerzahl**
150 Stipendiaten

Deutscher Akademischer Austauschdienst (DAAD)

Kontakt:
DAAD
Kennedyallee 50
53175 Bonn
Tel. (0228) 882-0
www.daad.de
postmaster@daad.de

Der Deutsche Akademische Austauschdienst fördert Studierende, Doktoranden und Postdocs, die einen Teil ihrer Ausbildung im Ausland verbringen wollen. Die Fördermöglichkeiten reichen von Semesterprogrammen über kombinierte Praktikum-Studium-Programme bis zu klassischen Einjahresaufenthalten. In der Stipendiendatenbank des DAAD (www.daad.de) lassen sich Stipendien, sortiert nach Fach, Land und Zielgruppe, übersichtlich anzeigen.

▸ **Zielgruppe**
Studierende, Doktoranden, Postdocs

▸ **Dauer**
Je nach Programm ein Semester oder 8–12 Monate, Verlängerung in Ausnahmefällen

▸ **Leistungen**
Abhängig vom Zielland (siehe Stipendiendatenbank). USA: 640 Euro pro Monat; Reisekosten, Studiengebühren bis 10 000 Euro, Versicherungen

e-fellows.net

Kontakt:
e-fellows.net
Sendlinger Straße 27
80331 München
Tel. (089) 23232-0
www.e-fellows.net
feedback@firm.e-fellows.net

Das e-fellows.net wurde im Jahr 2000 von der Deutschen Telekom, McKinsey und der Verlagsgruppe Georg von Holtzbrinck eingerichtet. Mittlerweile sind viele weitere Firmen Mitglied im Netzwerk.

▸ **Zielgruppe**
Studierende mit exzellenten Leistungen, außeruniversitärem Engagement und Auslandserfahrung

▸ **Dauer**
Ein Jahr, Verlängerung möglich

▸ **Leistungen**
Kostenloser Internetzugang, Zugang zu über 500 ansonsten kostenpflichtigen Datenbanken, Seminare, Praktika, Mentorenprogramm

▸ **Teilnehmerzahl**
8500 Stipendiaten

Fulbright-Stipendium

Die deutsch-amerikanische Fulbright-Kommission unterstützt Studienaufenthalte in den USA für vielseitig interessierte Studierende mit sehr guten Leistungen. Das Studium in den USA soll auf dem deutschen Studiengang aufbauen und fachlich, sprachlich sowie landeskundlich vorbereitet sein.

Kontakt:
Fulbright-Kommission
Oranienburgerstraße 13-14
10178 Berlin
Tel. (030) 284443-0
www.fulbright.de
gpu@fulbright.de

▸ **Zielgruppe**
Studierende von Universitäten und Fachhochschulen mit sehr guten Leistungen

▸ **Dauer**
Ein akademisches Jahr (August/September bis Juni)

▸ **Leistungen**
Reisekosten, Zuschuss zu den Lebenshaltungskosten (insgesamt ca. 3600 Euro), Studiengebühren. Etwa 10 Prozent der Teilnehmer erhalten ein Vollstipendium.

▸ **Teilnehmerzahl**
ca. 200

Stifterverband für die Deutsche Wissenschaft

Der Stifterverband verwaltet und berät rund 40 Stiftungen mit naturwissenschaftlich-technischen Stiftungszielen. Einige der Stiftungen vergeben Stipendien für Studierende und Doktoranden, andere vergeben Preise für Forschungsarbeiten. Schnell und übersichtlich erhält man die Ausschreibungsunterlagen über die Suchmaschine auf der Website des Stifterverbands.

Kontakt:
Stifterverband für die Deutsche Wissenschaft
Barkhovenallee 1
45239 Essen
Tel. (0201) 8401-0
Fax (0201) 8401-301
www.stifterverband.org
mail@stifterverband.de

Studienstiftung des deutschen Volkes

Ziel der Studienstiftung ist die Eliteförderung. Die besten Abiturienten eines Jahrgangs können sich vom Schulleiter vorschlagen lassen. Sie werden bei bestandener Aufnahmeprüfung zunächst auf Probe aufgenommen. Studierende mit exzellentem Vordiplom können sich von Professoren vorschlagen lassen. Der Bewerbung sind zwei Empfehlungsschreiben beizufügen. Auch Promotionsstipendien sind möglich.

Kontakt:
Studienstiftung des deutschen Volkes
Mirbachstraße 7
53173 Bonn
Tel. (0228) 82096-0
Fax (0228) 82096-67
www.studienstiftung.de
info@studienstiftung.de

▸ **Zielgruppe**
Studierende und Doktoranden aus EU-Ländern mit herausragenden Leistungen

▸ **Dauer**
Regelstudienzeit

▸ **Leistungen**
Studierende: bis zu 525 Euro pro Monat, Büchergeld 80 Euro pro Monat; Doktoranden erhalten ein Stipendium in Höhe von 920 Euro pro Monat plus eine monatliche Forschungskostenpauschale in Höhe von 100 Euro.

Teilnehmerzahl
Ca. 5500 Stipendiaten

Parteinahe Stiftungen

Die partei-, kirchen- und gewerkschaftsnahen Stiftungen unterstützen Studierende und Doktoranden mit sehr guten Leistungen sowie sozialem und politischem Engagement der entsprechenden Couleur. Stipendien werden für Studierende und Doktoranden vergeben, auch für Studienaufenthalte im Ausland. Die Leistungen richten sich nach allgemeinen Sätzen. Studierende erhalten bis zu 525 Euro pro Monat, abhängig vom Einkommen der Eltern, sowie ein Büchergeld von 80 Euro monatlich. Doktoranden werden mit 920 Euro im Monat gefördert und erhalten eine Forschungskostenpauschale von monatlich 100 Euro.

Bundesstiftung Rosa Luxemburg (PDS)
Bundesstiftung Rosa Luxemburg, Studienwerk,
Franz-Mehring-Platz 1, 10243 Berlin
Tel. (030) 2978-4223, Fax (030) 2978-1188
www.bundesstiftung-rosa-luxemburg.de
studienwerk@rosaluxemburgstiftung.de

Cusanuswerk (Katholische Kirche)
Cusanuswerk
Baumschulallee 5, 53115 Bonn
Tel. (0228) 98384-0, Fax: (0228) 98384-99
www.cusanuswerk.de
ingrid.pohl@cusanuswerk.de

Evangelisches Studienwerk
Evangelisches Studienwerk
Iserlohner Straße 25, 58239 Schwerte
Tel. (02304) 755-213, Fax (02304) 755-250
www.evstudienwerk.de
info@evstudienwerk.de

Friedrich-Ebert-Stiftung (SPD)
Friedrich-Ebert-Stiftung
Godesberger Allee 149, 53175 Bonn
Tel. (0228) 883- 649
www.fes.de
info@fes.de

Friedrich-Naumann-Stiftung (FDP)
Friedrich-Naumann-Stiftung
Karl-Marx-Straße 2, 14482 Potsdam
Tel. (0331) 7019-0, Fax (0331) 7019-188
www3.fnst.de
fnst.bf@t-online.de

Hanns-Seidel-Stiftung (CSU)
Hanns-Seidel-Stiftung, Förderungswerk
Lazarettstraße 33, 80636 München
Tel. (089) 1258-330, Fax (089) 1258-356
www.hss.de
brummer@hss.de

Hans-Böckler-Stiftung (Gewerkschaften)
Hans-Böckler-Str. 39
40476 Düsseldorf
Tel. (0211) 7778-145, Fax (0211) 7778-225
www.boeckler.de
www-studfoe@boeckler.de

Heinrich-Böll-Stiftung (Bündnis 90/Die Grünen)
Heinrich-Böll-Stiftung, Studienwerk,
Rosenthaler Straße 40/41, 10178 Berlin
Tel. (030) 28534-0, Fax (030) 28534-109
www.boell.de
info@boell.de

Konrad-Adenauer-Stiftung (CDU)
Konrad-Adenauer-Stiftung
Rathausallee 12, 53757 Sankt Augustin
Tel. (02241) 246-0, Fax (02241) 246-591
www.kas.de
zentrale@kas.de

Preise

Zahlreiche Hochschulen, Vereine, Stiftungen und öffentliche Einrichtungen verleihen Preise für ausgezeichnete Studienleistungen. So gibt es zum Beispiel den Braunschweiger Bürgerpreis für herausragende studentische Leistungen, den Preis für Nachwuchswissenschaftler des Universitätsvereins Bayreuth oder den Joachim-Tiburtius-Preis des Landes Berlin für hervorragende Dissertationen und Fachhochschul-Diplomarbeiten. Entsprechende Informationen recherchiert man am besten vor Ort. Im Folgenden sind einige Preise verzeichnet, die speziell für junge Naturwissenschaftler und Physiker ausgeschrieben sind.

www.dpg-physik.de

Die Deutsche Physikalische Gesellschaft verleiht verschiedene Preise an Nachwuchswissenschaftler, und zwar den Gustav-Hertz-Preis für eine hervorragende, kürzlich abgeschlossene Arbeit, den *Walter-Schottky-Preis* für Festkörperforschung, den *Hertha-Sponer-Preis* für eine hervorragende Arbeit einer Physikerin sowie den *Georg-Simon-Ohm-Preis* für Fachhochschulstudenten. Unter Mitwirkung der DPG werden der *Rudolf-Kaiser-Preis* in Experimentalphysik, der *Gaede-Preis* für Arbeiten aus der Vakuumwissenschaft und der *Prof. Dr. Jürgen Geiger-Preis* für herausragende Leistungen von Studierenden, Diplomanden und Doktoranden verliehen. Die Physikalische Gesellschaft zu Berlin verleiht den *Karl-Scheel-Preis* für hervorragende Leistungen junger, in Berlin tätiger Physiker.

www.we-heraeus-stiftung.de

Die Wilhelm und Else Heraeus-Stiftung vergibt an den Berliner Universitäten (FU, HU, TU) sowie der Universität Potsdam den *WE-Heraeus-Förderpreis zur Verkürzung der Studiendauer im Fach Physik.* Die Fachbereiche an den genannten Universitäten können Studierende der Physik nominieren, die das Studium innerhalb von maximal 10 Semestern – einschließlich Auslandssemestern – mit dem Diplom abschließen und mindestens die Note „Gut" erreichen.

www.nanoscience.de/ausschreibung.html

Das Kompetenzzentrum Nanoanalytik vergibt jedes Jahr den *Nanowissenschafts-Preis*. Die Auszeichnung würdigt hervorragende Arbeiten von jüngeren Wissenschaftlern auf dem Gebiet der Nanowissenschaften und Nanotechnologie, die in Deutschland entstanden sind.

www.stifterverband.org

Preise von Stiftungen, die der Stifterverband verwaltet, sind auf der Website des Stifterverbands verzeichnet, darunter der *Carl-Zeiss-Forschungspreis* für herausragende Leistungen auf dem Gebiet der Optik.

Web-Links

Physik

► Die Deutsche Physikalische Gesellschaft (DPG) ist die älteste physikalische Fachgesellschaft weltweit und mit über 40 000 Mitgliedern die zweitgrößte. Anschrift: Deutsche Physikalische Gesellschaft, Hauptstraße 5, 53604 Bad Honnef, Tel. (02224) 9232-0 *www.dpg-physik.de*

► Zum Jahr der Physik hat die DPG eine Denkschrift herausgegeben, die sowohl einen Überblick über aktuelle Forschungsgebiete als auch einen Einblick in die gesellschaftliche Bedeutung der Physik vermittelt. *www.dpg-physik.de/denkschrift/*

► Das Physik-Portal von DPG und Wiley-VCH bietet aktuelle Nachrichten über Forschungsergebnisse, Informationen zum Studium, die DPG-Mitgliederzeitschrift Physik Journal, den größten Online-Stellenmarkt für Physiker und vieles mehr. *www.pro-physik.de*

► Wissenschaft Online ist ein disziplinübergreifendes Portal rund um die Naturwissenschaften. *www.wissenschaft-online.de*

► Die American Physical Society APS möchte auf ihrer englischsprachigen Website physicscentral.org die Faszination für die Physik wecken. Das Motto der Seite lautet „Learn how your world works“. Fragen zur Alltagsphysik beantwortet ein Experte. *www.physicscentral.org*

► Das Bundesforschungsministerium (BMBF) fördert die Website „Welt der Physik“, die ab Oktober 2002 freigeschaltet werden soll. Sie bietet populärwissenschaftliche Inhalte und richtet sich an interessierte Laien. *www.weltderphysik.de*

Studium

► Das PhysNet der Universität Oldenburg bietet unter anderem ein Verzeichnis von Physik-Fachbereichen weltweit. *http://physnet.uni-oldenburg.de/PhysNet/*

► Der Fachbereichstag Physikalische Technik bietet Informationen rund ums Studium der Physikalischen Technik. *www.fbt-pht.de*

► Hochschulrankings sind umstritten und mit Vorsicht zu genießen. Online verfügbar ist das von stern und CHE durchgeführte Ranking (siehe auch www.hochschul-ranking.de). *www.stern.de/campus-karriere/uniwelt/ranking/*

► Focus Online bietet sowohl einen Überblick über interdisziplinäre und internationale Studiengänge aller Fachrichtungen als auch Karrieretipps. *www.focus.de/studium*

► Die Seiten der Zusammenkunft aller Physik-Fachschaften ZaPF bieten unter anderem Übersichten über Diplomprüfungs- und Promotionsordnungen sowie Informationen über Praktika und Nebenfächer. *www.zapf-ev.de*

► Das Internetportal Fachwelt-Physik bietet umfangreiche und kommentierte Link-Listen zu allen Themen der Physik, darunter auch zum Gebrauchtbüchermarkt und zu Literaturdatenbanken. Die alphabetisch sortierten Links zu den Prüfungsordnungen der Univer- *www.fachportal-physik.de*

sitäten, Studienordnungen und Promotionsordnungen ersparen die langwierige Suche im Netz.

www.uni-essen.de/isa/

▸ Das Informationssystem Studienwahl und Arbeitsmarkt der Universität Essen informiert über Studium und Berufschancen bei mehreren Studiengängen und stellt viele Links rund ums Studium zusammen.

www.innovations-report.de

▸ Innovations-report.de hat sich den Informationsaustausch zwischen Wissenschaft und Wirtschaft auf die Fahnen geschrieben. Auch für Studierende ist das Angebot interessant. Unter dem Stichwort „Infopool“ finden sich Wohnungs-, Studienplatz- und Jobbörsen sowie Freizeitangebote, Stipendien und Versicherungstipps.

www.studentenseite.de
www.studieren.de
www.studis.de

▸ Einige professionell gestaltete Websites bieten allgemeine Informationen rund ums Studium, mit Studiengang-Suchmaschinen, Wohnheim-Infos, BAföG-Tipps, Stellenmarkt, Stipendien-Links und mehr.

www.ddb.de/professionell/dissonline.htm

▸ Die Koordinierungsstelle DissOnline der Deutschen Bibliothek informiert über die elektronische Veröffentlichung von Dissertationen. Sie gibt Hinweise zu Konvertierungstools, Online-Hilfen und Ansprechpartnern.

Beruf

www.physik-journal.de

▸ Eine Zusammenfassung der Europäischen Hochschulabsolventenstudie findet sich als Web-Spezial Nr. 9 im Online-Angebot des Physik Journals. Die Ergebnisse sind auch als Buch erschienen: H. Schomburg, U. Teichler, M. Doerr und J. Mohr (Hrsg), Erfolgreich von der Uni in den Job, Walhalla Verlag, Regensburg, ISBN 3-8029-4548-0

www.karrieretag.de
www.careergardens.com
www.access.de

▸ Zahlreiche Personalberatungen und Agenturen organisieren Recruiting-Veranstaltungen, bei denen Absolventen oder so genannte Young Professionals mit wenigen Jahren Berufserfahrung ihre künftigen Arbeitgeber kennen lernen können – und umgekehrt. Ein Überblick über verschiedene Angebote ist unter www.focus.de/studium zu finden.

www.dpg-fachgremien.de/akc/start.html

▸ Der Arbeitskreis Chancengleichheit der DPG informiert rund um das Thema „Frauen in der Physik“. Dazu gehören unter anderem die Ergebnisse einer Umfrage zur Chancengleichheit von Physikerinnen im Beruf, Interviews mit Physikerinnen sowie ein Überblick über Förder- und Mentorinnenprogramme.

www.jungekarriere.com

▸ Interessantes zu Campus, Career, Company und Cash bietet „Junge Karriere“. Spezifisch für die Physik ist allerdings wenig dabei.

www.pro-physik.de
www.stepstone.de

▸ Den größten Stellenmarkt für Physiker in Deutschland bietet das Physik-Portal „pro-physik.de“ von DPG und Wiley-VCH. Dort werden auch Doktoranden- und Postdoc-Stellen ausgeschrieben. Informationen zu Praktikumsplätzen findet man unter anderem bei StepStone.

Quellennachweis

S. 8 Andersen Consulting
S. 14 Lünendonk GmbH, www.luenendonk.de
S. 18 AMD Saxony Manufacturing GmbH
S. 19 World Semiconductor Trade Statistics, www.wsts.org
S. 20 Infineon Technologies AG
S. 22 IC Insights, www.icinsights.com
S. 28 EP 0032963 A1
S. 38 Presseamt Frankfurt/M.
S. 41 Deutsche Bank
S. 43 Die WELT, www.welt.de/wirtschaft/ranglisten/2000_50bank/
S. 48 Statistisches Bundesamt
S. 55 Statistisches Bundesamt
S. 60 Opel
S. 64 Bosch
S. 65 Handelsblatt
S. 70 Stefan Jorda
S. 75 Arcor
S. 82 SAP
S. 94 Schott Glas
S. 97 Lambda Physik
S. 108 Martin Urban
S. 116 Jochen Viehoff
S. 124 Statistisches Bundesamt
S. 125 Statistisches Bundesamt/Arbeitsmarktinformationsstelle Bonn, vgl. Phys. Bl., November 2001, S. 26
S. 126 Konferenz der Fachbereiche Physik
S. 128 Konferenz der Fachbereiche Physik
S. 131 Universität Heidelberg, Fachbereich für Physik
S. 137 Statistisches Bundesamt
S. 138 Fachbereichstag Physikalische Technik, www.fbt-pht.de
S. 139 Fachbereichstag Physikalische Technik
S. 141 Wissenschaftsrat/Statistisches Bundesamt
S. 146 Konferenz der Fachbereiche Physik
S. 156 Europäische Hochschulabsolventenstudie, vgl. Physikalische Blätter, Januar 2001, S. 7
S. 157 Europäische Hochschulabsolventenstudie
S. 158 Arbeitsmarktinformationsstelle Bonn, vgl. Physikalische Blätter, November 2001, S. 26
S. 159 Adecco Personaldienstleistungen
S. 160 Deutsche Physikalische Gesellschaft
S. 162 Europäische Hochschulabsolventenstudie

Der erste Teil dieses Buches (Physikerinnen und Physiker im Beruf) beruht auf Reportagen, die in den vergangenen zwei Jahren in den Physikalischen Blättern (bis 12/2001) und dem Physik Journal (seit 01/2002) erschienen sind.

Sachregister